量子非局域性的刻画与判定

杨 莹 著

电子科技大学出版社
University of Electronic Science and Technology of China Press
· 成都 ·

图书在版编目(CIP)数据

量子非局域性的刻画与判定 / 杨莹著. —成都 ：电子科技大学出版社，2023.9

ISBN 978－7－5770－0427－3

Ⅰ. ①量… Ⅱ. ①杨… Ⅲ. ①量子力学 Ⅳ. ①O413.1

中国国家版本馆 CIP 数据核字(2023)第 140497 号

量子非局域性的刻画与判定

LIANGZI FEI JUYUXING DE KEHUA YU PANDING

杨　莹　著

策划编辑　陈松明　熊晶晶

责任编辑　熊晶晶

出版发行　电子科技大学出版社

　　　　　成都市一环路东一段 159 号电子信息产业大厦九楼　邮编 610051

主　　页　www.uestcp.com.cn

服务电话　028－83203399

邮购电话　028－83201495

印　　刷　天津市蓟县宏图印务有限公司

成品尺寸　185mm×260mm

印　　张　9.5

字　　数　226 千字

版　　次　2023 年 9 月第 1 版

印　　次　2023 年 9 月第 1 次印刷

书　　号　ISBN 978－7－5770－0427－3

定　　价　65.00 元

前言

量子非局域性是量子力学区别于经典力学的本质特征，也是量子信息和量子计算的基础，有着非常深刻的物理意义，被广泛应用于量子信息学的各个领域，如量子计算、量子密码术、量子隐形传态、量子超密编码、量子秘密共享、分布式量子机器学习和量子安全直接通信等. 量子非局域性的广泛应用最终将会把人类社会带入一个崭新的时代——量子时代，实现更高的工作效率、更安全的数据通信，以及更方便、更绿色的生活方式. 与此同时，量子非局域性领域还有许多新的内容等待人们去探索和发现.

本书利用算子理论、算子代数、矩阵论中的理论与方法，以量子信息理论为背景，系统研究多体态的纠缠性、纠缠鲁棒性、非局域性、导引性、纠缠目击的构造和量子网络的非局域性等一系列非局域性问题，不仅为解决更多的量子信息问题提供新的方法与思路，还可以丰富量子信息学的基础理论，对量子信息学理论的发展具有重要的理论意义与学术价值. 本书层次分明、循序渐进、理论体系完整、逻辑推理严谨，可作为对量子信息理论感兴趣，并且具有相关数学基础的研究生及教师的参考资料.

本书共八章，第 1 章为绪论，为后面的章节提供必要的理论基础；第 2 章介绍多体态的 Λ－纠缠性，引入 Λ－可分态和 Λ－纠缠态，并建立不同种类的纠缠准则，如双纠缠准则、纠缠准则和 Λ－纠缠准则；第 3 章介绍多体态的 Λ－纠缠鲁棒性，讨论量子信道对 Λ－纠缠鲁棒性的影响；第 4 章引入 n 体态的 Λ－局域性和 Λ－非局域性，并建立 Λ－非局域不等式；第 5 章研究两体量子系统的 EPR 导引性，并建立 EPR 导引不等式；第 6 章介绍构造纠缠目击的一般方法，并将这种构造方法应用于图态，得到利用图态的稳定子构造纠缠目击的一系列方法；第 7 章搭建了一类新型的多星形量子网络，引入多星形量子网络的局域性与强局域性、可分性与纠缠性，探究多星形量子网络的局域性与强局域性、可分性与局域性之间的关系，以及子系统态的局域性与网络局域性之间的关系，给出探测多星形量子网络局域性与强局域性的新方法与新判据；第 8 章引入神经网络量子态，并探讨它的表示能力及其可分性.

本书的主要内容是著者多年研究成果的积累与扩充，特别感谢国家自然科学基金项目（No. 12001480，项目名称：神经网络量子态的量子特性及动力学性质研究）、山西省应用基础研究计划项目（No. 201901D211461，No. 20210302123082）、山西省高等学校科技创新项目（No. 2020L0554）、运城学院博士启动项目（No. YQ－2019021，项目名称：量子混合态的神经网络表示）和运城学院重点学科、计算机科学与技术重点学科、数学与信息技术学院学科对本书出版的资助. 由于著者能力和兴趣局限，时间仓促，书中难免有疏漏和不妥之处，恳请读者批评与指正.

杨　莹

2023 年 6 月

目　录

第1章　绪　论

1.1　引言

量子力学与信息论融合形成了量子信息学,为量子力学提供了新的视角和生长点,对其深入研究将深化量子理论本身,还可以开辟量子力学应用的新世界.量子非局域性是量子力学区别于经典力学的本质特征,也是量子信息和量子计算的基础,有着非常深刻的物理意义.目前,量子非局域性的物理意义逐渐被发现,并被广泛应用于量子信息学的各个领域,如量子计算、量子密码术[1]、量子隐形传态[2]、量子超密编码[3]、量子容错计算[4]、量子密钥分发[5]、分布式量子机器学习[6]和量子安全直接通信[7]等.与此同时,还有许多新的方向等待人们去探索和发现[8].

非相对论量子力学的基本理论在1932年已经得到了完善[9],1935年,Einstein,Poldolsky和Rosen(EPR)在文献[10]中指出:实在性是物质独立于任何理论的属性,一种理论是否完备取决于在这个理论中每一个物理实在元是否都可以找到对应的物理量,实在性说明这些物理量有确定的大小.然而在量子力学中,粒子的位置和动量是不可能同时确定的.Einstein,Poldolsky和Rosen用纠缠态给出了一个EPR佯谬[11].根据EPR佯谬,Einstein等人认为如果局域实在论是正确的,那么使用波函数描述量子力学理论是不完备的.在相对论中,类空间隔的两个事件彼此之间不会相互影响,这就是所谓的局域性.局域性假设是指A粒子的测量结果只与其测量方式有关,而与B粒子的测量结果和测量方式无关[8].

基于EPR佯谬的想法,Bell在1964年以不等式的形式给出Bell定理,他认为任何局域实在论都与量子力学理论相违背[12].借助Bell不等式,纠缠态的非局域性首次可以通过物理实验来进行验证,因此,停留在哲学层面上的Einstein－Bohr之争成为可以从实验上定量检验的问题.Bell不等式涉及的是两比特系统,但它的形式不容易通过实验检验.随后,1969年Clauser,Horne,Shimony和Holt(CHSH)完善了Bell不等式,并给出更容易实验的CHSH不等式[13].CHSH不等式的经典上界是2.然而量子力学可以突破这个限制,使其值达到$2\sqrt{2}$,这明显超过了局域实在论所确定的上界.CHSH不等式的出现使得纠缠态的Bell非局域性首次能用实验来验证,并且激发了大量巧妙的实验工作,如1981年Aspect等人从实验上验证了量子力学对Bell不等式的违背[14].从1981年至2015年,尽管出现了许多检验Bell非局域性的贝尔实验[14-25],但是局域性漏洞或探测效率漏洞仍然存在.2015年年底,终于出现了三组贝尔实验[26-28]克服了局域性漏洞和探测效率漏洞.

Bell,CHSH和Aspect关注的都是最大纠缠态对Bell不等式的破坏.没有关注“非最大纠缠态是否也具有Bell非局域性”或“量子纠缠与Bell非局域性的关系”这类问题.德国物理学家Werner首次注意到这个课题,1989年,他第一次给出了量子纠缠的严格数学定义,并构造 Werner 态来探究量子纠缠与 Bell 非局域性之间的联系，他认为这两个概念是不同的，因为存在一些纠缠态遵循局域隐变量模型的描述[29]. 一般来说，Bell 非局域性是量子纠缠的子集，也就是存在某些量子态，虽然它们是纠缠的，但不具备 Bell 非局域性.

1991 年，Gisin 在两体系统中用 CHSH 不等式证明了 Gisin 定理：任意两体纠缠纯态都破坏了 Bell 不等式[30]. 这说明对任意两体纯态而言，量子纠缠与 Bell 非局域性是等价的. Gisin 定理表明不仅仅最大纠缠态具有 Bell 非局域性，而且所有两体纠缠纯态也都具有 Bell 非局域性. 1992 年，Gisin 和 Peres 在文献[31]中发现 Gisin 定理对任意两比特纯态也适用. 但遗憾的是，Gisin 定理中并没有涉及两体混合态的情形[31].

直到 2007 年，Wiseman 等人在文献[32]中提出量子导引是一种新型的量子非局域性，它严格地介于量子纠缠与 Bell 非局域性之间. 另外，他们第一次给出了量子导引的严格数学定义，并指出量子非局域性能够细分为三种不同的类型：量子纠缠、量子导引和 Bell 非局域性，它们之间有着层级结构. 从非局域性的强弱程度来看，Bell 非局域性是最强类型，量子导引是次强类型. 从量子态集合的角度来看，Bell 非局域性为量子导引的子集，量子导引又为量子纠缠的子集. 由此可知，如果量子态具有 Bell 非局域性或量子导引性，那么它一定是纠缠的.

与量子纠缠和 Bell 非局域性不同，量子导引具有非对称性. 2007 年，Wiseman 等人第一次提到了“非对称量子导引”或者“单方向量子导引”[32]. 2012 年，Händchen 等人首次通过纠缠高斯态展示了非对称量子导引[33]. 2014 年，Bowles 等人首次在理论上解析地证明了单方向量子导引存在于两比特的离散变量系统中[34]. 2016 年，澳大利亚格里菲斯大学实验组和中国科技大学实验组都在离散变量系统中检验了单方向量子导引. 另外，在单向量子密码等方面，非对称量子导引也具有一定的应用前景[8].

一般来说，对于量子态，都存在两个主要问题：一是对任意的量子态，如何找到一个可操作的方法，以确定它是否具有某种非局域性；二是如何定义一个合适的度量来区分这种非局域性的非局域程度. 为了解决这两大问题，人们做了很多努力，取得了很好的成绩.

量子纠缠在量子通信和量子计算中起着核心作用，它是一种重要的物理资源，并被广泛应用于量子信息学的各个领域，如量子隐形传态[2]、量子超密编码[3]、量子密钥分发[5]等. 量子隐形传态应用先前发送点与接收点分享的两个量子纠缠子系统与一些经典通信技术，从发送点至相隔遥远距离的接收点来传送量子态或量子信息[2]. 量子超密编码应用量子纠缠机制来传送信息，每两个经典位元的信息，只需要用到一个量子位元，可以使传送效率加倍[3]. 量子密钥分发能够使通信双方共同拥有一个安全的、随机的密钥，用来加密和解密信息，从而保证通信安全. 在量子密钥分发机制里，给定两个处于量子纠缠的粒子，假设通信双方各自接收到其中一个粒子，由于测量其中任意一个粒子会摧毁这对粒子的量子纠缠，任何窃听动作都会被通信双方侦测发觉[5]. 由于量子纠缠有着如此广泛的用途，人们投入了巨大的努力去判别和量化纠缠.

关于纠缠态的量化，有形成纠缠度[35]、纠缠蒸馏[35,36]、相对熵纠缠[37,38]、纠缠援助[39,40]等. 关于量子态的纠缠判别，对于两体情况存在著名的可分性判别准则(必要条件)，如 Bell 不等式[12]，半正定的部分转置判别准则[41]，约化判别准则[42,43]，值域判别准则[44]，控制判别准则[45],矩阵重排判别准则[46,47]和广义的矩阵重排判别准则[48]等.它们在很多情况下都能够发挥很好的作用,但仍不够完美[49].多体纠缠(超过两体)的情况会更加复杂,因为存在一些在某种固定的划分下不可分,但不是真正多体纠缠的态;同样,存在一些在某种固定的划分下两可分,但不是完全可分的态[50-53].由于 n 体纠缠存在许多不等价的类,因此很难确定给定的态属于哪一类.Gühne 和 Seevinck 提出了一种方法来推导不同类别的可分性准则:3 比特和 4 比特纠缠,特别是真正的 3 比特和 4 比特纠缠[54].Huber 等人设计了一个通用框架来识别任意维系统中的真正多体纠缠态[55].基于此框架,文献[56]给出了 k 可分性准则.Gao 和 Hong 探究了 n 体量子态的可分性,给出了不同种类 n 体态实用的可分性准则[57],以及有效的 k 可分性准则[50].超纠缠在文献[58-61]中得到了广泛的研究.由于缺乏探测和刻画纠缠的合适工具,多体态空间的很大区域仍未被探索.笔者希望给出一个有效的准则,用它能够探测到不同种类的多体纠缠.笔者将在第 2 章探讨多体态的可分性准则.

鲁棒性是系统的健壮性,用来描述一个物体的某种性质对于干扰的忍耐力.为了讨论量子态的纠缠的鲁棒性,Vidal 和 Tarrach 在文献[62]中讨论了某些纠缠态与任何可分态混合的影响,并研究了消除所有纠缠所需要的最小无纠缠混合量.文献[62]中得到的结果表明,纠缠鲁棒性描述了耦合机制中纠缠态的鲁棒性是多大,它对存在可以解纠缠态的耦合机制具有重要意义.文献[63]通过建立密度矩阵的向量表示,给出了纠缠鲁棒性的几何解释.之后,Steiner 在文献[64]中讨论了纠缠的广义鲁棒性,证明了一个纠缠纯态的广义鲁棒性与文献[62]中定义的鲁棒性是相同的.文献[65]讨论了量子信道对纠缠鲁棒性的影响.为了描述互文性,文献[66]引入了经验模型 e 的互文鲁棒性 $R_C(e)$,证明了经验模型 e 是互文的当且仅当 $R_C(e)>0$,并讨论了很多的性质.为了刻画关联性[67-70],文献[71]讨论了两体态的量子关联的鲁棒性,证明了当且仅当量子态是经典关联时,它为零.文献[72]中引入了广义导引鲁棒性,并获得了一些有趣的性质,为量化量子导引提供了一种方法.由于多体纠缠的情况比两体纠缠要复杂得多,为了刻画多体态的纠缠性,笔者将在第 3 章探讨多体态的纠缠鲁棒性.

Bell 非局域性是量子信息论的一个本质的量子特征,在量子信息论中有许多应用[1,12,73-76].通过对 n 体纠缠态实施局域测量,得到的结果可能是 Bell 非局域的,在某种意义上,它们违反了一个 Bell 不等式[12].自 Bell 的开创性工作以来,Bell 非局域性一直是量子理论基础研究的中心课题,并得到了许多实验[77,78]的支持.最近,人们还认识到它在各种量子信息应用[79,80]中发挥着关键作用,它代表了一种不同于纠缠的资源.例如,设备独立的量子密钥分发的安全性需要诚实方之间非局域关联的存在,非常符合 Ekert 协议的精神[1,73,81,82].虽然人们对两体态的非局域性进行了广泛的研究,但是对三体态的非局域性的研究还非常少,涉及一般 n 体态的非局域性的研究甚至更少,它们的刻画仍然是一个没有解决的问题,因而有更大的空间值得去探索.然而,众所周知多体系统的物理特性与两体系统有本质上的区别,并且会产生新的有趣的现象,如相变或量子计算等.从这个角度来看,似乎有必要研究非局域性在多体场景中是如何体现的.用于 n 体系统的广义贝尔不等式表明量子力学在这些情况下违反了局域实在论[83-85].然而,这样的结果还不足以说明系统中的所有粒子之间都是非局域的,一个非局域的多体系统可能是由有限数量的非局域子系统构成

的,但是这些子系统之间仅仅是局域关联的. 例如,一个三体态$|\psi\rangle_{123}$可能分解为$|\psi\rangle_1|\psi\rangle_{23}$,这时,仅仅在粒子2和3之间体现非局域关联. 因此,笔者有必要将多体系统中所有粒子间的局域性扩展为子系统间的局域性. 笔者将在第4章讨论多体量子系统的非局域性.

EPR导引最早是由Schrödinger[86]在著名的EPR悖论[10,87]背景下观察到的. 人们逐渐意识到EPR导引是一种介于纠缠和Bell非局域性之间的两体量子关联形式. Wiseman等人证明了在投影测量下纠缠、导引和非局域性之间是不等价的[32]. 然后,Quintino等人进一步考虑了一般的测量,并证明了这三种量子关联是不等价的[88]. 有趣的是,导引具有简单量子信息处理任务的特点,即与不可信方的纠缠验证[32,88-91]. 此外,导引在许多应用中也被发现是有用的,如单边设备独立的量子密钥分配[92]、子信道的区分[93]、量子密钥分配的时间导引与安全性研究[94]、时间导引在耦合量子位和磁感受中的应用[95]、量子导引的不可克隆性[96],以及用于测试量子网络中非经典关联的时空导引[97]. 近年来,导引的检测与刻画已受到越来越多的重视[32,33,89,98-110]. 许多标准的Bell不等式(如CHSH)用于检测导引是无效的,因为对于此类广泛的关联,它们并没有被违反. 于是,人们推导出各种导引不等式有线性导引不等式[111-113]、基于乘法方差的导引不等式[111,114,115]、熵的不确定性关系[116,117]、细粒度不确定性关系[118]、时间导引不等式[119]等. 此外,Zukowski等人给出了一些Bell型不等式,这些不等式关于不可导引态的下界要低于局域态的下界[120]. 基于Rényi相对熵的数据处理不等式,Zhu等人引入了一类导引不等式,这些不等式对导引的检测比以往的不等式要有效得多[121]. Chen等人证明了Bell非局域态可以由某些导引态构造[122]. 此外,为了开发更有效的单方导引和检测一些Bell非局域态,他们还提出了一个9测量场景导引不等式. Bhattacharya等人提出了两比特态绝对不违反三测量场景下的导引不等式的准则[123]. 文献[124]讨论了两体态的Bell非局域性和EPR导引性,包括这两种量子关联的数学定义和刻画,给出了一个态可导引的充分条件,从而证明了极大纠缠态和纠缠纯态的EPR可导引性. 文献[125]中给出了EPR导引的一些刻画,文献[72]中引入了广义导引鲁棒性,并得到了一些有趣的性质和提出了一种量化量子导引的方法. 由于三体量子系统比两体具有更复杂的结构,因而具有更多样化的导引方案. 在文献[126]中,引入了三体量子系统中的两种导引方案,给出了这些三体导引方案的数学定义,得到了不可导引态的若干充要条件和可导引态的充分条件. 在此基础上,笔者将在第5章探讨两体量子系统的EPR导引性.

由于量子纠缠拥有非常广泛的应用,如何判断给定态的纠缠性仍然是一个悬而未决的问题[127]. 存在一类纠缠判据——纠缠目击,它不仅是有效的检测纠缠的工具,而且是目前为止在实验中检测纠缠最有效的工具. 纠缠目击是一种特殊的自伴算子,它可用于判定量子态是否纠缠. 因此,出现了许多关于纠缠目击的研究,如纠缠目击的可分解性与优化问题[128,129]、局域测量纠缠目击的优化设置[130,131],以及纠缠目击在刻画纠缠中的应用[132-134]等. 特别地,文献[135]给出了用稳定子理论构造纠缠的充分条件,并提出了关于图态的纠缠目击的构造方法. 文献[136-140]从另一个观点说明线性规划是构造纠缠目击的一个特别有用的方法. 从理论上来说,对于每个纠缠态,至少存在一个纠缠目击可以检测到它. 然而,怎样构造具体的纠缠目击是非常迫切的问题. 笔者将在第6章探讨纠缠目击的构造问题.

随着激光冷却和捕获技术的进步以及单光子水平光学元件的操纵,对单个量子系统的精确控制成为可能，这对量子力学的测试和利用是至关重要的[141]. 单量子系统的可用性激发了人们对量子网络的兴趣. 例如，量子计算机是由单个量子系统组成的网络，其中任何两个节点都可以相互作用. 量子网络为解决关于纠缠的公开问题提供了独特的可能性[142]，被广泛应用于基于量子密钥分发的安全量子通信[143]、私有数据库查询[144]、基于盲量子计算的远程安全访问量子计算机[145]、更精确的全球计时[146] 和望远镜[147]，以及量子非局域性和量子引力的基本测试[148].

经典的贝尔实验由两个遥远的双方 Alice 和 Bob 组成，他们共享一个单一的纠缠源，并在两体物理系统上各自实施测量和得到可能的结果[149]. 在经典的贝尔实验中，观察者结果之间的关联性已经被学者进行了广泛的研究[149]，并且给出了相当合理的解释，也被人们所认可. 人们建立了标准的贝尔不等式来识别纠缠[12,149]. 经典的贝尔实验可以直接推广到具有单一纠缠源的多方的情形[149]. 对于多体量子系统，与两体非局域性不同的是，存在着各种各样的多体非局域性[85,150—155]，情况会更加复杂. 一般来说，量子网络可能不只是一个纠缠源，它可能涉及许多独立的纠缠源，每个源被某些观察者所共享. 一个观测者可以接收许多来自不同源的独立物理系统的子系统. 量子网络的研究激发了量子非局域性的全新发展. 因为在这样的网络中，不仅仅只是一个纠缠源，而是许多纠缠源在不同的节点之间分发纠缠，这就导致了整个网络的强关联. 对于最简单的纠缠交换网络，Short 等人考虑了一组具有最一般的非局域关联性的黑盒的纠缠交换的模拟[156]，Branciard 等人展示了非线性不等式，允许人们在典型的纠缠交换场景中有效地捕获非双局域关联性[157]. Branciard，Rosset 等人基于双局域性假设在不同场景下导出了新的 Bell 型不等式，研究了它们可能的量子违背，并分析了它们对实验缺陷的抵抗性[158]. Branciard，Brunner 等人证明了可以用有界通信模拟纠缠交换过程，即使在双局域场景中 Alice 和 Bob 在协议运行之前完全不相关[159]. Gisin 等人系统地刻画了违反所谓的双局域不等式的量子态的集合[160]. Fritz 等人指出大多数关联场景不是由 Bell 场景产生的，并描述了其中一些场景中的量子非局域性的例子[161]. Tavakoli，Skrzypczyk 等人考虑了星形网络，当 Bob 分别执行两个二元测量和一个贝尔态测量时，导出了对应的双局域不等式，并阐明了这些不等式的量子违反[162]. Tavakoli，Renou 等人引入了一种技术，系统地将Bell不等式映射成星形网络上经典相关的Bell型不等式族[163]. Andreoli 等人证明了星形量子网络中 $n-$ 局域性不等式的最大量子违背[164]. 星形量子网络可以被视为双局域场景的“平面扩展”. 与星形量子网络不同的是，Mukherjee 等人在文献[165] 中提出了双局域场景的“线性扩展”，称为 $n-$local 场景，并针对该场景导出了一些 Bell 型不等式. 除了上述贡献外，学者还对其他量子网络进行了一系列的讨论. 例如，Rosset 等人提出了一种迭代程序用来构造适合网络的 Bell 不等式的[166]. Chaves 等人提供了一种新的、一般的、概念清晰的方法，用于在很多场景下推导多项式 Bell 不等式[167]. Tavakoli 构造了任意非循环网络的 Bell 型不等式[168]，并在多体贝尔实验中探索了量子关联[169]. Saunders 等人建立了一个线性的三节点量子网络，并通过违反双局域模型满足的 Bell 型不等式来证明非双局域关联性[170]. Carvacho 等人研究了一个由三个空间分离的节点组成的量子网络，这些节点的关联性由两个不同的来源调节，在实验中通过违反公平采样假设下的 Bell 型不等式，见证了这种量子关联性[171]. 对于包括循环网络在内的一般的网络，罗明星给出了一些新的显式的

Bell 型不等式[172]，他还展示了由任意纠缠态组成的非平凡量子网络的多体非局域性和激活非局域性[173]，演示了一个量子网络的非局域博弈[174]，提出了贝叶斯网络的一般框架，以揭示不同因果结构之间的联系[175]，并证明了所有置换对称的纠缠纯态都是新的真正的多体纠缠[176]. Renou，Bumer 等人讨论了三角网络中的真正量子非局域性[177]. 笔者将在第 7 章探讨多星形量子网络的非局域性.

目前，机器学习是最活跃和应用最广泛的跨学科领域之一[178,179]，围绕机器学习展开的一系列研发和应用正在为各个领域带来新变化. 近年来，机器学习技术被引入重力波分析[180,181]、黑洞探测[182] 和材料设计[183] 等领域. 这些技术已被用于改进传统系统相变研究中的数值方法[184-189]. 此外，机器学习技术也被用于研究量子多体问题，人们通过构建量子多体态的神经网络表示来解决量子多体问题. 神经网络结构的逼近能力已被许多学者所研究，如 Cybenko[190]，Funahashi[191]，Hornik[192]，Roux[193]，Hornik[194]，Kolmogorov[195]. 然而，由于所需的经典资源规模未知，任意量子态的神经网络表示是一个公开的问题. Carleo 和 Troyer 提出了一种描述多体量子态的人工神经网络表示，他们展示了强化学习方法在计算基态或模拟具有强相互作用的复杂量子系统的幺正时间演化方面的显著能力[196]. 他们利用一种应用广泛的随机人工神经网络 —— 受限玻尔兹曼机[197,198] 来描述多体波函数. Deng 等人利用进一步限制的受限玻尔兹曼机方法说明这种表示可以用来描述拓扑态，甚至可以用于描述具有长距离纠缠的拓扑态[199]，他们还构造了受保护的对称拓扑态和拓扑有序状态的精确表示. Levine 等人在文献[200] 中提出了由深度卷积算法电路实现的函数和量子多体波函数之间的等价性，试图通过纠缠度量来量化深层网络模拟输入的复杂关联结构的能力. 段路明教授和其博士研究生部勋在文献[201] 中发现了深度神经网络和量子多体问题之间存在着紧密的关联，证明了深度神经网络模型可以有效表示几乎所有多体量子波函数，展示了神经网络和深度学习算法在量子多体问题研究中的巨大潜力. 最近，Glasser 等人指出受限玻尔兹曼机形式的神经网络量子态与任意维的某些张量网络态之间存在着很强的联系[202]. 尽管有了这样令人兴奋的发展，但是对于凝聚态物理[203-207] 中至关重要的一般图态能否被神经网络有效地表达还不清楚，更别提一般量子态的神经网络表示问题. 同时，值得指出的是，虽然这些结果严格地证明了某些态具有精确和有效的受限玻尔兹曼机表示，但仍然需要大量的工作来得到一般态受限玻尔兹曼机表示的必要和充分条件. 这些都是将机器学习技术应用于量子物理的基本问题. 对这些问题的进一步研究将有助于机器学习技术在量子物理中的应用. 相反，这类研究也可能为理解某些机器学习算法为何如此强大提供有价值的见解. 因此，笔者将在第 8 章探讨神经网络量子态及其可分性.

1.2 预备知识

在本节中，笔者将介绍本书用到的有关量子计算与量子信息中的基本符号、概念以及定理.

量子力学的第一条假设建立了量子力学所适用的场合，即线性代数中的 Hilbert 空间.

假设 1[208] 用复内积向量空间(即 Hilbert 空间)中的单位向量来描述孤立物理系统的

状态. 这个复内积向量空间称为该物理系统的状态空间.

量子力学假设1用状态向量的语言描述了量子力学,另一种是用密度算子为工具进行描述:系统由作用在状态空间上的密度算子完全描述,密度算子是一个半正定迹为1的算子ρ. 虽然这两种描述在数学上是等价的,但是后一种描述在某些场合为量子力学提供了更方便的语言.

下面的假设2描述了随时间的变化,量子系统中状态$|\psi\rangle$的变化情况.

假设2[208]　在封闭量子系统中,量子状态随时间的变化符合Schrödinger方程. 任何两个时刻的系统状态可以通过一个酉算子进行转化,即系统在时刻t_1的状态$|\psi\rangle$和时刻t_2的状态$|\psi'\rangle$,可以通过一个仅依赖于时间t_1和t_2的酉算子U相联系:

$$|\psi'\rangle = U|\psi\rangle.$$

进一步地,若系统在时刻t_1的状态为ρ,系统在时刻t_2的状态为ρ',那么它们可以通过一个仅依赖于时间t_1和t_2的酉算子U相联系:

$$\rho' = U\rho U^{\dagger}.$$

假设2告诉我们封闭量子系统中状态随时间的变化情况,但是如果要了解系统内部的情况,就需要对该系统进行观测,这个观测作用就打破了系统的封闭性,也就是说系统不再服从酉演化. 下面的假设3为我们提供了描述量子系统测量的方法.

假设3[208]　量子系统中的测量由一组满足$\sum_{i=1}^{m} M_i^{\dagger}M_i = I$的算子组$\{M_i\}_{i=1}^{m}$描述. 常见的量子测量有:投影测量与正算子值测量(POVM)等.

正算子值测量(POVM)是指满足完备性条件$\sum_{i=1}^{m} E_i = I$的一组半正定算子:

$$\{E_i\}_{i=1}^{m} := \{E_1, E_2, \cdots, E_m\}.$$

此时,测量算子为$M_i = \sqrt{E_i}(i = 1, 2, \cdots, m)$,当测量状态为$|\psi\rangle$时,得到结果$i$的概率为$p(i) = \langle\psi|E_i|\psi\rangle$,测量后的状态为

$$\frac{\sqrt{E_i}|\psi\rangle}{\sqrt{\langle\psi|E_i|\psi\rangle}}.$$

特别地,当所有的算子E_i都是投影算子,称$\{E_i\}_{i=1}^{m}$为一个投影测量,也称为Von Neumann测量.

当测量前量子系统处于状态ρ时,用测量算子$\{M_m\}$测量得到结果m的概率为

$$\mathrm{tr}(\rho M_m^{\dagger}M_m),$$

且测量后系统的状态为

$$\rho_m = \frac{M_m\rho M_m^{\dagger}}{\mathrm{tr}(\rho M_m^{\dagger}M_m)}.$$

下面的假设4给出了描述复合系统中状态的方式.

假设4[208]　复合物理系统的状态空间是各个分系统状态空间的张量积,若将分系统编号为1到n,系统i的状态为$|\psi_i\rangle$,则整个系统的总状态为$|\psi_1\rangle \otimes |\psi_2\rangle \otimes \cdots \otimes |\psi_n\rangle$.

进一步地,若系统i处于状态ρ_i,则整个系统的状态为$\rho_1 \otimes \rho_2 \otimes \cdots \otimes \rho_n$.

第 2 章　多体态的 Λ—纠缠性

量子纠缠在量子通信和量子计算中起着核心作用，它是一种重要的物理资源，并被广泛应用于量子信息学的各个领域，如量子隐形传态[2]、量子超密编码[3]、量子密钥分发[5] 等. 由于量子纠缠有着如此广泛的用途，人们投入了巨大的努力去判别和量化纠缠.

关于纠缠态的量化，有形成纠缠度[35]、纠缠蒸馏[35,36]、相对熵纠缠[37,38]、纠缠援助[39,40] 等. 关于量子态的纠缠判别，对于两体情况存在著名的可分性判别准则(必要条件)，如 Bell 不等式[12]，半正定的部分转置判别准则[41]，约化判别准则[42,43]，值域判别准则[44]，控制判别准则[45]，矩阵重排判别准则[46,47] 和广义的矩阵重排判别准则[48] 等. 它们在很多情况下都能够发挥很好的作用，但仍不够完美[49]. 多体纠缠(超过两体) 的情况会更加复杂，因为存在一些在某种固定的划分下不可分，但不是真正多体纠缠的态；同样，存在一些在某种固定的划分下两可分，但不是完全可分的态[50—53]. 由于 n 体纠缠存在许多不等价的类，因此很难确定给定的态属于哪一类. Gühne 和 Seevinck 提出了一种方法来推导不同类别的可分性准则：3 比特和 4 比特纠缠，特别是真正的 3 比特和 4 比特纠缠[54]. Huber 等人设计了一个通用框架来识别任意维系统中的真正多体纠缠态[55]. 基于此框架，文献[56] 给出了 k 可分性准则. Gao 和 Hong 探究了 n 体量子态的可分性，给出了不同种类 n 体态实用的可分性准则[57]，以及有效的 k 可分性准则[50]. 超纠缠在文献[58—61] 中得到了广泛的研究. 由于缺乏探测和刻画纠缠的合适工具，多体态空间的很大区域仍未被探索. 笔者希望给出一个有效的准则，用它能够探测到不同种类的多体纠缠.

本章探讨多体态的 Λ — 纠缠性. 通过探究，建立了不同种类的纠缠准则，如双纠缠准则、纠缠准则和 Λ — 纠缠准则. 这些准则是涉及密度矩阵元素的一系列不等式，它们是不同种类可分性的必要条件，它们的违背是各种纠缠性的充分条件. 并结合实例来说明这些准则的实用性.

本章具体安排如下：在 2.1 节中，引入了多体系统中 Λ — 可分态和 Λ — 纠缠态的概念. 在 2.2 节中，建立了双纠缠准则，并通过实例判别某些态的真正纠缠性. 在 2.3 节中，建立了纠缠准则，并用实例加以应用. 在 2.4 节中，建立了 Λ — 纠缠准则，这些准则是涉及密度矩阵元素的一系列不等式，并用实例说明其有效性.

2.1　Λ — 可分态和 Λ — 纠缠态

假设 $a_1, a_2, \cdots, a_n$ 为 n 个量子系统，它们的态空间分别为 $H_1, H_2, \cdots, H_n$，维数分别为 $d_1, d_2, \cdots, d_n$. 我们考虑态空间为 $H^{(n)} := H_1 \otimes H_2 \otimes \cdots \otimes H_n$ 的复合系统 $a^{(n)} := a_1 a_2 \cdots a_n$，用 $D(H^{(n)})$ 表示 $H^{(n)}$ 中混合态之集.

为了描述复合系统 $H^{(n)}$ 上不同的可分情形，用 $\Omega = \{1, 2, \cdots, n\}$ 表示所有子系统的指标集.对Ω的一个子集$\{j_1,j_2,\cdots,j_k\}(j_0+1=1\leqslant j_1\leqslant j_2<\cdots<j_k=n)$,称

$$\Lambda=\{j_0+1,\cdots,j_1;j_1+1,\cdots,j_2;\cdots;j_{k-1}+1,\cdots,j_k\} \tag{2.1.1}$$

为一个可分型.

定义2.1.1[209]　对可分型

$$\Lambda=\{i_0+1,\cdots,i_1;i_1+1,\cdots,i_2;\cdots;i_{k-1}+1,\cdots,i_k\},$$

令

$$A_1=\{i_0+1,\cdots,i_1\},A_2=\{i_1+1,\cdots,i_2\},\cdots,A_k=\{i_{k-1}+1,\cdots,i_k\}.$$

类似地,对可分型

$$\Lambda'=\{j_0+1,\cdots,j_1;j_1+1,\cdots,j_2;\cdots;j_{m-1}+1,\cdots,j_m\},$$

令

$$B_1=\{j_0+1,\cdots,j_1\},B_2=\{j_1+1,\cdots,j_2\},\cdots,B_m=\{j_{m-1}+1,\cdots,j_m\}.$$

若对于任意的B_s,都存在A_t,使得$B_s\subseteq A_t$,则称可分型Λ'比Λ更细,记为$\Lambda'\leqslant\Lambda$.

定义2.1.2[209]　设Λ为可分型(2.1.1).

(1)若n体纯态$|\psi\rangle\in H^{(n)}$能表示成子系统$H_{j_{i-1}+1}\otimes\cdots\otimes H_{j_i}(i=1,2,\cdots,k)$上纯态$|\psi_{(j_{i-1}+1)\cdots j_i}\rangle$的张量积的形式:

$$|\psi\rangle=|\psi_{1\cdots j_1}\rangle\otimes|\psi_{(j_1+1)\cdots j_2}\rangle\otimes\cdots\otimes|\psi_{(j_{k-1}+1)\cdots j_k}\rangle, \tag{2.1.2}$$

则称$|\psi\rangle$是Λ－可分态;否则,称$|\psi\rangle$是Λ－纠缠态.

(2)若n体混合态$\rho\in D(H^{(n)})$能表示成Λ－可分纯态$|\psi_i\rangle$的凸组合的形式:

$$\rho=\sum_{i=1}^{m}p_i|\psi_i\rangle\langle\psi_i|, \tag{2.1.3}$$

则称ρ是Λ－可分态,其中$\{p_i\}_{i=1}^{m}$为概率分布;否则,称ρ是Λ－纠缠态.

(3)若n体混合态$\rho\in D(H^{(n)})$是$\{1;2;\cdots\cdots;n\}$－可分态,则称ρ是完全可分态;若ρ不是完全可分态,则称它是纠缠态;若ρ关于某个Λ是Λ－可分态,则称它是部分可分态;若ρ不是部分可分态,则称它是真正纠缠态.

(4)若ρ是$\{1,2,\cdots,j;(j+1),\cdots,n\}$－可分态,则称它在$j$处是双可分的.

2.2　双纠缠准则

下面探讨双纠缠准则.经过研究,得到下面的结论.

定理2.2.1　若$\rho\in D(H^{(n)})$在j处是双可分的,则对所有$m,l=1,2,\cdots,d_1d_2\cdots d_n$,不等式

$$|\rho_{m,l}|\leqslant\sqrt{\rho_{t,t}\rho_{m+l-t,m+l-t}} \tag{2.2.1}$$

都成立,其中$\rho_{m,l}=\langle i_1i_2\cdots i_n|\rho|i'_1i'_2\cdots i'_n\rangle$,$\{|i_k\rangle\}_{i_k=0}^{d_k-1}$为$H_k$的任意一组正规正交基,

$$t=1+\sum_{k=1}^{j}i'_kd_{k+1}d_{k+2}\cdots d_nd_{n+1}+\sum_{k=j+1}^{n}i_kd_{k+1}d_{k+2}\cdots d_nd_{n+1}, \tag{2.2.2}$$

且t中$i_k,i'_k\in\{0,1,\cdots,d_k-1\}(k=1,2,\cdots,n)$满足

$$m=1+\sum_{k=1}^{n}i_kd_{k+1}d_{k+2}\cdots d_nd_{n+1}(d_{n+1}=1),$$

$$l = 1 + \sum_{k=1}^{n} i'_k d_{k+1} d_{k+2} \cdots d_n d_{n+1}. \tag{2.2.3}$$

证明 因为 ρ 在 j 处是双可分的，所以它是 $\{1,2,\cdots,j;(j+1),\cdots,n\}$ 一可分的.

（情形 1）若 ρ 是纯态. 此时 $\rho = |\psi\rangle\langle\psi|$ 且

$$\begin{aligned}
|\psi\rangle &= |\psi_{12\cdots j}\rangle |\psi_{(j+1)\cdots n}\rangle \\
&= \Big(\sum_{i_1,i_2,\cdots,i_j} a_{i_1 i_2 \cdots i_j} |i_1 i_2 \cdots i_j\rangle\Big) \cdot \Big(\sum_{i_{j+1},\cdots,i_n} b_{i_{j+1}\cdots i_n} |i_{j+1}\cdots i_n\rangle\Big) \\
&= \sum_{i_1,i_2,\cdots,i_n} a_{i_1 i_2 \cdots i_j} b_{i_{j+1}\cdots i_n} |i_1 i_2 \cdots i_n\rangle,
\end{aligned}$$

这里的和是对 $i_1,i_2,\cdots,i_n$ 的所有可能值进行求和，且

$$\sum_{i_1,i_2,\cdots,i_j} |a_{i_1 i_2 \cdots i_j}|^2 = 1, \quad \sum_{i_{j+1},\cdots,i_n} |b_{i_{j+1}\cdots i_n}|^2 = 1.$$

从而

$$\rho = \sum_{i_k,i'_k} a_{i_1\cdots i_j} b_{i_{j+1}\cdots i_n} a^*_{i'_1\cdots i'_j} b^*_{i'_{j+1}\cdots i'_n} |i_1\cdots i_n\rangle\langle i'_1\cdots i'_n|.$$

对每个 $m,l \in \{1,2,\cdots,d_1 d_2 \cdots d_n\}$，存在 $i_k, i'_k \in \{0,1,\cdots,d_k-1\}(k=1,2,\cdots,n)$ 满足式(2.2.3). 令 t 为式(2.2.2) 和

$$s = 1 + \sum_{k=1}^{j} i_k d_{k+1} d_{k+2} \cdots d_n d_{n+1} + \sum_{k=j+1}^{n} i'_k d_{k+1} d_{k+2} \cdots d_n d_{n+1}.$$

可得

$$\begin{aligned}
\rho_{m,l} &= a_{i_1 i_2 \cdots i_j} b_{i_{j+1}} \cdots i_n a^*_{i'_1 i'_2 \cdots i'_j} b^*_{i'_{j+1}\cdots i'_n}, \\
\rho_{s,s} &= a_{i_1 i_2 \cdots i_j} b_{i'_{j+1}\cdots i'_n} a^*_{i_1 i_2 \cdots i_j} b^*_{i'_{j+1}\cdots i'_n}, \\
\rho_{t,t} &= a_{i'_1 i'_2 \cdots i'_j} b_{i_{j+1}\cdots i_n} a^*_{i'_1 i'_2 \cdots i'_j} b^*_{i_{j+1}\cdots i_n}.
\end{aligned}$$

于是，

$$|\rho_{m,l}| = \sqrt{\rho_{s,s}\rho_{t,t}}.$$

因为 $s+t = m+l$，所以

$$|\rho_{m,l}| = \sqrt{\rho_{t,t}\rho_{m+l-t,m+l-t}}.$$

（情形 2）若 ρ 是混合态. 由定义可得

$$\rho = \sum_i p_i \rho^i = \sum_i p_i |\psi_i\rangle\langle\psi_i|.$$

其中，每个 $\rho^i = |\psi_i\rangle\langle\psi_i|$ 都是 $\{1,2,\cdots,j;(j+1),\cdots,n\}$ 一可分的. 利用情形 1 和柯西不等式，可得

$$\begin{aligned}
|\rho_{m,l}| &= \Big|\sum_i p_i \rho^i_{m,l}\Big| \\
&= \sum_i p_i \sqrt{\rho^i_{t,t}\rho^i_{m+l-t,m+l-t}} \\
&\leqslant \sqrt{\sum_i p_i \rho^i_{t,t} \sum_i p_i \rho^i_{m+l-t,m+l-t}} \\
&= \sqrt{\rho_{t,t}\rho_{m+l-t,m+l-t}}.
\end{aligned}$$

注 2.2.1　由定理 2.2.1 可以看出：若 ρ 在 j 处是双可分的，则 $\rho=[\rho_{m,l}]$ 的非对角元被两个对角元所控制. 如果存在 ρ 的矩阵元素 $\rho_{m,l}$ 不满足不等式(2.2.1)，那么 ρ 是双纠缠的.

推论 2.2.1　若 $\rho\in D(H^{(n)})$ 在 j 处是双可分的，则对所有 $m=1,2,\cdots,d_1d_2\cdots d_n$，不等式

$$|\rho_{m,d_1d_2\cdots d_n+1-m}|\leqslant\sqrt{\rho_{t,t}\rho_{d_1d_2\cdots d_n-t+1,d_1d_2\cdots d_n-t+1}} \tag{2.2.4}$$

都成立，其中 $\rho_{m,l}=\langle i_1i_2\cdots i_n|\rho|i_1'i_2'\cdots i_n'\rangle$，$\{|i_k\rangle\}_{i_k=0}^{d_k-1}$ 为 H_k 的任意一组正规正交基，

$$t=1+\sum_{k=1}^{j}(d_k-1-i_k)d_{k+1}\cdots d_nd_{n+1}+\sum_{k=j+1}^{n}i_kd_{k+1}\cdots d_{n+1},$$

且 t 中 $i_k\in\{0,1,\cdots,d_k-1\}(k=1,2,\cdots,n)$ 满足

$$m=1+\sum_{k=1}^{n}i_kd_{k+1}d_{k+2}\cdots d_nd_{n+1}(d_{n+1}=1).$$

特别地，

$$|\rho_{1,d_1d_2\cdots d_n}|\leqslant\sqrt{\rho_{t,t}\rho_{d_1d_2\cdots d_n-t+1,d_1d_2\cdots d_n-t+1}},$$

其中，

$$t=1+\sum_{k=1}^{j}(d_k-1)d_{k+1}d_{k+2}\cdots d_nd_{n+1}(d_{n+1}=1).$$

证明　因为 ρ 在 j 处是双可分的，由定理 2.2.1 知：不等式(2.2.1) 成立. 由 m、l 的表达式(2.2.3) 和 $m+l=d_1d_2\cdots d_n+1$，得

$$\begin{aligned}m+l&=1+\sum_{k=1}^{n}i_kd_{k+1}\cdots d_nd_{n+1}+1+\sum_{k=1}^{n}i_k'd_{k+1}\cdots d_nd_{n+1}\\&=d_1d_2\cdots d_n+1,\end{aligned}$$

计算可得

$$i_k+i_k'=d_k-1,k=1,2,\cdots,n.$$

从而，由式(2.2.2) 得

$$t=1+\sum_{k=1}^{j}(d_k-1-i_k)d_{k+1}\cdots d_nd_{n+1}+\sum_{k=j+1}^{n}i_kd_{k+1}\cdots d_nd_{n+1}.$$

因此，若 ρ 在 j 处是双可分的，则

$$|\rho_{m,d_1d_2\cdots d_n+1-m}|\leqslant\sqrt{\rho_{t,t}\rho_{d_1d_2\cdots d_n-t+1,d_1d_2\cdots d_n-t+1}},$$

其中，

$$t=1+\sum_{k=1}^{j}(d_k-1-i_k)d_{k+1}\cdots d_nd_{n+1}+\sum_{k=j+1}^{n}i_kd_{k+1}\cdots d_nd_{n+1},$$

且 t 中 $i_k\in\{0,1,\cdots,d_k-1\}(k=1,2,\cdots,n)$ 满足

$$m=1+\sum_{k=1}^{n}i_kd_{k+1}d_{k+2}\cdots d_nd_{n+1}(d_{n+1}=1).$$

特别地，当 $m=1$ 时，不等式(2.2.4) 变为

$$|\rho_{1,d_1d_2\cdots d_n}|\leqslant\sqrt{\rho_{t,t}\rho_{d_1d_2\cdots d_n-t+1,d_1d_2\cdots d_n-t+1}}.$$

因为

$$m = 1 + \sum_{k=1}^{n} i_k d_{k+1} d_{k+2} \cdots d_n d_{n+1} = 1,$$

所以 $i_k = 0, k = 1,2,\cdots,n$,从而

$$t = 1 + \sum_{k=1}^{j} (d_k - 1) d_{k+1} d_{k+2} \cdots d_n d_{n+1} (d_{n+1} = 1).$$

特别地,对 n 比特态 $\rho = [\rho_{i,j}]_{2^n \times 2^n}$,可得下面的推论.

推论 2.2.2 若 n 比特态 $\rho = [\rho_{i,j}]_{2^n \times 2^n}$ 在 j 处是双可分的,则

$$|\rho_{m,l}| \leqslant \sqrt{\rho_{t,t} \rho_{m+l-t, m+l-t}}, \tag{2.2.5}$$

其中 $m, l = 1,2,\cdots,2^n$,

$$t = 1 + \sum_{k=1}^{j} i'_k 2^{n-k} + \sum_{k=j+1}^{n} i_k 2^{n-k}, \tag{2.2.6}$$

且 t 中 $i_k, i'_k \in \{0,1\} (k = 1,2,\cdots,n)$ 满足

$$m = 1 + \sum_{k=1}^{n} i_k 2^{n-k}, l = 1 + \sum_{k=1}^{n} i'_k 2^{n-k}. \tag{2.2.7}$$

证明 因为 $\rho = [\rho_{i,j}]_{2^n \times 2^n}$ 是 n 比特态,所以 $d_k = 2 (k = 1,2,\cdots,n)$. 又因为 $\rho = [\rho_{i,j}]_{2^n \times 2^n}$ 在 j 处是双可分的,所以由定理 2.2.1 立即可得此结论.

推论 2.2.3 若 n 比特态 $\rho = [\rho_{i,j}]_{2^n \times 2^n}$ 在 j 处是双可分的,则

$$|\rho_{m, 2^n+1-m}| \leqslant \sqrt{\rho_{t,t} \rho_{2^n-t+1, 2^n-t+1}}, \tag{2.2.8}$$

其中 $m = 1,2,\cdots,2^n$,

$$t = 1 + \sum_{k=1}^{j} (1 - i_k) 2^{n-k} + \sum_{k=j+1}^{n} i_k 2^{n-k},$$

且 t 中 $i_k \in \{0,1\} (k = 1,2,\cdots,n)$ 满足

$$m = 1 + \sum_{k=1}^{n} i_k 2^{n-k}.$$

特别地,

$$|\rho_{1,2^n}| \leqslant \sqrt{\rho_{2^{n-j}, 2^{n-j}} \rho_{2^n - 2^{n-j}+1, 2^n - 2^{n-j}+1}}. \tag{2.2.9}$$

证明 因为 $\rho = [\rho_{i,j}]_{2^n \times 2^n}$ 在 j 处是双可分的,由推论 2.2.2 知:不等式(2.2.5)成立. 由 m, l 的表达式(2.2.7)和 $m + l = 2^n + 1$,得

$$m + l = 1 + \sum_{k=1}^{n} i_k 2^{n-k} + 1 + \sum_{k=1}^{n} i'_k 2^{n-k} = 2^n + 1,$$

计算可得

$$i_k + i'_k = 1, k = 1,2,\cdots,n.$$

从而,由式(2.2.6)得

$$t = 1 + \sum_{k=1}^{j} (1 + i_k) 2^{n-k} + \sum_{k=j+1}^{n} i_k 2^{n-k}.$$

因此,

$$|\rho_{m, 2^n+1-m}| \leqslant \sqrt{\rho_{t,t} \rho_{2^n-t+1, 2^n-t+1}}.$$

其中,

$$t = 1 + \sum_{k=1}^{j}(1 - i_k)2^{n-k} + \sum_{k=j+1}^{n} i_k 2^{2n-k},$$

且 t 中 $i_k \in \{0,1\}(k = 1,2,\cdots,n)$ 满足

$$m = 1 + \sum_{k=1}^{n} i_k 2^{n-k}.$$

特别地，当 $m = 1$ 时，由

$$m = 1 + \sum_{k=1}^{n} i_k 2^{n-k} = 1,$$

得 $i_k = 0, k = 1,2,\cdots,n$，从而

$$t = 1 + \sum_{k=1}^{j} 2^{n-k} = 2^n - 2^{n-j} + 1.$$

因此，不等式(2.2.8) 变为

$$|\rho_{1,2^n}| \leqslant \sqrt{\rho_{2^{n-j},2^{n-j}}\rho_{2^n-2^{n-j}+1,2^n-2^{n-j}+1}}.$$

由定理 2.2.1 的证明，我们很容易得出下面的推论.

推论 2.2.4　若 $\rho \in D(H^{(n)})$ 在 j 处是双可分的且

$$\rho = \sum_{\substack{i_1,i_2,\cdots,i_n \\ i'_1,i'_2,\cdots,i'_n}} p_{i_1 i'_1 i_2 i'_2 \cdots i_n i'_n} |i_1\rangle\langle i'_1| \otimes |i_2\rangle\langle i'_2| \otimes \cdots \otimes |i_n\rangle\langle i'_n|,$$

其中，$\{|i_k\rangle\}_{i_k=0}^{d_k-1}$ 为 H_k 的任意一组正规正交基，则

$$|p_{i_1 i'_1 i_2 i'_2 \cdots i_n i'_n}| \leqslant \sqrt{XY}, \tag{2.2.10}$$

其中，

$$X = p_{i_1 i_1 \cdots i_j i_j i'_{j+1} i'_{j+1} \cdots i'_n i'_n}, Y = p_{i'_1 i'_1 \cdots i'_j i'_j i_{j+1} i_{j+1} \cdots i_n i_n}.$$

注 2.2.2　由定义 2.1.2 知：若 $\Lambda' \leqslant \Lambda$，则 Λ'－可分态是 Λ－可分的. 因此，对所有 j，ρ 在 j 处都不是双可分的当且仅当 ρ 是真正纠缠的.

例 2.2.1　考虑 n 比特态

$$|GHZ_n\rangle = \frac{1}{\sqrt{2}}(|00\cdots0|\rangle + |11\cdots1\rangle)$$

的纠缠性. 计算可得

$$\rho = |GHZ_n\rangle\langle GHZ_n| = \begin{pmatrix} \frac{1}{2} & 0 & \cdots & 0 & \frac{1}{2} \\ 0 & 0 & \cdots & 0 & 0 \\ \vdots & \vdots & \vdots & \vdots & \vdots \\ 0 & 0 & \cdots & 0 & 0 \\ \frac{1}{2} & 0 & \cdots & 0 & \frac{1}{2} \end{pmatrix}$$

因而，

$$\rho_{1,1} = \frac{1}{2}, \rho_{1,2^n} = \frac{1}{2}, \rho_{2^n,1} = \frac{1}{2}, \rho_{2^n,2^n} = \frac{1}{2},$$

其余 $\rho_{m,l}$ 均为 0.

反证法.假设 $|GHZ_n\rangle$ 不是真正纠缠的,那么它一定关于某个 Λ 是 $\Lambda-$ 可分的,于是它一定在某个 $j(1\leqslant j\leqslant n-1)$ 处是双可分的.因此,由推论 2.2.3 知:它的矩阵元素满足不等式

$$\frac{1}{2}=|\rho_{1,2^n}|\leqslant\sqrt{\rho_{2^{n-j},2^{n-j}}\rho_{2^n-2^{n-j}+1,2^n-2^{n-j}+1}}=0,$$

这显然不成立.这说明 $|GHZ_n\rangle$ 是真正纠缠的.

例 2.2.2 考虑 n 比特态

$$|W_n\rangle=\frac{1}{\sqrt{n}}(|00\cdots001\rangle+|00\cdots010\rangle+\cdots+|10\cdots000\rangle)$$

的纠缠性.计算可得 $\rho=|W_n\rangle\langle W_n|=[\rho_{i,j}]$ 是一个 $2^n\times 2^n$ 矩阵且

$$\rho_{2^{n-k_1}+1,2^{n-k_2}+1}=\frac{1}{n},$$

其中,$k_1,k_2=1,2,\cdots,n$,其余 $\rho_{m,l}$ 均为 0.

反证法.假设 $|W_n\rangle$ 不是真正纠缠的,那么它一定在某个 $j(1\leqslant j\leqslant n-1)$ 处是双可分的.因此,由推论 2.2.2 知:它的矩阵元素满足不等式

$$\frac{1}{n}=|\rho_{2,2^{n-1}+1}|\leqslant\sqrt{\rho_{1,1}\rho_{2^{n-1}+2,2^{n-1}+2}}=0,$$

这显然不成立.这说明 $|W_n\rangle$ 是真正纠缠的.

例 2.2.3 考虑 n 比特态

$$\rho=(1-p)|GHZ_n\rangle\langle GHZ_n|+\frac{p}{2^n}I_n$$

的纠缠性,其中 $0\leqslant p\leqslant 1$,$|GHZ_n\rangle$ 由例 2.2.1 给出.在通常的基下计算 $\rho=[\rho_{i,j}]$,得

$$\rho_{1,1}=\frac{1-p}{2}+\frac{p}{2^n},\rho_{2^n,2^n}=\frac{1-p}{2}+\frac{p}{2^n},\rho_{1,2^n}=\frac{1-p}{2},$$

$$\rho_{2^n,1}=\frac{1-p}{2},\rho_{k,k}=\frac{p}{2^n}(k=2,\cdots,2^n-1),$$

其余 $\rho_{m,l}$ 均为 0.

反证法.假设 ρ 不是真正纠缠的,那么它一定在某个 $j(1\leqslant j\leqslant n-1)$ 处是双可分的.因此,由推论 2.2.3 知:它的矩阵元素满足不等式

$$\frac{1-p}{2}=|\rho_{1,2^n}|\leqslant\frac{p}{2^n},$$

因此 $p\geqslant 1-\frac{1}{1+2^{n-1}}=\frac{2^n}{2+2^n}$.

这说明当

$$p\in\left[0,1-\frac{1}{1+2^{n-1}}\right)=\left[0,\frac{2^n}{2+2^n}\right)$$

时,ρ 是真正纠缠的.

注 2.2.3 文献[55]证明了:若 $p\in\left[0,\frac{2^n}{n^2(n-2)+2^n}\right)$,则

$$\rho=(1-p)|GHZ_n\rangle\langle GHZ_n|+\frac{p}{2^n}I_n$$

是真正纠缠的. 文献[50]指出:若 $p \in \left[0, \frac{2^n}{n(2n-3)+2^n}\right)$, 则 ρ 是真正纠缠的. 上面的例 2.2.3 给出:若 $p \in \left[0, \frac{2^n}{2+2^n}\right)$, 则 ρ 是真正纠缠的. 因为

$$n^2(n-2)+2^n \geqslant n(2n-3)+2^n > 2+2^n(n>2).$$

因此,从图 2.1 中可以看出:推论 2.2.3 中的准则能比文献[50]和[55]中的准则识别更多的真正纠缠态.

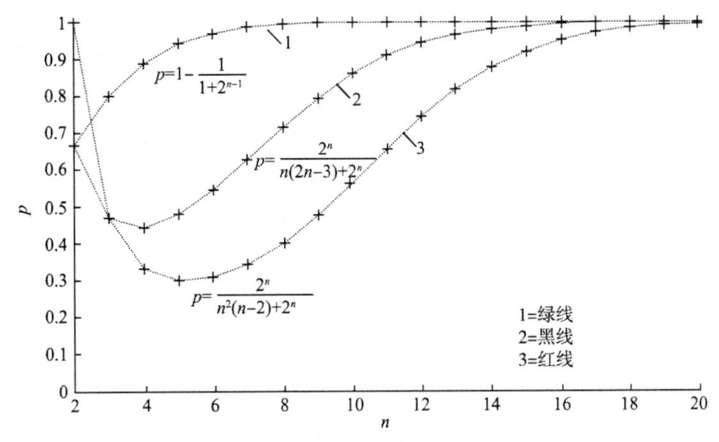

图 2.1　文献[55](红线),[50](黑线)和例 2.2.3(绿线)分别给出了能探测到 ρ 的真正纠缠性的 p 的范围

例 2.2.4　考虑 n 比特态

$$\rho = (1-p) \mid W_n\rangle\langle W_n \mid + \frac{p}{2^n} I_n, p \in [0,1]$$

的纠缠性,其中 $|W_n\rangle$ 由例 2.2.2 给出. 由推论 2.2.2 可得:若 $p \in \left[0, 1-\frac{n}{n+2^n}\right)$, 则 ρ 是真正纠缠的.

例 2.2.5　考虑 n 比特态

$$\rho = \alpha \mid GHZ_n\rangle\langle GHZ_n \mid + \beta \mid W_n\rangle\langle W_n \mid + \frac{1-\alpha-\beta}{2^n} I_n$$

的纠缠性,其中 $\alpha, \beta \geqslant 0, \alpha+\beta \leqslant 1$, $|GHZ_n\rangle$ 由例 2.2.1 给出. 计算可得

$$\rho_{1,1} = \frac{\alpha}{2} + \frac{1-\alpha-\beta}{2^n}, \rho_{2^n,2^n} = \frac{\alpha}{2} + \frac{1-\alpha-\beta}{2^n}, \rho_{1,2^n} = \frac{\alpha}{2}, \rho_{2^n,1} = \frac{\alpha}{2},$$

$$\rho_{2^{n-k_1}+1, 2^{n-k_2}+1} = \frac{\beta}{n}(k_1 \neq k_2, k_1, k_2 = 1, 2, \cdots, n),$$

$$\rho_{2^{n-k}+1, 2^{n-k}+1} = \frac{\beta}{n} + \frac{1-\alpha-\beta}{2^n},$$

$$\rho_{i,i} = \frac{1-\alpha-\beta}{2^n}(i \neq 2^{n-k}+1, i = 2, \cdots, 2^n-1, k = 1, 2, \cdots, n),$$

其余 $\rho_{m,l}$ 均为 0. 如果 ρ 在某个 $j(1 \leqslant j \leqslant n-1)$ 处是双可分的,那么由推论 2.2.2 和推论 2.2.3 得:它的矩阵元素满足不等式

$$|\rho_{2^n,1}|=|\rho_{1,2^n}|\leqslant\sqrt{\rho_{2^{n-j},2^{n-j}}\rho_{2^n-2^{n-j}+1,2^n-2^{n-j}+1}},$$
$$|\rho_{2^{n-k_1}+1,2^{n-k_2}+1}|\leqslant\sqrt{\rho_{2^{n-k_1}+1,2^{n-k_2}+1}\rho_{2^{n-k_2}+1,2^{n-k_2}+1}},$$
$$|\rho_{2^{n-k_1}+1,2^{n-k_2}+1}|\leqslant\sqrt{\rho_{1,1}\rho_{2^{n-k_1}+2^{n-k_2}+1,2^{n-k_1}+2^{n-k_2}+1}}(k_1\in\{1,\cdots,j\},$$
$$k_2\in\{j+1,\cdots,n\}\text{or }k_2\in\{1,\cdots,j\},k_1\in\{j+1,\cdots,n\}),$$

其中，

$$\rho_{2^{n-j},2^{n-j}}=\frac{1-\alpha-\beta}{2^n},\rho_{2^n-2^{n-j}+1,2^n-2^{n-j}+1}=\frac{\beta}{n}+\frac{1-\alpha-\beta}{2^n}(j=1),$$

$$\rho_{2^{n-j},2^{n-j}}=\rho_{2^n-2^{n-j}+1,2^n-2^{n-j}+1}=\frac{1-\alpha-\beta}{2^n}(1<j<n-1),$$

$$\rho_{2^{n-j},2^{n-j}}=\frac{\beta}{n}+\frac{1-\alpha-\beta}{2^n},\rho_{2^n-2^{n-j}+1,2^n-2^{n-j}+1}=\frac{1-\alpha-\beta}{2}(j=n-1).$$

当 $1<j<n-1$ 时，若 ρ 在 j 处是双可分的，则

$$\begin{cases}\dfrac{\alpha}{2}\leqslant\dfrac{1-\alpha-\beta}{2^n},\\ \dfrac{\beta}{n}\leqslant\dfrac{\beta}{n}+\dfrac{1-\alpha-\beta}{2^n},\\ \dfrac{\beta}{n}\leqslant\sqrt{\left(\dfrac{\alpha}{2}+\dfrac{1-\alpha-\beta}{2^n}\right)\dfrac{1-\alpha-\beta}{2^n}}.\end{cases}$$

即

$$\begin{cases}\beta\leqslant1-(2^{n-1}+1)\alpha,\\ 2^n\beta\leqslant n\sqrt{[1+(2^{n-1}-1)\alpha-\beta](1-\alpha-\beta)},\\ \alpha\geqslant0,\\ \beta\geqslant0,\\ \alpha+\beta\leqslant1.\end{cases}\tag{2.2.11}$$

当 $j=1$ 或 $j=n-1$ 时，若 ρ 在 j 处是双可分的，则

$$\begin{cases}\dfrac{\alpha}{2}\leqslant\sqrt{\dfrac{1-\alpha-\beta}{2^n}\left(\dfrac{\beta}{n}+\dfrac{1-\alpha-\beta}{2^n}\right)},\\ \dfrac{\beta}{n}\leqslant\dfrac{\beta}{n}+\dfrac{1-\alpha-\beta}{2^n},\\ \dfrac{\beta}{n}\leqslant\sqrt{\left(\dfrac{\alpha}{2}+\dfrac{1-\alpha-\beta}{2^n}\right)\dfrac{1-\alpha-\beta}{2^n}}.\end{cases}$$

即

$$\begin{cases}n2^{n-1}\alpha\leqslant\sqrt{n(1-\alpha-\beta)[2^n\beta+n(1-\alpha-\beta)]},\\ 2^n\beta\leqslant n\sqrt{[1+(2^{n-1}-1)\alpha-\beta](1-\alpha-\beta)},\\ \alpha\geqslant0\\ \beta\geqslant0\\ \alpha+\beta\leqslant1.\end{cases}\tag{2.2.12}$$

容易验证式(2.2.11)中第一个不等式能推出式(2.2.12)中第一个不等式. 于是，由式(2.2.

11) 给出的参数(α,β)的区域I由式(2.2.12)给出的参数区域$III=I\cup II$要小，当$n=5$时，如图2.2所示. 结果表明：当$1<j<4$且ρ在j处是双可分态时，参数(α,β)一定落在区域I中. 当$j=1$或$j=4$且ρ在j处是双可分态时，参数(α,β)一定落在区域$III=I\cup II$中. 因此，如果参数(α,β)不属于区域III，那么ρ一定是真正纠缠的.

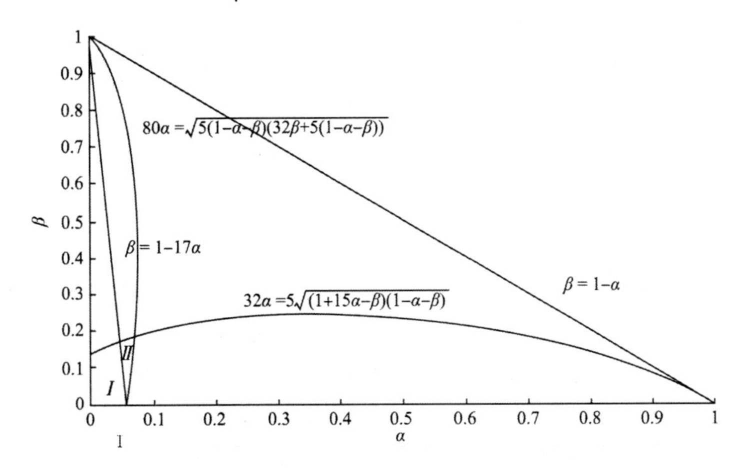

图 2.2　当 $n=5$ 且 ρ 在 j 处是双可分态时，参数(α,β)的区域

由定理 2.2.1 可得到$|\rho_{m,l}|$的上界，结论如下.

定理 2.2.2　若$\rho\in D(H^{(n)})$在j处是双可分的，则对所有$m,l=1,2,\cdots,d_1d_2\cdots d_n$有

$$|\rho_{m,l}|\leqslant\begin{cases}1, & m=l=t,\\ \frac{1}{2}, & m=t,l\neq t,\\ \frac{1}{2}, & m\neq t,l=t,\\ \frac{1}{4}, & m\neq t,l\neq t.\end{cases}$$

其中，$\rho_{m,l}=\langle i_1i_2\cdots i_n|\rho|i'_1i'_2\cdots i'_n\rangle$，$\{|i_k\rangle\}_{i_k=0}^{d_k-1}$是$H_k$的任意一组正规正交基，

$$t=1+\sum_{k=1}^{j}i'_kd_{k+1}d_{k+2}\cdots d_nd_{n+1}+\sum_{k=j+1}^{n}i_kd_{k+1}d_{k+2}\cdots d_nd_{n+1},$$

且t中$i_k,i'_k\in\{0,1,\cdots,d_k-1\}(k=1,2,\cdots,n)$满足

$$m=1+\sum_{k=1}^{n}i_kd_{k+1}d_{k+2}\cdots d_nd_{n+1}(d_{n+1}=1),$$

$$l=1+\sum_{k=1}^{n}i'_kd_{k+1}d_{k+2}\cdots d_nd_{n+1}.$$

证明　假设ρ在j处是双可分的，即它是$\{1,2,\cdots,j;(j+1),\cdots,n\}$－可分的.

(情形 1) 若ρ是纯态. 由定理 2.2.1 得

$$|\rho_{m,l}|=|a_{i_1,i_2\cdots i_j}b_{i_{j+1}\cdots i_n}a^*_{i'_1i'_2\cdots i'_j}b^*_{i'_{j+1}\cdots i'_n}|$$

$$\leqslant\frac{|a_{i_1i_2\cdots i_j}|^2+|a_{i'_1i'_2\cdots i'_j}|^2}{2}\frac{|b_{i_{j+1}\cdots i_n}|^2+|b_{i'_{j+1}\cdots i'_n}|^2}{2}$$

其中，

$$\sum_{i_1,i_2,\cdots,i_j} |a_{i_1 i_2 \cdots i_j}|^2 = 1, \sum_{i_{j+1},\cdots,i_n} |b_{i_{j+1}\cdots i_n}|^2 = 1.$$

如果 $m = l = t$，那么 $i_k = i'_k (k = 1,2,\cdots,n)$，因此

$$|\rho_{m,l}| \leqslant |a_{i_1 i_2 \cdots i_j}|^2 |b_{i_{j+1}\cdots i_n}|^2 \leqslant 1.$$

如果 $m = t, l \neq t$，那么 $i_k = i'_k (k = 1,2,\cdots,j)$，$\exists k_1 \in \{j+1,\cdots,n\}$，$s.t.\ i_{k_1} \neq i'_{k_1}$，因此

$$|\rho_{m,l}| \leqslant |a_{i_1 i_2 \cdots i_j}|^2 \cdot \frac{|b_{i_{j+1}\cdots i_n}|^2 + |b_{i'_{j+1}\cdots i'_n}|^2}{2} \leqslant \frac{1}{2}.$$

如果 $m \neq t, l = t$，那么 $i_k = i'_k (k = j+1,\cdots,n)$，$\exists k_2 \in \{1,2,\cdots,j\}$，$s.t.\ i_{k_2} \neq i'_{k_2}$，因此

$$|\rho_{m,l}| \leqslant \frac{|a_{i_1 i_2 \cdots i_j}|^2 + |a_{i'_1 i'_2 \cdots i'_j}|^2}{2} \cdot |b_{i_{j+1}\cdots i_n}|^2 \leqslant \frac{1}{2}.$$

如果 $m \neq t, l \neq t$，那么 $\exists k_3 \in \{1,2,\cdots,j\}$，$\exists k_4 \in \{j+1,\cdots,n\}$，$s.t.\ i_{k_3} \neq i'_{k_3}$，$i_{k_4} \neq i'_{k_4}$，因此

$$|\rho_{m,l}| \leqslant \frac{|a_{i_1 i_2 \cdots i_j}|^2 + |a_{i'_1 i'_2 \cdots i'_j}|^2}{2} \frac{|b_{i_{j+1}\cdots i_n}|^2 + |b_{i'_{j+1}\cdots i'_n}|^2}{2} \leqslant \frac{1}{4}.$$

从而，

$$|\rho_{m,l}| \leqslant \begin{cases} 1, & m = l = t, \\ \frac{1}{2}, & m = t, l \neq t, \\ \frac{1}{2}, & m \neq t, l = t, \\ \frac{1}{4}, & m \neq t, l \neq t. \end{cases}$$

（情形 2）若 ρ 是混合态. 由定义得

$$\rho = \sum_i p_i \rho^i = \sum_i p_i |\psi_i\rangle\langle\psi_i|.$$

其中，每个 $\rho^i = |\psi_i\rangle\langle\psi_i|$ 都是$\{1,2,\cdots,j;(j+1),\cdots,n\}$－可分的. 由情形 1 得

$$|\rho_{m,l}| = \left|\sum_i p_i \rho^i_{m,l}\right| \leqslant \sum_i p_i |\rho^i_{m,l}| \leqslant \begin{cases} 1, & m = l = t, \\ \frac{1}{2}, & m = t, l \neq t, \\ \frac{1}{2}, & m \neq t, l = t, \\ \frac{1}{4}, & m \neq t, l \neq t. \end{cases}$$

2.3 纠缠准则

本节考虑 n 体态的纠缠准则. 首先利用柯西不等式得到下面的定理.

定理 2.3.1　若 $\rho\in D(H^{(n)})$ 是完全可分态，则对所有 $m,l=1,2,\cdots,d_1d_2\cdots d_n$，不等式

$$|\rho_{m,l}|\leqslant\sqrt{\rho_{t,t}\rho_{m+l-t,m+l-t}} \tag{2.3.1}$$

都成立，其中 $\rho_{m,l}=\langle i_1i_2\cdots i_n|\rho|i_1'i_2'\cdots i_n'\rangle$，$\{|i_k\rangle\}_{i_k=0}^{d_k-1}$ 是 H_k 的任意一组正规正交基，

$$t=1+\sum_{k\in A_1}i_k'd_{k+1}d_{k+2}\cdots d_nd_{n+1}+\sum_{k\in A_2}i_kd_{k+1}d_{k+2}\cdots d_nd_{n+1}, \tag{2.3.2}$$

且 t 中 $i_k,i_k'\in\{0,1,\cdots,d_k-1\}(k=1,2,\cdots,n)$ 满足

$$m=1+\sum_{k=1}^{n}i_kd_{k+1}d_{k+2}\cdots d_nd_{n+1}\ (d_{n+1}=1),$$

$$l=1+\sum_{k=1}^{n}i_k'd_{k+1}d_{k+2}\cdots d_nd_{n+1}, \tag{2.3.3}$$

和 A_1,A_2 满足

$$A_1\cup A_2=\{1,2,\cdots,n\},A_1\cap A_2=\varnothing.$$

证明　下面分两步完成证明.

(情形 1) 若 ρ 是纯态. 此时 $\rho=|\psi\rangle\langle\psi|$ 且

$$\begin{aligned}|\psi\rangle&=\left(\sum_{i_1=0}^{d_1-1}a_{1i_1}|i_1\rangle\right)\otimes\left(\sum_{i_2=0}^{d_2-1}a_{2i_2}|i_2\rangle\right)\otimes\cdots\otimes\left(\sum_{i_n=0}^{d_n-1}a_{ni_n}|i_n\rangle\right)\\&=\sum_{i_1,i_2,\cdots,i_n}a_{1i_1}a_{2i_2}\cdots a_{ni_n}|i_1i_2\cdots i_n\rangle.\end{aligned}$$

从而

$$\rho=\sum_{i_k,i_k'}a_{1i_1}a_{2i_2}\cdots a_{ni_n}a_{1i_1'}^{*}a_{2i_2'}^{*}\cdots a_{ni_n'}^{*}|i_1i_2\cdots i_n\rangle\langle i_1'i_2'\cdots i_n'|.$$

对每个 $m,l=1,2,\cdots,d_1d_2\cdots d_n$，存在 $i_k,i_k'\in\{0,1,\cdots,d_k-1\}(k=1,2,\cdots,n)$ 满足式(2.3.3)，令 t 为式(2.3.2) 和

$$s=\sum_{k\in A_1}i_kd_{k+1}d_{k+2}\cdots d_nd_{n+1}+\sum_{k\in A_2}i_k'd_{k+1}d_{k+2}\cdots d_nd_{n+1}+1.$$

可得

$$\begin{aligned}\rho_{m,l}&=a_{1i_1}a_{2i_2}\cdots a_{ni_n}a_{1i_1'}^{*}a_{2i_2'}^{*}\cdots a_{ni_n'}^{*},\\ \rho_{s,s}&=\prod_{k\in A_1}a_{ki_k}\prod_{k\in A_2}a_{ki_k'}\prod_{k\in A_1}a_{ki_k}^{*}\prod_{k\in A_2}a_{ki_k'}^{*},\\ \rho_{t,t}&=\prod_{k\in A_1}a_{ki_k'}\prod_{k\in A_2}a_{ki_k}\prod_{k\in A_1}a_{ki_k'}^{*}\prod_{k\in A_2}a_{ki_k}^{*}.\end{aligned}$$

于是，

$$|\rho_{m,l}|=\sqrt{\rho_{s,s}\rho_{t,t}}.$$

因为 $s+t=m+l$，所以

$$|\rho_{m,l}|=\sqrt{\rho_{t,t}\rho_{m+l-t,m+l-t}}.$$

(情形 2) 若 ρ 是混合态. 由定义得

$$\rho=\sum_i p_i\rho^i=\sum_i p_i|\psi_i\rangle\langle\psi_i|.$$

其中，每个 $\rho^i=|\psi_i\rangle\langle\psi_i|$ 都是完全可分态. 由情形 1 和柯西不等式得

$$\begin{aligned}|\rho_{m,l}| &\leqslant \sum_i p_i |\rho^i_{m,l}| \\ &= \sum_i p_i \sqrt{\rho^i_{t,t}\rho^i_{m+l-t,m+l-t}} \\ &\leqslant \sqrt{\Big(\sum_i p_i\rho^i_{t,t}\Big)\Big(\sum_i p_i\rho^i_{m+l-t,m+l-t}\Big)} \\ &= \sqrt{\rho_{t,t}\rho_{m+l-t,m+l-t}}.\end{aligned}$$

推论 2.3.1 若 $\rho \in D(H^{(n)})$ 是完全可分态，则

$$|\rho_{m,d_1d_2\cdots d_n+1-m}| \leqslant \sqrt{\rho_{t,t}\rho_{d_1d_2\cdots d_n-t+1,d_1d_2\cdots d_n-t+1}}. \tag{2.3.4}$$

其中，$m=1,2,\cdots,d_1d_2\cdots d_n$，$\rho_{m,l}=\langle i_1i_2\cdots i_n|\rho|i'_1i'_2\cdots i'_n\rangle$，$\{|i_k\rangle\}_{i_k=0}^{d_k-1}$ 是 H_k 的任意一组正规正交基，

$$t=1+\sum_{k\in A_1}(d_k-1-i_k)d_{k+1}\cdots d_nd_{n+1}+\sum_{k\in A_2}i_kd_{k+1}\cdots d_nd_{n+1},$$

且 t 中 $i_k\in\{0,1,\cdots,d_k-1\}(k=1,2,\cdots,n)$ 满足

$$m=1+\sum_{k=1}^{n}i_kd_{k+1}d_{k+2}\cdots d_nd_{n+1}(d_{n+1}=1),$$

和 A_1,A_2 满足

$$A_1\cup A_2=\{1,2,\cdots,n\},A_1\cap A_2=\varnothing.$$

特别地，

$$|\rho_{1,d_1d_2\cdots d_n}| \leqslant \sqrt{\rho_{t,t}\rho_{d_1d_2\cdots d_n-t+1,d_1d_2\cdots d_n-t+1}},$$

其中，

$$t=1+\sum_{k\in A_1}(d_k-1)d_{k+1}d_{k+2}\cdots d_nd_{n+1}(d_{n+1}=1),$$

且 $A_1\subset\{1,2,\cdots,n\}$.

证明 因为ρ是完全可分态，由定理2.3.1知：不等式(2.3.1)成立. 由m,l的表达式(2.3.3)和 $m+l=d_1d_2\cdots d_n+1$ 得

$$1+\sum_{k=1}^{n}(i_k+i'_k)d_{k+1}d_{k+2}\cdots d_nd_{n+1}=d_1d_2\cdots d_n,$$

计算可得

$$i_k+i'_k=d_k-1,k=1,2,\cdots,n.$$

从而，由式(2.3.2)得

$$t=1+\sum_{k\in A_1}(d_k-1-i_k)d_{k+1}\cdots d_nd_{n+1}+\sum_{k\in A_2}i_kd_{k+1}\cdots d_nd_{n+1}.$$

因此，若 ρ 是完全可分态，则

$$|\rho_{m,d_1d_2\cdots d_n+1-m}| \leqslant \sqrt{\rho_{t,t}\rho_{d_1d_2\cdots d_n-t+1,d_1d_2\cdots d_n-t+1}},$$

其中 $m=1,2,\cdots,d_1d_2\cdots d_n$，

$$t=1+\sum_{k\in A_1}(d_k-1-i_k)d_{k+1}\cdots d_nd_{n+1}+\sum_{k\in A_2}i_kd_{k+1}\cdots d_nd_{n+1},$$

且 t 中 $i_k\in\{0,1,\cdots,d_k-1\}(k=1,2,\cdots,n)$ 满足

$$m = 1 + \sum_{k=1}^{n} i_k d_{k+1} d_{k+2} \cdots d_n d_{n+1} (d_{n+1} = 1),$$

和 A_1, A_2 满足

$$A_1 \cup A_2 = \{1, 2, \cdots, n\}, A_1 \cap A_2 = \varnothing.$$

特别地，当 $m = 1$ 时，不等式(2.3.4) 变为

$$|\rho_{1, d_1 d_2 \cdots d_n}| \leqslant \sqrt{\rho_{t,t} \rho_{d_1 d_2 \cdots d_n - t+1, d_1 d_2 \cdots d_n - t+1}}.$$

因为

$$m = 1 + \sum_{k=1}^{n} i_k d_{k+1} d_{k+2} \cdots d_n d_{n+1} = 1,$$

所以 $i_k = 0, k = 1, 2, \cdots, n$，从而

$$t = 1 + \sum_{k \in A_1} (d_k - 1) d_{k+1} d_{k+2} \cdots d_n d_{n+1} (d_{n+1} = 1),$$

且 $A_1 \subset \{1, 2, \cdots, n\}$.

推论 2.3.2　若 $\rho \in D(H^{(n)})$ 是完全可分态，则对所有 $m, l = 1, 2, \cdots, d_1 d_2 \cdots d_n$，不等式

$$|\rho_{m,l}| \leqslant \left(\prod_{t \in C} \rho_{t,t}\right)^{\frac{1}{2^n}}, \tag{2.3.5}$$

都成立，其中 $\rho_{m,l} = \langle i_1 i_2 \cdots i_n | \rho | i_1' i_2' \cdots i_n' \rangle$，$\{|i_k\rangle\}_{i_k=0}^{d_k-1}$ 是 H_k 的任意一组正规正交基，C 是满足下列条件的所有 t 之集：

$$t = 1 + \sum_{k \in A_1} i_k' d_{k+1} d_{k+2} \cdots d_n d_{n+1} + \sum_{k \in A_2} i_k d_{k+1} d_{k+2} \cdots d_n d_{n+1},$$

且 t 中 $i_k, i_k' \in \{0, 1, \cdots, d_k - 1\} (k = 1, 2, \cdots, n)$ 满足

$$m = 1 + \sum_{k=1}^{n} i_k d_{k+1} d_{k+2} \cdots d_n d_{n+1} (d_{n+1} = 1),$$

$$l = 1 + \sum_{k=1}^{n} i_k' d_{k+1} d_{k+2} \cdots d_n d_{n+1},$$

和 A_1, A_2 满足

$$A_1 \cup A_2 = \{1, 2, \cdots, n\}, A_1 \cap A_2 = \varnothing.$$

证明　因为 ρ 是完全可分态，由定理 2.3.1 得：对所有 $m, l = 1, 2, \cdots, d_1 d_2 \cdots d_n$ 和所有 $t \in C$，不等式

$$|\rho_{m,l}| \leqslant \sqrt{\rho_{t,t} \rho_{m+l-t, m+l-t}}$$

都成立. 由于 A_1 的选取有 2^n 种，于是

$$|\rho_{m,l}|^{2^n} \leqslant \prod_{t \in C} \sqrt{\rho_{t,t} \rho_{m+l-t, m+l-t}} = \prod_{t \in C} \rho_{t,t},$$

即

$$|\rho_{m,l}| \leqslant \left(\prod_{t \in C} \rho_{t,t}\right)^{\frac{1}{2^n}}.$$

注 2.3.1　令 $\widetilde{C}$ 是满足下列条件的所有 t 之集：

$$t = 1 + \sum_{k \in A_1} i_k' d_{k+1} \cdots d_n d_{n+1} \sum_{k \in A_2} i_k d_{k+1} \cdots d_n d_{n+1},$$

且 t 中 $i_k, i'_k \in \{0,1,\cdots,d_k-1\}(k=1,2,\cdots,n)$ 满足

$$m = 1 + \sum_{k=1}^{n} i_k d_{k+1} d_{k+2} \cdots d_n d_{n+1} (d_{n+1} = 1),$$

$$l = 1 + \sum_{k=1}^{n} i'_k d_{k+1} d_{k+2} \cdots d_n d_{n+1},$$

和 A_1, A_2 满足

$$A_1 \cup A_2 = \{1,2,\cdots,n\}, A_1 \cap A_2 = \varnothing, A_1 \neq \varnothing, A_2 \neq \varnothing.$$

类似于推论 2.3.2,由定理 2.3.1 得:若 ρ 是完全可分态,则对所有 $m,l=1,\cdots,d_1 d_2 \cdots d_n$,不等式

$$|\rho_{m,l}| \leqslant \Big(\prod_{t \in \widetilde{C}} \rho_{t,t}\Big)^{\frac{1}{2^n-2}}$$

都成立.这也是文献[57]中得到的结论.这说明定理 2.3.1 能比文献[57]给出更多的完全可分态的必要条件.

推论 2.3.3 若 $\rho \in D(H^{(n)})$ 是完全可分态,则对所有 $m,l=1,2,\cdots,d_1 d_2 \cdots d_n$,不等式

$$|\rho_{m,l}| \leqslant \min_{t \in C} \sqrt{\rho_{t,t} \rho_{m+l-t,m+l-t}} \tag{2.3.6}$$

都成立,其中 $\rho_{m,l} = \langle i_1 i_2 \cdots i_n | \rho | i'_1 i'_2 \cdots i'_n \rangle$, $\{|i_k\rangle\}_{i_k=0}^{d_k-1}$ 是 H_k 的任意一组正规正交基,C 由推论 2.3.2 给出.

证明 由定理 2.3.1 立即可得.

推论 2.3.4 若 $\rho \in D(H^{(n)})$ 是完全可分态,则对所有 $m,l=1,2,\cdots,d_1 d_2 \cdots d_n$,不等式

$$|\rho_{m,l}| \leqslant \frac{1}{2^n} \sum_{t \in C} \sqrt{\rho_{t,t} \rho_{m+l-t,m+l-t}} \tag{2.3.7}$$

都成立,其中 $\rho_{m,l} = \langle i_1 i_2 \cdots i_n | \rho | i'_1 i'_2 \cdots i'_n \rangle$, $\{|i_k\rangle\}_{i_k=0}^{d_k-1}$ 是 H_k 的任意一组正规正交基,C 由推论 2.3.2 给出.

证明 由定理 2.3.1 立即可得.

推论 2.3.5 若 n 比特态 $\rho = [\rho_{i,j}]_{2^n \times 2^n}$ 是完全可分的,则

$$|\rho_{m,l}| \leqslant \sqrt{\rho_{t,t} \rho_{m+l-t,m+l-t}} (m,l=1,2,\cdots,2^n). \tag{2.3.8}$$

其中,

$$t = 1 + \sum_{k \in A_1} i'_k 2^{n-k} + \sum_{k \in A_2} i_k 2^{n-k},$$

且 t 中 $i_k, i'_k \in \{0,1\}(k=1,2,\cdots,n)$ 满足

$$m = 1 + \sum_{k=1}^{n} i_k 2^{n-k}, l = 1 + \sum_{k=1}^{n} i'_k 2^{n-k},$$

和 A_1, A_2 满足

$$A_1 \cup A_2 = \{1,2,\cdots,n\}, A_1 \cap A_2 = \varnothing.$$

证明 因为 $\rho = [\rho_{i,j}]_{2^n \times 2^n}$ 是 n 比特态,所以 $d_1 = d_2 = \cdots = d_n = 2$.如果它是完全可分的,那么它是定理 2.3.1 的特殊情形,利用定理 2.3.1 可以得到此结论.

推论 2.3.6 若 n 比特态 $\rho = [\rho_{i,j}]_{2^n \times 2^n}$ 是完全可分的,则

$$|\rho_{m,l}| \leqslant (\prod_{t\in D}\rho_{t,t})^{\frac{1}{2^n}}(m,l=1,2,\cdots,2^n), \tag{2.3.9}$$

其中,D 是满足下列条件的所有 t 之集:

$$t=1+\sum_{k\in A_1}i'_k2^{n-k}+\sum_{k\in A_2}i_k2^{n-k}$$

且 t 中 $i_k,i'_k\in\{0,1\}(k=1,2,\cdots,n)$ 满足

$$m=1+\sum_{k=1}^{n}i_k2^{n-k},l=1+\sum_{k=1}^{n}i'_k2^{n-k},$$

和 A_1,A_2 满足

$$A_1\cup A_2=\{1,2,\cdots,n\},A_1\cap A_2=\varnothing.$$

证明　当 $d_1=d_2=\cdots d_n=2$ 时,由推论 2.3.2 立即可得.

推论 2.3.7　若 n 比特态 $\rho=[\rho_{i,j}]_{2^n\times 2^n}$ 是完全可分的,则对所有 $m,l=1,2,\cdots,2^n$,不等式

$$|\rho_{m,l}| \leqslant \min_{t\in C}\sqrt{\rho_{t,t}\rho_{2^n-t+1,2^n-t+1}} \tag{2.3.10}$$

都成立,其中 D 由推论 2.3.6 给出.

证明　当 $d_1=d_2=\cdots=d_n=2$ 时,由推论 2.3.3 立即可得.

推论 2.3.8　若 n 比特态 $\rho=[\rho_{i,j}]_{2^n\times 2^n}$ 是完全可分的,则对所有 $m,l=1,2,\cdots,2^n$,不等式

$$|\rho_{m,l}| \leqslant \frac{1}{2^n}\min_{t\in C}\sqrt{\rho_{t,t}\rho_{2^n-t+1,2^n-t+1}} \tag{2.3.11}$$

都成立,其中 D 由推论 2.3.6 给出.

证明　当 $d_1=d_2=\cdots=d_n=2$ 时,由推论 2.3.4 立即可得.

推论 2.3.9　若 n 比特态 $\rho=[\rho_{i,j}]_{2^n\times 2^n}$ 是完全可分的,则

$$|\rho_{m,2^n+1-m}| \leqslant \sqrt{\rho_{t,t}\rho_{2^n-t+1,2^n-t+1}}. \tag{2.3.12}$$

其中,

$$t=1+\sum_{k\in A_1}(1-i_k)2^{n-k}+\sum_{k\in A_2}i_k2^{n-k},$$

且 t 中 $i_k\in\{0,1\}(k=1,2,\cdots,n)$ 满足

$$m=1+\sum_{k=1}^{n}i_k2^{n-k},$$

和 A_1,A_2 满足

$$A_1\cup A_2=\{1,2,\cdots,n\},A_1\cap A_2=\varnothing.$$

特别地,对所有 $t=1,2,\cdots,2^n$,不等式

$$|\rho_{1,2^n}| \leqslant \sqrt{\rho_{t,t}\rho_{2^n-t+1,2^n-t+1}}$$

成立.

证明　因为 n 比特态 $\rho=[\rho_{i,j}]_{2^n\times 2^n}$ 是完全可分的,所以由推论 2.3.5 知:不等式(2.3.8) 成立.由 m,l 的表达式(2.2.7) 和 $m+l=2^n+1$,得

$$1+\sum_{k=1}^{n}(i_k+i'_k)2^{n-k}=2^n,$$

计算可得

$$i_k + i'_k = 1, k = 1,2,\cdots,n.$$

从而

$$t = 1 + \sum_{k\in A_1}(1-i_k)2^{n-k} + \sum_{k\in A_2} i_k 2^{n-k}.$$

因此,若 $\rho = [\rho_{i,j}]_{2^n\times 2^n}$ 是完全可分态,则

$$|\rho_{m,2^n+1-m}| \leqslant \sqrt{\rho_{t,t}\rho_{2^n-t+1,2^n-t+1}},$$

其中,

$$t = 1 + \sum_{k\in A_1}(1-i_k)2^{n-k} + \sum_{k\in A_2} i_k 2^{n-k},$$

且 t 中 $i_k \in \{0,1\}(k = 1,2,\cdots,n)$ 使得

$$m = 1 + \sum_{k=1}^{n} i_k 2^{n-k},$$

和 A_1, A_2 满足

$$A_1 \cup A_2 = \{1,2,\cdots,n\}, A_1 \cap A_2 = \varnothing.$$

特别地,当 $m = 1$ 时,由

$$m = 1 + \sum_{k=1}^{n} i_k 2^{n-k} = 1$$

得 $i_k = 0, k = 1,2,\cdots,n$,从而

$$t = 1 + \sum_{k\in A_1} 2^{n-k},$$

其中,$A_1 \subset \{1,2,\cdots,n\}$. 特别地,当 $A_1 = \varnothing$ 时,$t = 1$. 由 A_1 的任意性知 $t = 1,2,\cdots,2^n$. 因此,不等式(2.3.12)变为

$$|\rho_{1,2^n}| \leqslant \sqrt{\rho_{t,t}\rho_{2^n-t+1,2^n-t+1}}.$$

推论 2.3.10 若 n 比特态 $\rho = [\rho_{i,j}]_{2^n\times 2^n}$ 是完全可分的,则

$$\rho_{1,2^n} \leqslant (\rho_{1,1}\rho_{2,2}\cdots\rho_{2^n,2^n})^{\frac{1}{2^n}}. \tag{2.3.13}$$

证明 由推论 2.3.9 得

$$|\rho_{1,2^n}| \leqslant \sqrt{\rho_{t,t}\rho_{2^n,2^n}},$$

$$|\rho_{1,2^n}| \leqslant \sqrt{\rho_{2,2}\rho_{2^n-1,2^n-1}},$$

$$\cdots$$

$$|\rho_{1,2^n}| \leqslant \sqrt{\rho_{2^n-1,2^n-1}\rho_{2,2}},$$

$$|\rho_{1,2^n}| \leqslant \sqrt{\rho_{2^n,2^n}\rho_{1,1}},$$

从而

$$|\rho_{1,2^n}|^{2^n} \leqslant \rho_{1,1}\rho_{2,2}\cdots\rho_{2^n,2^n},$$

即

$$|\rho_{1,2^n}| \leqslant (\rho_{1,1}\rho_{2,2}\cdots\rho_{2^n,2^n})^{\frac{1}{2^n}}.$$

注 2.3.2　由推论 2.3.10 容易得出：若 n 比特态 $\rho = [\rho_{i,j}]_{2^n\times 2^n}$ 是完全可分的，则

$$|\rho_{1,2^n}| \leqslant (\rho_{2,2}\rho_{3,3}\cdots\rho_{2^n-1,2^n-1})^{\frac{1}{2^n-2}},$$

这也是文献[57]中得到的结论. 但是，推论 2.3.9 能比文献[57]给出更多的完全可分态的必要条件.

例 2.3.1　考虑 n 比特态

$$\rho = (1-p)|GHZ_n\rangle\langle GHZ_n| + \frac{p}{2^n}I_n, p\in[0,1]$$

的完全可分性. 由推论 2.3.9 容易得出：若 ρ 是完全可分态，则不等式(2.3.12)成立，因此 $p\in\left[1-\frac{1}{1+2^{n-1}},1\right]$.

注 2.3.3　文献[61]中指出：若 $p\in\left[1-\frac{1}{1+2^{n-1}},1\right]$，则 $\rho=(1-p)|GHZ_n\rangle\langle GHZ_n| + \frac{p}{2^n}I_n$ 是完全可分态. 结合例 2.3.1 可得：ρ 是完全可分态当且仅当 $p\in\left[1-\frac{1}{1+2^{n-1}},1\right]$. 从而，$\rho$ 是纠缠态当且仅当 $p\in\left[0,1-\frac{1}{1+2^{n-1}}\right)$.

例 2.3.2　考虑 n 比特态

$$\rho = (1-p)|W_n\rangle\langle W_n| + \frac{p}{2^n}I_n, p\in[0,1]$$

的完全可分性. 由推论 2.3.5 容易得出：若 ρ 是完全可分态，则不等式(2.3.8)成立，因此 $p\in\left[1-\frac{n}{n+2^n},1\right]$.

例 2.3.3　考虑 n 比特态

$$\rho = \alpha|GHZ_n\rangle\langle GHZ_n| + \beta|W_n\rangle\langle W_n| + \frac{1-\alpha-\beta}{2^n}I_n,$$

其中 $\alpha,\beta\geqslant 0,\alpha+\beta\leqslant 1$ 的完全可分性.

如果 ρ 是完全可分态，由推论 2.3.5 和推论 2.3.9 知：不等式(2.3.8)和(2.3.12)成立. 从而，

$$\begin{cases} \beta\geqslant 1-(2^{n-1}+1)\alpha, \\ n2^{n-1}\alpha\leqslant\sqrt{n(1-\alpha-\beta)[2^n\beta+n(1-\alpha-\beta)]}, \\ 2^n\beta\leqslant n\sqrt{[1+(2^{n-1}-1)\alpha-\beta](1-\alpha-\beta)}, \\ \alpha\geqslant 0, \\ \beta\geqslant 0, \\ \alpha+\beta\leqslant 1. \end{cases} \tag{2.3.14}$$

因为不等式(2.3.14)中第一个不等式能推出第二个不等式，所以由不等式(2.3.14)决定的参数区域仅仅是图 2.2 中区域 I. 因此，如果 (α,β) 不属于区域 I，则 ρ 一定是纠缠的.

由定理 2.3.1 可以得到 $|\rho_{m,l}|$ 的上界，结论如下.

定理 2.3.1　若 $\rho\in D(H^{(n)})$ 是完全可分态，则对所有 $m,l=1,2,\cdots,d_1d_2\cdots d_n$，不等式

$$|\rho_{m,l}|\leqslant\frac{1}{2^h}$$

成立，其中 $\rho_{m,l} = \langle i_1 i_2 \cdots i_n \mid \rho \mid i'_1 i'_2 \cdots i'_n \rangle$，$\{\mid i_k \rangle\}_{i_k=0}^{d_k-1}$ 是 H_k 的任意一组正规正交基，

$$m = 1 + \sum_{k=1}^{n} i_k d_{k+1} d_{k+2} \cdots d_n d_{n+1} (d_{n+1} = 1),$$

$$l = 1 + \sum_{k=1}^{n} i'_k d_{k+1} d_{k+2} \cdots d_n d_{n+1},$$

和 h 是满足 $i_k \neq i'_k$ 的 k 的个数.

证明 （情形 1）若 ρ 是完全可分的纯态. 由定理 2.3.1 得

$$\begin{aligned} \mid \rho_{m,l} \mid &= \mid a_{1i_1} a_{2i_2} \cdots a_{ni_n} a^*_{1i'_1} a^*_{2i'_2} \cdots a^*_{ni'_n} \mid \\ &\leqslant \frac{\mid a_{1i_1} \mid^2 + \mid a_{1i'_1} \mid^2}{2} \cdots\cdots \frac{\mid a_{ni_n} \mid^2 + \mid a_{ni'_n} \mid^2}{2}, \end{aligned}$$

其中，

$$\sum_{i_1} \mid a_{1i_1} \mid^2 = 1, \sum_{i_2} \mid a_{2i_2} \mid^2 = 1, \cdots, \sum_{i_n} \mid a_{ni_n} \mid^2 = 1,$$

和

$$m = 1 + \sum_{k=1}^{n} i_k d_{k+1} d_{k+2} \cdots d_n d_{n+1} (d_{n+1} = 1),$$

$$l = 1 + \sum_{k=1}^{n} i'_k d_{k+1} d_{k+2} \cdots d_n d_{n+1}.$$

令 h 为满足 $i_k \neq i'_k$ 的 k 的个数，于是 $\mid \rho_{m,l} \mid \leqslant \frac{1}{2^h}$.

（情形 2）若 ρ 是完全可分的混合态. 由定义得

$$\rho = \sum_i p_i \rho^i = \sum_i p_i \mid \psi_i \rangle \langle \psi_i \mid,$$

其中，每个 $\rho^i = \mid \psi_i \rangle \langle \psi_i \mid$ 是完全可分的. 由情形 1 得

$$\mid \rho_{m,l} \mid = \left| \sum_i p_i \rho^i_{m,l} \right| \leqslant \sum_i p_i \mid \rho^i_{m,l} \mid \leqslant \frac{1}{2^h}.$$

2.4 Λ－纠缠准则

本节推导 Λ－纠缠准则，其中 Λ 由式(2.1.1)给出. 经过探究，可以得出如下的结论.

定理 2.4.1 若 $\rho \in D(H^{(n)})$ 是 Λ－可分态，则对所有 $m, l = 1, 2, \cdots, d_1 d_2 \cdots d_n$，不等式

$$\mid \rho_{m,l} \mid \leqslant \sqrt{\rho_{t,t} \rho_{m+l-t, m+l-t}} \tag{2.4.1}$$

都成立，其中 $\rho_{m,l} = \langle i_1 i_2 \cdots i_n \mid \rho \mid i'_1 i'_2 \cdots i'_n \rangle$，$\{\mid i_k \rangle\}_{i_k=0}^{d_k-1}$ 是 H_k 的任意一组正规正交基，

$$\begin{aligned} t = 1 &+ \sum_{p \in M_1} (i'_{j_{p-1}+1} d_{j_{p-1}+2} \cdots d_n d_{n+1} + \cdots + i'_{j_p} d_{j_p+1} \cdots d_{n+1}) + \\ &\sum_{p \in M_2} (i_{j_{p-1}+1} d_{j_{p-1}+2} \cdots d_n d_{n+1} + \cdots + i_{j_p} d_{j_p+1} \cdots d_{n+1}), \end{aligned} \tag{2.4.2}$$

且 t 中 $i_q, i'_q \in \{0, 1, \cdots, d_q - 1\} (q = 1, 2, \cdots, n)$ 满足

$$m = 1 + \sum_{q=1}^{n} i_q d_{q+1} d_{q+2} \cdots d_n d_{n+1} (d_{n+1} = 1),$$

$$l = 1 + \sum_{q=1}^{n} i'_q d_{q+1} d_{q+2} \cdots d_n d_{n+1}. \tag{2.4.3}$$

和 M_1, M_2 满足

$$M_1 \cup M_2 = \{1,2,\cdots,k\}, M_1 \cap M_2 = \varnothing.$$

证明　(情形 1) 若 ρ 是纯态. 此时 $\rho = |\psi\rangle\langle\psi|$ 且

$$\begin{aligned} |\psi\rangle &= |\psi_{1\cdots j_1}\rangle \otimes |\psi_{(j_1+1)\cdots j_2}\rangle \otimes \cdots \otimes |\psi_{(j_{k-1}+1)\cdots j_k}\rangle \\ &= \left(\sum_{i_1,i_2,\cdots i_{j_1}} a_{1i_1i_2\cdots i_{j_1}} |i_1 i_2 \cdots i_{j_1}\rangle\right) \otimes \cdots \otimes \left(\sum_{i_{j_{k-1}+1},\cdots,i_n} a_{ki_{j_{k-1}+1},\cdots,i_n} |i_{j_{k-1}+1} \cdots i_n\rangle\right) \\ &= \sum_{i_1,i_2,\cdots,i_n} a_{1i_1i_2\cdots i_{j_1}} \cdots a_{ki_{j_{k-1}+1}\cdots i_n} |i_1 i_2 \cdots i_n\rangle, \end{aligned}$$

这里的和是对 $i_1, i_2, \cdots, i_n$ 的所有可能值进行求和. 从而

$$\rho = \sum_{i_k, i'_k} a_{1i_1\cdots i_{j_1}} \cdots a_{ki_{j_{k-1}+1}\cdots i_n} a^*_{1i'_1\cdots i'_{j_1}} \cdots a^*_{ki'_{j_{k-1}+1}\cdots i'_n} |i_1 \cdots i_n\rangle\langle i'_1 \cdots i'_n|.$$

对每个 $m, l = 1,2,\cdots,d_1 d_2 \cdots d_n$, 存在 $i_q, i'_q \in \{0,1,\cdots,d_q - 1\}(q = 1,2,\cdots,n)$ 满足式(2.4.3). 令 t 为式(2.4.2) 和

$$\begin{aligned} s = 1 &+ \sum_{p \in M_1} (i_{j_{p-1}+1} d_{j_{p-1}+2} \cdots d_n d_{n+1} + \cdots + i_{j_p} d_{j_p+1} \cdots d_{n+1}) + \\ &\sum_{p \in M_2} (i'_{j_{p-1}+1} d_{j_{p-1}+2} \cdots d_n d_{n+1} + \cdots + i'_{j_p} d_{j_p+1} \cdots d_{n+1}). \end{aligned}$$

可得

$$\begin{aligned} \rho_{m,l} &= a_{1i_1i_2\cdots i_{j_1}} \cdots a_{ki_{j_{k-1}+1}\cdots i_n} a^*_{1i'_1i'_2\cdots i'_{j_1}} \cdots a^*_{ki'_{j_{k-1}+1}\cdots i'_n}, \\ \rho_{s,s} &= \prod_{p\in M_1} a_{pi_{j_{p-1}+1}\cdots i_{j_p}} \prod_{p\in M_2} a_{pi'_{j_{p-1}+1}\cdots i'_{j_p}} \\ &\quad \prod_{p\in M_1} a^*_{pi_{j_{p-1}+1}\cdots i_{j_p}} \prod_{p\in M_2} a^*_{pi'_{j_{p-1}+1}\cdots i'_{j_p}}, \\ \rho_{t,t} &= \prod_{p\in M_1} a_{pi'_{j_{p-1}+1}\cdots i'_{j_p}} \prod_{p\in M_2} a_{pi_{j_{p-1}+1}\cdots i_{j_p}} \\ &\quad \prod_{p\in M_1} a^*_{pi'_{j_{p-1}+1}\cdots i'_{j_p}} \prod_{p\in M_2} a^*_{pi_{j_{p-1}+1}\cdots i_{j_p}}, \end{aligned}$$

于是

$$|\rho_{m,l}| = \sqrt{\rho_{s,s}\rho_{t,t}}.$$

因为 $s + t = m + l$, 所以

$$|\rho_{m,l}| = \sqrt{\rho_{t,t}\rho_{m+l-t,m+l-t}}.$$

(情形 2) 若 ρ 是混合态. 由定义得

$$\rho = \sum_i p_i \rho^i = \sum_i p_i |\psi_i\rangle\langle\psi_i|.$$

其中, 每个 $\rho^i = |\psi_i\rangle\langle\psi_i|$ 都是 Λ－可分的. 由情形 1 和柯西不等式得

$$
\begin{aligned}
|\rho_{m,l}| &\leqslant \sum_i p_i |\rho_{m,l}^i| \\
&= \sum_i p_i \sqrt{\rho_{t,t}^i \rho_{m+l-t,m+l-t}^i} \\
&\leqslant \sqrt{\left(\sum_i p_i \rho_{t,t}^i\right)\left(\sum_i p_i \rho_{m+l-t,m+l-t}^i\right)} \\
&= \sqrt{\rho_{t,t}\rho_{m+l-t,m+l-t}}.
\end{aligned}
$$

由定理 2.4.1 很容易得到下面的推论.

推论 2.4.1 若$\rho \in D(H^{(n)})$是Λ－可分态,则对所有$m,l=1,2,\cdots,d_1d_2\cdots d_n$,不等式

$$
|\rho_{m,l}| \leqslant \left(\prod_{t\in E}\rho_{t,t}\right)^{\frac{1}{2^k}} \tag{2.4.4}
$$

都成立,其中$\rho_{m,l}=\langle i_1i_2\cdots i_n|\rho|i_1'i_2'\cdots i_n'\rangle$,$\{|i_k\rangle\}_{i_k=0}^{d_k-1}$是$H_k$的任意一组正规正交基,$E$是满足下列条件的所有$t$之集:

$$
\begin{aligned}
t = 1 &+ \sum_{p\in M_1}(i'_{j_{p-1}+1}d_{j_{p-1}+2}\cdots d_nd_{n+1}+\cdots+i'_{j_p}d_{j_p+1}\cdots d_{n+1}) \\
&+ \sum_{p\in M_2}(i_{j_{p-1}+1}d_{j_{p-1}+2}\cdots d_nd_{n+1}+\cdots+i_{j_p}d_{j_p+1}\cdots d_{n+1}).
\end{aligned}
$$

且t中$i_q,i_q'\in\{0,1,\cdots,d_q-1\}(q=1,2,\cdots,n)$满足

$$
m = 1+\sum_{q=1}^{n} i_q d_{q+1}d_{q+2}\cdots d_nd_{n+1}\,(d_{n+1}=1),
$$

$$
l = 1+\sum_{q=1}^{n} i_q' d_{q+1}d_{q+2}\cdots d_nd_{n+1}
$$

和M_1,M_2满足

$$
M_1\cup M_2=\{1,2,\cdots,k\},M_1\cap M_2=\varnothing.
$$

推论 2.4.2 若$\rho \in D(H^{(n)})$是Λ－可分态,则对所有$m,l=1,2,\cdots,d_1d_2\cdots d_n$,不等式

$$
|\rho_{m,l}| \leqslant \min_{t\in E}\sqrt{\rho_{t,t}\rho_{m+l-t,m+l-t}} \tag{2.4.5}
$$

都成立,其中$\rho_{m,l}=\langle i_1i_2\cdots i_n|\rho|i_1'i_2'\cdots i_n'\rangle$,$\{|i_k\rangle\}_{i_k=0}^{d_k-1}$是$H_k$的任意一组正规正交基,$E$由推论 2.4.1 给出.

推论 2.4.3 若$\rho \in D(H^{(n)})$是Λ－可分态,则对所有$m,l=1,2,\cdots,d_1d_2\cdots d_n$,不等式

$$
|\rho_{m,l}| \leqslant \frac{1}{2^k}\sum_{t\in E}\sqrt{\rho_{t,t}\rho_{m+l-t,m+l-t}} \tag{2.4.6}
$$

都成立,其中$\rho_{m,l}=\langle i_1i_2\cdots i_n|\rho|i_1'i_2'\cdots i_n'\rangle$,$\{|i_k\rangle\}_{i_k=0}^{d_k-1}$是$H_k$的任意一组正规正交基,$E$由推论 2.4.1 给出.

推论 2.4.4 若n比特态$\rho=[\rho_{i,j}]_{2^n\times 2^n}$是$\Lambda$－可分态,则对所有$m,l=1,2,\cdots,2^n$,不等式

$$
|\rho_{m,l}| \leqslant \sqrt{\rho_{t,t}\rho_{m+l-t,m+l-t}} \tag{2.4.7}
$$

都成立,其中

$$
\begin{aligned}
t = 1 &+ \sum_{p\in M_1}(i'_{j_{p-1}+1}2^{n-(j_{p-1}+1)}+\cdots+i'_{j_p}2^{n-j_p}) \\
&+ \sum_{p\in M_2}(i_{j_{p-1}+1}2^{n-(j_{p-1}+1)}+\cdots+i_{j_p}2^{n-j_p}),
\end{aligned}
$$

且 t 中 $i_q, i'_q \in \{0,1\}(q=1,2,\cdots,n)$ 满足

$$m=\sum_{q=1}^{n} i_q 2^{n-q}+1, l=\sum_{q=1}^{n} i'_q 2^{n-q}+1$$

和 M_1, M_2 满足

$$M_1 \cup M_2=\{1,2,\cdots,k\}, M_1 \cap M_2=\varnothing.$$

证明　由定理 2.4.1 立即可得.

由推论 2.4.4 立即可得下面的推论.

推论 2.4.5　若 n 比特态 $\rho=[\rho_{i,j}]_{2^n\times 2^n}$ 是 Λ－可分态，则对所有 $m,l=1,2,\cdots,2^n$，不等式

$$|\rho_{m,l}| \leqslant \left(\prod_{t\in F}\rho_{t,t}\right)^{\frac{1}{2^k}} \tag{2.4.8}$$

都成立，其中 F 是满足下列条件的所有 t 之集：

$$t=1+\sum_{p\in M_1}\left(i'_{j_{p-1}+1} 2^{n-(j_{p-1}+1)}+\cdots+i'_{j_p} 2^{n-j_p}\right)$$

$$+\sum_{p\in M_2}\left(i_{j_{p-1}+1} 2^{n-(j_{p-1}+1)}+\cdots+i_{j_p} 2^{n-j_p}\right),$$

且 t 中 $i_q, i'_q \in \{0,1\}(q=1,2,\cdots,n)$ 满足

$$m=\sum_{q=1}^{n} i_q 2^{n-q}+1, l=\sum_{q=1}^{n} i'_q 2^{n-q}+1$$

和 M_1, M_2 满足

$$M_1 \cup M_2=\{1,2,\cdots,k\}, M_1 \cap M_2=\varnothing.$$

推论 2.4.6　若 n 比特态 $\rho=[\rho_{i,j}]_{2^n\times 2^n}$ 是 Λ－可分态，则对所有 $m,l=1,2,\cdots,2^n$，不等式

$$|\rho_{m,l}| \leqslant \min_{t\in F}\sqrt{\rho_{t,t}\rho_{m+l-t,m+l-t}} \tag{2.4.9}$$

都成立，其中 F 由推论 2.4.5 给出.

推论 2.4.7　若 n 比特态 $\rho=[\rho_{i,j}]_{2^n\times 2^n}$ 是 Λ－可分态，则对所有 $m,l=1,2,\cdots,2^n$，不等式

$$|\rho_{m,l}| \leqslant \frac{1}{2^k}\sum_{t\in F}\sqrt{\rho_{t,t}\rho_{m+l-t,m+l-t}} \tag{2.4.10}$$

都成立，其中 F 由推论 2.4.5 给出.

例 2.4.1　考虑 n 比特态

$$\rho=(1-p)|GHZ_n\rangle\langle GHZ_n|+\frac{p}{2^n}I_n, p\in[0,1]$$

的 Λ－可分性. 由推论 2.4.4 知：若 ρ 是 Λ－可分态，则它的矩阵元素满足

$$|\rho_{1,2^n}| \leqslant \sqrt{\rho_{t,t}\rho_{2^n-t+1,2^n-t+1}}, t\in\widetilde{F}.$$

其中，$\widetilde{F}$ 是满足下列条件的所有 t 之集：

$$t=1+\sum_{p\in M_1}\left(2^{n-(j_{p-1}+1)}+\cdots+2^{n-j_p}\right),$$

且 M_1, M_2 满足

$$M_1 \subset \{1,2,\cdots,k\}, M_1 \neq \varnothing, M_1 \neq \{1,2,\cdots,k\}.$$

因为

$$\rho_{t,t} = \rho_{2^n-t+1,2^n-t+1} = \frac{p}{2^n}(t \in \widetilde{F}),$$

所以

$$\frac{1-p}{2} \leqslant \frac{p}{2^n},$$

从而 $p \geqslant 1-\frac{1}{1+2^{n-1}}$. 因此，若 ρ 是 $\Lambda-$ 可分态，则 $p \in \left[1-\frac{1}{1+2^{n-1}},1\right]$.

例 2.4.2 考虑 n 比特态

$$\rho = (1-p) \mid W_n\rangle\langle W_n \mid + \frac{p}{2^n}I_n, p \in [0,1]$$

的 $\Lambda-$ 可分性. 由推论 2.4.4 知：若 ρ 是 $\Lambda-$ 可分态，则 $p \in \left[1-\frac{n}{n+2^n},1\right]$.

例 2.4.3 考虑 n 比特态

$$\rho = \alpha \mid GHZ_n\rangle\langle GHZ_n \mid + \beta \mid W_n\rangle\langle W_n \mid + \frac{1-\alpha-\beta}{2^n}I_n$$

的 $\Lambda-$ 可分性. 由推论 2.4.4 知：若 ρ 是 $\Lambda-$ 可分态，则

$$\begin{cases} \beta \leqslant 1-(2^{n-1}+1)\alpha, \\ 2^n\beta \leqslant n\sqrt{[1+(2^{n-1}-1)\alpha-\beta](1-\alpha-\beta)}, \\ \alpha \geqslant 0, \\ \beta \geqslant 0, \\ \alpha+\beta \leqslant 1. \end{cases} \tag{2.4.11}$$

这恰好与不等式(2.2.11)相同. 因此，当 $n=5$ 时，由不等式(2.4.11)确定的参数区域为图 2.2 中区域 I . 从而，I 以外的参数区域所对应的 ρ 是 $\Lambda-$ 纠缠的.

由定理 2.4.1 可以得到 $|\rho_{m,l}|$ 的上界，结论如下.

定理 2.4.2 若 $\rho \in D(H^{(n)})$ 是 $\Lambda-$ 可分态，则对所有 $m,l=1,2,\cdots,d_1d_2\cdots d_n$，不等式

$$|\rho_{m,l}| \leqslant \frac{1}{2^h}$$

成立，其中 $\rho_{m,l} = \langle i_1 i_2 \cdots i_n \mid \rho \mid i_1' i_2' \cdots i_n'\rangle$，$\{\mid i_k\rangle\}_{i_k=0}^{d_k-1}$ 是 H_k 的任意一组正规正交基，

$$m = 1+\sum_{q=1}^{n} i_q d_{q+1} d_{q+2} \cdots d_n d_{n+1} (d_{n+1}=1),$$

$$l = 1+\sum_{q=1}^{n} i_q' d_{q+1} d_{q+2} \cdots d_n d_{n+1},$$

h 是满足 $i_{j_{p-1}+1}\cdots i_{j_p} \neq i'_{j_{p-1}+1}\cdots i'_{j_p}$ 的 $p \in \{1,2,\cdots,k\}$ 的个数.

证明 (情形 1) 若 ρ 是纯态. 由定理 2.4.1 得

$$\begin{aligned} |\rho_{m,l}| &= |a_{1i_1i_2\cdots i_{j_1}} \cdots a_{ki_{j_{k-1}+1}\cdots i_n} a^*_{1i_1'i_2'\cdots i_{j_1}'} \cdots a^*_{ki'_{j_{k-1}+1}\cdots i_n'}| \\ &\leqslant \frac{|a_{1i_1\cdots i_{j_1}}|^2+|a_{1i_1'\cdots i_{j_1}'}|^2}{2} \cdot \frac{|a_{2i_{j_1+1}\cdots i_{j_2}}|^2+|a_{2i'_{j_1+1}\cdots i'_{j_2}}|^2}{2} \end{aligned}$$

$$\cdots\cdots\frac{|a_{ki_{j_{k-1}+1}\cdots i_n}|^2+|a_{ki'_{j_{k-1}+1}\cdots i'_n}|^2}{2}.$$

其中，

$$\sum_{i_1,\cdots,i_{j_1}}|a_{1i_1i_2\cdots i_{j_1}}|^2=1,\cdots,\sum_{i_{j_{k-1}+1},\cdots,i_n}|a_{ki_{j_{k-1}+1}\cdots i_n}|^2=1,$$

$$m=1+\sum_{q=1}^{n}i_q d_{q+1}d_{q+2}\cdots d_n d_{n+1}(d_{n+1}=1),$$

$$l=1+\sum_{q=1}^{n}i'_q d_{q+1}d_{q+2}\cdots d_n d_{n+1}.$$

令 h 是满足 $i_{j_{p-1}+1}\cdots i_{j_p}\neq i'_{j_{p-1}+1}\cdots i'_{j_p}$ 的 $p\in\{1,2,\cdots,k\}$ 的个数，于是 $|\rho_{m,l}|\leqslant\frac{1}{2^h}$.

（情形2）若 ρ 是混合态. 由定义得

$$\rho=\sum_i p_i\rho^i=\sum_i p_i|\psi_i\rangle\langle\psi_i|.$$

其中，每个 $\rho^i=|\psi_i\rangle\langle\psi_i|$ 都是Λ－可分的. 由情形1得

$$|\rho_{m,l}|=\left|\sum_i p_i\rho^i_{m,l}\right|\leqslant\sum_i p_i|\rho^i_{m,l}|\leqslant\frac{1}{2^h}.$$

第3章　多体态的 $\Lambda-$纠缠鲁棒性

鲁棒性是系统的健壮性，用来描述一个物体的某种性质对于干扰的忍耐力. 为了讨论量子态的纠缠鲁棒性，Vidal 和 Tarrach 在文献[62]中讨论了某些纠缠态与任何可分态混合的影响，并研究了消除所有纠缠所需要的最小无纠缠混合量. 文献[62]中得到的结果表明，纠缠鲁棒性描述了耦合机制中纠缠态的鲁棒性是多大，它对存在可以解纠缠态的耦合机制具有重要意义. 文献[63]通过建立密度矩阵的向量表示，给出了纠缠鲁棒性的几何解释. 之后，Steiner 在文献[64]中讨论了纠缠的广义鲁棒性，证明了一个纠缠纯态的广义鲁棒性与文献[62]中定义的鲁棒性是相同的. 文献[65]讨论了量子信道对纠缠鲁棒性的影响. 文献[66]引入了经验模型的互文鲁棒性，并讨论了很多的性质. 文献[71]讨论了两体态的量子关联的鲁棒性. 文献[72]中引入了广义导引鲁棒性，并获得了一些有趣的性质.

文献[210,211]中提出并讨论了 α_k-可分性，它是一种受限的 $k-$可分性. 此外，在某些情况下，由于系统的物理性质，如各部分的空间排列(自旋链)，指标的顺序非常很重要. 受文献[210]和[211]的启发，文献[209]中引入了多体态的 $\Lambda-$可分性，根据所关注的粒子 Ω 的"连续"k 分划 Λ，将整个系统分为 k 个"连续"子系统. 在 $\Lambda-$可分态的定义中，组成的态都是相对于相同的连续 k 分划 Λ 是 $\Lambda-$可分的. 因此，当一个态是 $\Lambda-$可分时，可以清楚地知道哪些粒子是可分的，哪些粒子可能是纠缠的. 此外，文献[209]还建立了多体态的 $\Lambda-$可分性准则，并举例阐述. 在这些工作的激励下，笔者引入多体态的 $\Lambda-$纠缠鲁棒性，并探讨一些性质.

本章探讨多体态的 $\Lambda-$纠缠鲁棒性. 为了量化 $\Lambda-$纠缠性，引入了相对 $\Lambda-$纠缠鲁棒性与 $\Lambda-$纠缠鲁棒性，得到了相关性质，用它来区分 $\Lambda-$可分态和 $\Lambda-$纠缠态，并讨论了量子信道对 $\Lambda-$纠缠鲁棒性的影响.

本章具体安排如下：在 3.1 节中，引入了相对 $\Lambda-$纠缠鲁棒性与 $\Lambda-$纠缠鲁棒性，并探讨了它的性质. 在 3.2 节中，讨论了量子信道对 $\Lambda-$纠缠鲁棒性的影响.

3.1　$\Lambda-$纠缠鲁棒性

使用 $S_\Lambda(H^{(n)})$ 和 $E_\Lambda(H^{(n)})$ 分别表示 $H^{(n)}$ 中的 $\Lambda-$可分态和 $\Lambda-$纠缠态之集. 根据 $\Lambda-$可分态的定义，容易得到下面的定理.

定理 3.1.1　$S_\Lambda(H^{(n)})$ 是紧凸集 $D(H^{(n)})$ 的非空紧凸子集.

证明　根据 $\Lambda-$可分态的定义，注意到集合 $S_\Lambda(H^{(n)})$ 是所有 $\Lambda-$可分纯态组成的紧集的凸包. 由于有限维赋范线性空间的紧子集的凸包是紧凸集，因此 $S_\Lambda(H^{(n)})$ 是紧凸集.

若 $\rho\in D(H^{(n)})$，$\sigma\in S_\Lambda(H^{(n)})$，令

$$\tau_{\rho,\sigma}(s)=\frac{1}{1+s}\rho+\frac{s}{1+s}\sigma,\ \forall s\in[0,+\infty),\tau_{\rho,\sigma}(+\infty)=\sigma.$$

则映射 $\tau_{\rho,\sigma}:[0,+\infty]\to D(H^{(n)})$ 称为 ρ 相对于噪声 σ 的线性扰动. 显然,映射 $\tau_{\rho,\sigma}$ 是连续的.

为了引入 ρ 相对于 σ 的相对 Λ－纠缠鲁棒性,首先考虑集合

$$\tau_{\rho,\sigma}^{-1}(S_\Lambda(H^{(n)}))=\{s\in[0,+\infty]:\tau_{\rho,\sigma}(s)\in S_\Lambda(H^{(n)})\}$$

的性质.

显然,它是下有界的. 为了讨论它的凸性,令 $s_1,s_2\in\tau_{\rho,\sigma}^{-1}(S_\Lambda(H^{(n)}))$, $0\leqslant s_1<s_2<+\infty$, 则 $\tau_{\rho,\sigma}(s_k)\in S_\Lambda(H^{(n)})(k=1,2)$. $\forall s\in(s_1,s_2)$,有

$$\frac{1}{1+s_2}<\frac{1}{1+s}<\frac{1}{1+s_1},$$

因此,存在 $u\in(0,1)$ 使得

$$\frac{1}{1+s}=(1-u)\frac{1}{1+s_1}+u\frac{1}{1+s_2},$$

计算可得

$$\frac{1}{1+s}=(1-u)\frac{s_1}{1+s_1}+u\frac{s_2}{1+s_2},$$

从而

$$\begin{aligned}\tau_{\rho,\sigma}(s)&=\frac{1}{1+s}\rho+\frac{s}{1+s}\sigma\\&=\left((1-u)\frac{1}{1+s_1}+u\frac{1}{1+s_2}\right)\rho+\left((1-u)\frac{s_1}{1+s_1}+u\frac{s_2}{1+s_2}\right)\sigma\\&=(1-u)\tau_{\rho,\sigma}(s_1)+u\tau_{\rho,\sigma}(s_2).\end{aligned}$$

由定理 3.1.1 可知:$S_\Lambda(H^{(n)})$ 是凸的,于是 $\tau_{\rho,\sigma}(s)\in S_\Lambda(H^{(n)})$,即 $s\in\tau_{\rho,\sigma}^{-1}(S_\Lambda(H^{(n)}))$. 因此, $\tau_{\rho,\sigma}^{-1}(S_\Lambda(H^{(n)}))$ 是凸的.

为了考虑集合的最小元素,令

$$\beta=\inf\tau_{\rho,\sigma}^{-1}(S_\Lambda(H^{(n)}))=\inf\{s\in[0,+\infty]:\tau_{\rho,\sigma}(s)\in S_\Lambda(H^{(n)})\}.\tag{3.1.1}$$

下面证明

$$\beta\in\tau_{\rho,\sigma}^{-1}(S_\Lambda(H^{(n)})).$$

当 $\beta=+\infty$ 时, $\tau_{\rho,\sigma}(\beta)=\sigma\in S_\Lambda(H^{(n)})$,因此, $\beta\in\tau_{\rho,\sigma}^{-1}(S_\Lambda(H^{(n)}))$.

当 $\beta<+\infty$ 时,存在一列 $\{s_n\}\subset\tau_{\rho,\sigma}^{-1}(S_\Lambda(H^{(n)}))\backslash\{+\infty\}$,使得 $\lim_{n\to\infty}s_n=\beta$. 因此,

$$\tau_{\rho,\sigma}(s_n)\in S_\Lambda(H^{(n)})(n=1,2,\cdots),\tau_{\rho,\sigma}(\beta)=\lim_{n\to\infty}\tau_{\rho,\sigma}(s_n).$$

由定理 3.1.1 可知:$S_\Lambda(H^{(n)})$ 是闭的,可得 $\tau_{\rho,\sigma}(\beta)\in S_\Lambda(H^{(n)})$. 从而, $\beta\in\tau_{\rho,\sigma}^{-1}(S_\Lambda(H^{(n)}))$.

于是,可以给出以下定义.

定义 3.1.1[212]　设 $\rho\in D(H^{(n)})$, $\sigma\in S_\Lambda(H^{(n)})$,则称

$$R_\Lambda(\rho\|\sigma):=\min\{s\in[0,+\infty]:\tau_{\rho,\sigma}(s)\in S_\Lambda(H^{(n)})\}\tag{3.1.2}$$

为 ρ 相对于 σ 的相对 Λ－纠缠鲁棒性.

由定义可知:$0\leqslant R_\Lambda(\rho\|\sigma)\leqslant R_e(\rho\|\sigma)<+\infty$(文献[62]中附录 C),其中 $d=\dim(H^{(n)})$. 因此, $0\leqslant R_\Lambda(\rho\|\sigma)<+\infty$. 此外, $\exists\sigma\in S_\Lambda(H^{(n)})$ 使得 $R_\Lambda(\rho\|\sigma)=0\Leftrightarrow\rho\in S_\Lambda(H^{(n)})$. $R_\Lambda(\rho\|\sigma)$ 的几何解释如图 3.1 所示.

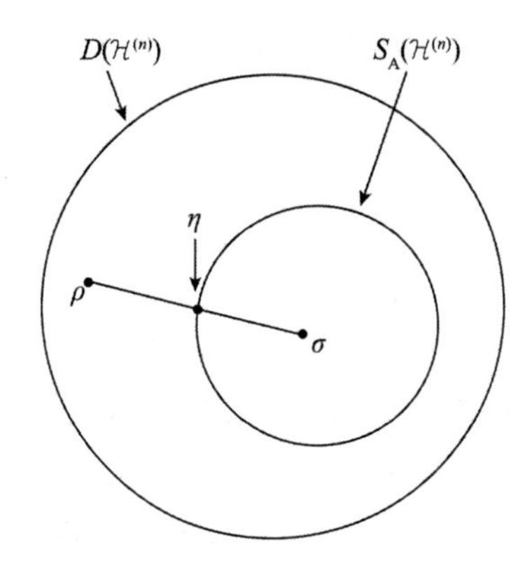

图 3.1 $R_\Lambda(\rho\|\sigma)$ 表明 $p=\dfrac{1}{1+R_\Lambda(\rho\|\sigma)}$ 是 ρ 满足 $\eta=p\rho+(1-p)\sigma\in S_\Lambda(H^{(n)})$ 的最大权

为了引入态 ρ 的 $\Lambda-$ 纠缠鲁棒性，令

$$t=\operatorname{imf}\{R_\Lambda(\rho\|\sigma):\sigma\in S_\Lambda(H^{(n)})\}\tag{3.1.3}$$

易知，存在一列 $\{\sigma_n\}\subset S_\Lambda(H^{(n)})$ 使得 $\lim_{n\to\infty}R_\Lambda(\rho\|\sigma_n)=t$. 因为 $S_\Lambda(H^{(n)})$ 是紧集，不防设 $\{\sigma_n\}$ 是收敛的. 因而，存在 $\sigma\in S_\Lambda(H^{(n)})$ 使得 $\sigma_n\to\sigma(n\to\infty)$. 令 $t_n:=R_\Lambda(\rho\|\sigma_n)(n=1,2,\cdots)$，则当 $n\to\infty$ 时，有

$$\tau_{\rho,\sigma_n}(t_n)=\frac{1}{1+t_n}\rho+\frac{t_n}{1+t_n}\sigma_n\to\frac{1}{1+t}\rho+\frac{t}{1+t}\sigma=\tau_{\rho,\sigma}(t).$$

由于 $\tau_{\rho,\sigma}(t_n)\in S_\Lambda(H^{(n)})(n=1,2,\cdots)$ 且 $S_\Lambda(H^{(n)})$ 是闭集，从而 $\tau_{\rho,\sigma}(t)\in S_\Lambda(H^{(n)})$. 由式(3.1.2) 和式(3.1.3) 可得 $R_\Lambda(\rho\|\sigma)\leqslant t\leqslant R_\Lambda(\rho\|\sigma)$，即 $t=R_\Lambda(\rho\|\sigma)$.

由此可以看出：t 是集合

$$\{R_\Lambda(\rho\|\sigma):\sigma\in S_\Lambda(H^{(n)})\}$$

的最小值. 因此，以下定义是合理的.

定义 3.1.2[212] 设 $\rho\in D(H^{(n)})$，则称

$$R_\Lambda(\rho):=\min\{R_\Lambda(\rho\|\sigma):\sigma\in S_\Lambda(H^{(n)})\}\tag{3.1.4}$$

为 ρ 的 Λ 纠缠鲁棒性.

由定义可以得到以下结论.

注 3.1.1 (1)$0\leqslant R_\Lambda(\rho)<+\infty$；$R_\Lambda(\rho)=0\Leftrightarrow\rho\in S_\Lambda(H^{(n)})$；$R_\Lambda(\rho)>0\Leftrightarrow\rho\in E_\Lambda(H^{(n)})$. 因此，$R_\Lambda(\rho)$ 可以用来区分 $\Lambda-$ 可分态与 $\Lambda-$ 纠缠态. 换句话说，它是 $\Lambda-$ 纠缠的度量.

(2) 当 $\sigma\in S_\Lambda(H^{(n)})$ 满足 $R_\Lambda(\rho)=R_\Lambda(\rho\|\sigma)$，$\rho$ 可以分解成

$$\rho=(1+R_\Lambda(\rho))\rho^+-R_\Lambda(\rho)\rho^-,$$

其中，$\rho^+=\tau_{\rho,\sigma}(R_\Lambda(\rho))$，$\rho^-=\sigma$ 都是 $\Lambda-$ 可分态. 因此，

$$R_\Lambda(\rho)=\min\{s\in[0,+\infty):\exists\rho^+,\rho^-\in S_\Lambda(H^{(n)}),\text{s. t. }\rho=(1+s)\rho^+-s\rho^-\}.$$

(3) 当 ρ 是 $\Lambda-$ 纠缠态时，令

$$\Delta_\Lambda(\rho)=\sup\{r>0:B(\rho,r)\subset E_\Lambda(H^{(n)})\},$$

其中，

$$B(\rho,r)=\{\tilde{\rho}\in D(H^{(n)}):\|\tilde{\rho}-\rho\|<r\},$$

则称 $\Delta_\Lambda(\rho)$ 为 ρ 的 Λ－纠缠的幂. 显然, $0<\Delta_\Lambda(\rho)\leqslant 2$ 且

$$\frac{\Delta_\Lambda(\rho)}{\|\tau_{\rho,\sigma}(R_\Lambda(\rho))-\sigma\|}\leqslant R_\Lambda(\rho)\leqslant\frac{2}{\|\tau_{\rho,\sigma}(R_\Lambda(\rho))-\sigma\|},$$

其中, $R_\Lambda(\rho)=R_\Lambda(\rho\|\sigma)$ 使得 $\tau_{\rho,\sigma}(R_\Lambda(\rho))$ 是 Λ－可分态.

(4) 设 $\rho\in E_\Lambda(H^{(n)})$, $R_\Lambda(\rho)=s_0$, 则 $\exists\sigma\in S_\Lambda(H^{(n)})$ 使得 $\tau_{\rho,\sigma}(s_0)\in S_\Lambda(H^{(n)})$. 于是, 当 $0\leqslant s_1<s_0$ 时, 可得 $\tau_{\rho,\sigma}(s_1)\in E_\Lambda(H^{(n)})$. 如果 $\exists s_2\in(s_0,+\infty)$ 满足 $\tau_{\rho,\sigma}(s_2)\in S_\Lambda(H^{(n)})$, 则对于所有的 $s\in[s_0,s_2]$, 有 $\tau_{\rho,\sigma}(s)\in S_\Lambda(H^{(n)})$. 因此, 对于任意的 $\forall\rho\in D(H^{(n)})$, 有

$$[0,R_\Lambda(\rho))=\{s:\tau_{\rho,\sigma}(s)\in E_\Lambda(H^{(n)}),\forall\sigma\in S_\Lambda(H^{(n)})\},$$

即对于所有的 $\sigma\in S_\Lambda(H^{(n)})$, $\tau_{\rho,\sigma}(s)\in E_\Lambda(H^{(n)})$ 当且仅当 $s\in[0,R_\Lambda(\rho))$. $R_\Lambda(\rho)$ 的几何解释, 如图 3.2 所示.

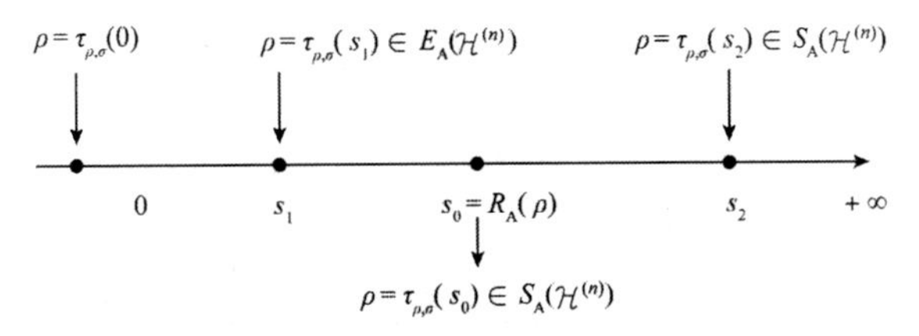

图 3.2　$R_\Lambda(\rho)$ 的几何解释

下面进行物理解释. 一般来说, 鲁棒性描述的是系统某些特性对扰动的承受能力. Λ－纠缠鲁棒性 $R_\Lambda(\rho)$ 是为消除所有 Λ－纠缠的 Λ－可分态的最小混合量. 它可以被解释为 Λ－纠缠的智能干扰的量化, 智能意味着各方知道 Λ－纠缠态, 从而相应地调整干扰, 达到最小的干扰量就够了. 一个辅助的和有用的量是相对 Λ－纠缠鲁棒性 $R_\Lambda\left(\rho\left\|\frac{I_n}{2^n}\right.\right)$, 它可以理解为与白噪声混合的 Λ－纠缠鲁棒性. 虽然对于非平凡的情形给出 Λ－纠缠鲁棒性的解析表达式很困难, 但是可以使用文献[209,211]中 Λ－可分态的必要(或充分)条件来估计在某些情况下 Λ－纠缠的鲁棒性和 Λ－纠缠的相对鲁棒性的范围. 下面通过实例来进行阐述.

例 3.1.1　令 $\Lambda=\{1;2,3\}$, 考虑 $\mathbf{C}^2\otimes\mathbf{C}^2\otimes\mathbf{C}^2$ 上 3 比特态 $\rho=|GHZ_3\rangle\langle GHZ_3|$ 的 Λ－纠缠鲁棒性, 其中 $|GHZ_3\rangle=\frac{1}{\sqrt{2}}(|000\rangle+|111\rangle)$. 易知

$$R_\Lambda(\rho)\leqslant R_e(\rho)\leqslant R_e\left(\rho\left\|\frac{I_8}{8}\right.\right),\rho\in D(\mathbf{C}^2\otimes\mathbf{C}^2\otimes\mathbf{C}^2).\tag{3.1.5}$$

一般地,

$$R_e\left(\rho\left\|\frac{I_d}{d}\right.\right)\leqslant\left(1+\frac{d}{2}\right)^{n-1}-1\tag{3.1.6}$$

其中, $d=\dim H^{(n)}$, $\rho\in D(H^{(n)})$, 见文献[62]中附录 C. 于是,

$$R_e\left(\rho\left\|\frac{I_8}{8}\right.\right)\leqslant\left(1+\frac{8}{2}\right)^{3-1}-1,$$

即

$$R_e\left(\rho\left\|\frac{I_8}{8}\right.\right)\leqslant 24.\tag{3.1.7}$$

由式(3.1.5) ～ 式(3.1.7) 可得

$$R_{\Lambda}(\rho) \leqslant 24.$$

因此,得到了任何态 ρ 的 Λ — 纠缠鲁棒性的明确的上界.

另外,当 $\sigma = \frac{I_8}{8}$ 时,有

$$R_{\Lambda}\left(\rho \middle\| \frac{I_8}{8}\right) = \min\{s \in [0, +\infty] : \tau_{\rho,\frac{I_8}{8}}(s) \in S_{\Lambda}(\mathbf{C}^2 \otimes \mathbf{C}^2 \otimes \mathbf{C}^2)\},$$

其中,$\tau_{\rho,\frac{I_8}{8}}(s) = \frac{1}{1+s}\rho + \frac{s}{1+s}\frac{I_8}{8}$. Let$\rho' = [\rho'_{i,j}] = \tau_{\rho,\frac{I_8}{8}}(s)$. 则

$$\rho'_{1,1} = \frac{4+s}{8(1+s)}, \rho'_{8,8} = \frac{4+s}{8(1+s)}, \rho'_{1,8} = \frac{1}{2(1+s)},$$

$$\rho'_{8,1} = \frac{1}{2(1+s)}, \rho'_{k,k} = \frac{s}{8(1+s)} (k = 2,3,\cdots,7).$$

ρ' 的其他元素为 0. 若 ρ' 为 Λ — 可分态,则由文献[209] 得

$$|\rho'_{8,1}| \leqslant \sqrt{\rho'_{4,4}\rho'_{5,5}},$$

即 $s \geqslant 4$. 从而,

$$R_{\Lambda}\left(\rho \middle\| \frac{I_8}{8}\right) \geqslant 4. \tag{3.1.8}$$

由式(3.1.7) 和式(3.1.8) 可得

$$4 \leqslant R_{\Lambda}\left(\rho \middle\| \frac{I_8}{8}\right) \leqslant 24.$$

此外,由文献[209,211] 知:当 $s = 4$ 时,$\tau_{\rho,\frac{I_8}{8}}(4)$ 是完全可分的,于是,它一定是 Λ — 可分的,即 $\tau_{\rho,\frac{I_8}{8}}(4) \in S_{\Lambda}(\mathbf{C}^2 \otimes \mathbf{C}^2 \otimes \mathbf{C}^2)$. 因此,

$$R_{\Lambda}\left(\rho \middle\| \frac{I_8}{8}\right) = 4.$$

下面给出一个一般的结论. 由文献[209](例 6,注 6,例 9) 可知:n 比特态

$$\rho = (1-p) | GHZ_n\rangle\langle GHZ_n | + \frac{p}{2^n} I_n, p \in [0,1]$$

是 Λ — 可分的当且仅当 $p \in \left[1 - \frac{1}{1+2^{n-1}}, 1\right]$. 因此,可得

$$R_{\Lambda}\left(| GHZ_n\rangle\langle GHZ_n | \middle\| \frac{I_n}{2^n}\right) = 2^{n-1}.$$

这意味着 $R_{\Lambda}\left(| GHZ_n\rangle\langle GHZ_n | \middle\| \frac{I_n}{2^n}\right)$ 量化了为消除所有 Λ — 纠缠的白噪声的最小混合量.

下面讨论满足 $R_{\Lambda}(\rho) = R_{\Lambda}(\rho \| \sigma)$ 的 Λ— 可分态 σ. 这样的态被称为 ρ 的最优的 Λ— 可分态. 到目前为止,还不知道一个态的最优 Λ— 可分态是否唯一,这意味着一个态 ρ 可能有两个最优的 Λ — 可分态,如 σ_1 和 σ_2. 在这种情况下,可以证明以下结论.

定理 3.1.2 态 ρ 的两个最优的 Λ — 可分态 σ_1 和 σ_2 的凸组合也是 ρ 的最优的 Λ — 可分态.

证明　因为 σ_1 和 σ_2 是 ρ 的两个最优的 Λ－可分态，则

$$R_\Lambda(\rho) = R_\Lambda(\rho \| \sigma_1) = R_\Lambda(\rho \| \sigma_2).$$

令 $s_0 = R_\Lambda(\rho)$，可得

$$\frac{1}{1+s_0}\rho + \frac{s_0}{1+s_0}\sigma_1 = \tau_{\rho,\sigma_1}(s_0) \in S_\Lambda(H^{(n)}),$$

$$\frac{1}{1+s_0}\rho + \frac{s_0}{1+s_0}\sigma_2 = \tau_{\rho,\sigma_2}(s_0) \in S_\Lambda(H^{(n)}).$$

因为 $S_\Lambda(H^{(n)})$ 是凸的，所以 $\sigma = t\sigma_1 + (1-t)\sigma_2 \in S_\Lambda(H^{(n)})$，$\forall t \in (0,1)$. 容易计算

$$\begin{aligned}\tau_{\rho,\sigma}(s_0) &= \tau_{\rho,t\sigma_1+(1-t)\sigma_2}(s_0)\\ &= \frac{1}{1+s_0}\rho + \frac{s_0}{1+s_0}(t\sigma_1 + (1-t)\sigma_2)\\ &= t\left(\frac{1}{1+s_0}\rho + \frac{s_0}{1+s_0}\sigma_1\right) + (1-t)\left(\frac{1}{1+s_0}\rho + \frac{s_0}{1+s_0}\sigma_2\right)\\ &= t\tau_{\rho,\sigma_1}(s_0) + (1-t)\tau_{\rho,\sigma_2}(s_0) \in S_\Lambda(H^{(n)}).\end{aligned}$$

由定义 3.1.1 知：$R_\Lambda(\rho \| \sigma) \leqslant s_0$，于是 $R_\Lambda(\rho) \leqslant R_\Lambda(\rho \| \sigma) \leqslant s_0 = R_\Lambda(\rho)$. 从而，$R_\Lambda(\rho) = R_\Lambda(\rho \| \sigma)$. 这表明 $\sigma = t\sigma_1 + (1-t)\sigma_2$ 也是 ρ 的最优的 Λ－可分态.

关于态的 Λ－纠缠鲁棒性的逼近问题，给出以下的下半连续性定理. 如果态 ρ 能被一列 $\{\rho_n\}$ 逼近，并且可以很容易地计算出 $R_\Lambda(\rho_n)$，那么 ρ 的 Λ－纠缠鲁棒性可以由序列 $\{R_\Lambda(\rho_n)\}$ 的下极限所控制.

定理 3.1.3　Λ－纠缠鲁棒性 $R_\Lambda : D_\Lambda(H^{(n)}) \to \mathbf{R}$ 是下半连续的，即若 $\rho_n \in D(H^{(n)})(n = 1,2,\cdots)$ 且 $\lim_{n\to\infty}\rho_n = \rho$，则

$$R_\Lambda(\rho) \leqslant \varliminf_{n\to\infty} R_\Lambda(\rho_n).$$

证明　令 $s = \varliminf_{n\to\infty} R_\Lambda(\rho_n)$，因为 $\rho_n \in D(H^{(n)})(n = 1,2,3\cdots)$ 且 $\lim_{n\to\infty}\rho_n = \rho$，所以 $\rho \in D(H^{(n)})$，并且存在子列 $\{\rho_{n_k}\}_{k=1}^{\infty}$ 满足 $s = \lim_{k\to\infty} R_\Lambda(\rho_{n_k})$. 因此，对于所有的 k 都有 $R_\Lambda(\rho_{n_k}) < +\infty$. 对于每一个 k，选取一个 Λ－可分态 σ_k 满足 $R_\Lambda(\rho_{n_k}) = R_\Lambda(\rho_{n_k} \| \sigma_k) := s_k$. 由于 $S_\Lambda(H^{(n)})$ 是紧集，所以存在一个子列 $\{\sigma_{k_j}\}_{j=1}^{\infty}$ 满足 $\sigma_{k_j} \to \sigma \in S_\Lambda(H^{(n)})$，$j \to \infty$. 又因为

$$\frac{1}{1+s_{k_j}}\rho_{n_{k_j}} + \frac{s_{k_j}}{1+s_{k_j}}\sigma_{k_j} \in S_\Lambda(H^{(n)})(j = 1,2,\cdots),$$

可得

$$\frac{1}{1+s_{k_j}}\rho_{n_{k_j}} + \frac{s_{k_j}}{1+s_{k_j}}\sigma_{k_j} \to \frac{1}{1+s}\rho + \frac{s}{1+s}\sigma \in S_\Lambda(H^{(n)}),$$

$j \to \infty$. 由定义 3.1.1 可得

$$R_\Lambda(\rho) \leqslant R_\Lambda(\rho \| \sigma) \leqslant s = \varliminf_{n\to\infty} R_\Lambda(\rho_n).$$

推论 3.1.1　当 $\forall a \in \mathbf{R}$ 时，

$$G_a := \{\rho \in D(H^{(n)}) : R_\Lambda(\rho) > a\}$$

是开集，集合

$$F_a := \{\rho \in D(H^{(n)}) : R_\Lambda(\rho) \leqslant a\}$$

是闭集.

证明 由定理3.1.3知：函数 $R_\Lambda: D(H^{(n)}) \to \mathbf{R}$ 是下半连续的，因此集合 G_a 是开集. 进而，集合 $F_a = D(H^{(n)})\backslash G_a$ 是闭集.

下面的结果是关于函数 R_Λ 的凸性，它表明混合两个态不能同时增加这两个态的 $\Lambda-$纠缠鲁棒性.

定理 3.1.4 $R_\Lambda: D(H^{(n)}) \to \mathbf{R}$ 是 $D(H^{(n)})$ 上的凸函数，即 $\forall \rho_1, \rho_2 \in D(H^{(n)})$，$\forall p \in (0,1)$，有

$$R_\Lambda(p\rho_1 + (1-p)\rho_2) \leqslant pR_\Lambda(\rho_1) + (1-p)R_\Lambda(\rho_2).$$

证明 令 $\rho_1, \rho_2 \in D(H^{(n)})$，$R_\Lambda(\rho_1) = t_1$，$R_\Lambda(\rho_2) = t_2$，$\rho = p\rho_1 + (1-p)\rho_2$（$\forall p \in (0,1)$）和 $t = pt_1 + (1-p)t_2$. 于是，存在 $\sigma_1, \sigma_2 \in S_\Lambda(H^{(n)})$，使得

$$t_1 = R_\Lambda(\rho_1 \| \sigma_1), t_2 = R_\Lambda(\rho_2 \| \sigma_2),$$

从而，

$$\tau_{\rho_1,\sigma_1}(t_1), \tau_{\rho_2,\sigma_2}(t_2) \in S_\Lambda(H^{(n)}).$$

因为$\frac{pt_1}{t}, \frac{(1-p)t_2}{t} \geqslant 0$且$\frac{pt_1}{t} + \frac{(1-p)t_2}{t} = 1$，可得$\sigma := \frac{pt_1}{t}\sigma_1 + \frac{(1-p)t_2}{t}\sigma_2 \in S_\Lambda(H^{(n)})$和

$$\begin{aligned}
\tau_{\rho,\sigma}(t) &= \frac{1}{1+t}\rho + \frac{t}{1+t}\rho \\
&= \frac{1}{1+t}(p\rho_1 + (1-p)\rho_2) + \frac{t}{1+t}\left(\frac{pt_1}{t}\sigma_1 + \frac{(1-p)t_2}{t}\sigma_2\right) \\
&= \frac{p(1+t_1)}{1+t}\tau_{\rho_1,\sigma_1}(t_1) + \frac{(1-p)(1+t_2)}{1+t}\tau_{\rho_2,\sigma_2}(t_2).
\end{aligned}$$

易知

$$\frac{p(1+t_1)}{1+t}, \frac{(1-p)(1+t_2)}{1+t} \geqslant 0, \frac{p(1+t_1)}{1+t} + \frac{(1-p)(1+t_2)}{1+t} = 1,$$

可得 $\tau_{\rho,\sigma}(t) \in S_\Lambda(H^{(n)})$. 因此，

$$\begin{aligned}
R_\Lambda(p\rho_1 + (1-p)\rho_2) &= R_\Lambda(\rho) \\
&\leqslant R_\Lambda(\rho \| \sigma) \\
&\leqslant t = pR_\Lambda(\rho_1) + (1-p)R_\Lambda(\rho_2).
\end{aligned}$$

3.2 量子信道对 $\Lambda-$ 纠缠鲁棒性的影响

一般来说，量子态的可分性在量子信道下可能会发生变化. 因此，量子信道可能会改变量子态的$\Lambda-$纠缠鲁棒性. 为了探讨量子信道对$\Lambda-$纠缠鲁棒性的影响，下面引入一些术语.

若从量子系统 $H^{(n)}$ 到量子系统 $K^{(n)} := K_1 \otimes K_2 \otimes \cdots \otimes K_n$ 的一个信道能表示成 $\Phi_\Lambda = \Phi_{A_1} \otimes \Phi_{A_2} \otimes \cdots \otimes \Phi_{A_k}$，则称它为 $\Lambda-$信道，其中 Φ_{A_j} 是从 H_{A_j} 到 K_{A_j} $(j = 1,2,\cdots,k)$ 的量子信道.

注 3.2.1 (1) 如果 Φ_1 和 Φ_2 是 $\Lambda-$信道，那么 $\Phi_1\Phi_2$ 也是 $\Lambda-$信道.

(2) 如果 Φ_Λ 是一个 $\Lambda-$信道和 ρ 是 $H^{(n)}$ 上的一个 $\Lambda-$可分态，那么 $\Phi_\Lambda(\rho)$ 是 $K^{(n)}$ 上的一个 $\Lambda-$可分态.

定义 3.2.1　设 Φ 是从 $H^{(n)}$ 到 $K^{(n)}$ 的量子信道. 若 Φ 能将一个 $\Lambda-$可分态映射成一个 $\Lambda-$可分态,那称它保持 $\Lambda-$可分性. 若

$$\rho \in D(H^{(n)}), \Phi(\rho) \in S_{\Lambda}(K^{(n)}) \Rightarrow \rho \in S_{\Lambda}(H^{(n)}),$$

则称 Φ 反保持 $\Lambda-$可分性. 若 Φ 既保持 $\Lambda-$可分性,又反保持 $\Lambda-$可分性,则称这双边保持 $\Lambda-$可分性. 若 Φ 能将一个 $\Lambda-$纠缠态映射成一个 $\Lambda-$可分态,则称它破坏 $\Lambda-$纠缠性.

借助定义容易得到下面的定理.

定理 3.2.1　设 Φ 是从 $H^{(n)}$ 到 $K^{(n)}$ 的量子信道,则

(1)$R_{\Lambda}(\Phi(\rho)) \leqslant R_{\Lambda}(\rho)(\forall \rho \in D(H^{(n)}))$ 当且仅当 Φ 保持 $\Lambda-$可分性.

(2)当 $\Phi(D(H)^{(n)}) \supset S_{\Lambda}(K^{(n)})$ 时,$R_{\Lambda}(\Phi(\rho)) \geqslant R_{\Lambda}(\rho)(\forall \rho \in D(H^{(n)}))$ 当且仅当 Φ 反保持 $\Lambda-$可分性.

(3)当 $\Phi(D(H)^{(n)}) \supset S_{\Lambda}(K^{(n)})$ 时,$R_{\Lambda}(\Phi(\rho)) = R_{\Lambda}(\rho)(\forall \rho \in D(H^{(n)}))$ 当且仅当 Φ 双边保持 $\Lambda-$可分性.

(4)$R_{\Lambda}(\Phi(\rho)) = 0(\forall \rho \in E_{\Lambda}(H^{(n)}))$ 当且仅当 Φ 破坏 $\Lambda-$纠缠性.

证明　(1) 假设对于所有的 $\rho \in D(H^{(n)})$ 有 $R_{\Lambda}(\Phi(\rho)) \leqslant R_{\Lambda}(\rho)$,但是 Φ 不保持 $\Lambda-$可分性,则存在一个 $\Lambda-$可分态 ρ 使得 $\Phi(\rho)$ 不是一个 $\Lambda-$可分态. 于是,$R_{\Lambda}(\rho) = 0 < R_{\Lambda}(\Phi(\rho))$,这与 $R_{\Lambda}(\Phi(\rho)) \leqslant R_{\Lambda}(\rho)$ 相矛盾. 因此,Φ 保持 $\Lambda-$可分性.

反之,假设 Φ 保持 $\Lambda-$可分性且 $\rho \in D(H^{(n)})$,则存在一个 $\Lambda-$可分态 σ 满足 $R_{\Lambda}(\rho) = R_{\Lambda}(\rho \| \sigma) := t_0$. 从而,

$$\tau_{\rho,\sigma}(t_0) = \frac{1}{1+t_0}\rho + \frac{t_0}{1+t_0}\sigma \in S_{\Lambda}(H^{(n)}).$$

因为

$$\begin{aligned}\tau_{\Phi(\rho),\Phi(\sigma)}(t_0) &= \frac{1}{1+t_0}\Phi(\rho) + \frac{t_0}{1+t_0}\Phi(\sigma) \\ &= \Phi(\tau_{\rho,\sigma}(t_0)) \in S_{\Lambda}(K^{(n)})\end{aligned}$$

和 $\Phi(\sigma) \in S_{\Lambda}(K^{(n)})$,易得

$$R_{\Lambda}(\Phi(\rho)) \leqslant R_{\Lambda}(\Phi(\rho) \| \Phi(\sigma)) \leqslant t_0 = R_{\Lambda}(\rho).$$

(2) 当 $\Phi(D(H^{(n)})) \supset S_{\Lambda}(K^{(n)})$ 时,假设对于所有的 $\rho \in D(H^{(n)})$ 有 $R_{\Lambda}(\Phi(\rho)) \geqslant R_{\Lambda}(\rho)$,但 Φ 不反保持 $\Lambda-$可分性,则存在一个态 $\rho \in D(H^{(n)})$ 使得 $\Phi(\rho) \in S_{\Lambda}(K^{(n)})$,但 ρ 不是 $\Lambda-$可分态. 从而,$R_{\Lambda}(\Phi(\rho)) = 0 < R_{\Lambda}(\rho)$,这与 $R_{\Lambda}(\Phi(\rho)) \geqslant R_{\Lambda}(\rho)$ 相矛盾. 因此,Φ 反保持 $\Lambda-$可分性.

反之,假设 Φ 反保持 $\Lambda-$可分性,$\forall \rho \in D(H^{(n)})$,令 $R_{\Lambda}(\Phi(\rho)) = t_0$,则存在一个 $\Lambda-$可分态 $\sigma \in S_{\Lambda}(K^{(n)})$ 使得

$$\tau_{\Phi(\rho),\sigma}(t_0) = \frac{1}{1+t_0}\Phi(\rho) + \frac{t_0}{1+t_0}\sigma \in S_{\Lambda}(K^{(n)}).$$

因为 $\Phi(D(H^{(n)})) \supset S_{\Lambda}(K^{(n)})$,所以存在 $\gamma \in D(H^{(n)})$ 使得 $\Phi(\gamma) = \sigma$,因此

$$\Phi\left(\frac{1}{1+t_0}\rho + \frac{t_0}{1+t_0}\gamma\right) = \frac{1}{1+t_0}\Phi(\rho) + \frac{t_0}{1+t_0}\Phi(\gamma)$$

$$\tau_{\Phi(\rho),\sigma}(t_0) \in S_{\Lambda}(K^{(n)}).$$

由于 Φ 反保持 $\Lambda-$可分性，可得

$$\tau_{\rho,\gamma}(t_0)=\frac{1}{1+t_0}\rho+\frac{t_0}{1+t_0}\gamma\in S_\Lambda(H^{(n)}).$$

又因为 $\Phi(\gamma)=\sigma\in S_\Lambda(H^{(n)})$ 和 Φ 反保持 $\Lambda-$可分性，可得 $\gamma\in S_\Lambda(H^{(n)})$. 因此，

$$R_\Lambda(\rho)\leqslant R_\Lambda(\rho\|\gamma)\leqslant t_0=R_\Lambda(\Phi(\rho)).$$

(3) 由(1)(2) 立即可得结论.

(4)$R_\Lambda(\Phi(\rho))=0(\forall\rho\in E_\Lambda(H^{(n)}))$ 等价于 $\Phi(\rho)\in S_\Lambda(K^{(n)})(\forall\rho\in E_\Lambda(H^{(n)}))$ 等价于 Φ 破坏 $\Lambda-$纠缠性.

注 3.2.2 (1) 由注 3.2.1 知：从 $H^{(n)}$ 到 $K^{(n)}$ 的 $\Lambda-$信道 Φ_Λ 能将一个 $\Lambda-$可分态映射成一个 $\Lambda-$可分态. 从而，$\Lambda-$信道 Φ_Λ 保持 $\Lambda-$可分性. 因此，$\Lambda-$信道不能增加任何量子态的 $\Lambda-$纠缠鲁棒性，即如果 Φ_Λ 是一个 $\Lambda-$信道，那么对于所有的 $\rho\in D(H^{(n)})$ 有 $R_\Lambda(\Phi(\rho))\leqslant R_\Lambda(\rho)$.

(2)Φ 反保持 $\Lambda-$可分性并不意味着 $\Phi(D(H)^{(n)})\supset S_\Lambda(K^{(n)})$. 例如，考虑量子信道

$$\Phi(\rho)=\mathrm{tr}(\rho)\,|\varphi\rangle\langle\varphi|,\forall\rho\in D(H^{(n)}),$$

其中，$|\varphi\rangle$ 是 $K^{(n)}$ 中的 $\Lambda-$纠缠态. 显然，Φ 将每一个态都映射成一个 $\Lambda-$纠缠态，因此它反保持 $\Lambda-$可分性. 但是 $\Phi(D(H^{(n)}))=\{|\varphi\rangle\langle\varphi|\}\supset S_\Lambda(K^{(n)})$ 不成立.

(3) 若量子信道 Φ 为

$$\Phi(\rho)=\mathrm{tr}(\rho)\,|\varphi\rangle\langle\varphi|,\forall\rho\in D(H^{(n)}),$$

其中，$|\varphi\rangle$ 是 $K^{(n)}$ 中的 $\Lambda-$可分态，则 Φ 破坏 $\Lambda-$纠缠性.

(4) 一个局域酉操作不能改变任何量子态的 $\Lambda-$纠缠鲁棒性，即当 U_j 为 $H_j(j=1,2,\cdots,n)$ 上的酉操作时，对于任意的 $\rho\in D(H^{(n)})$ 有

$$R_\Lambda((U_1)\otimes U_2\otimes\cdots\otimes U_n)\rho(U_1^\dagger\otimes U_2^\dagger\otimes\cdots\otimes U_n^\dagger))=R_\Lambda(\rho).$$

第4章　多体态的Λ－非局域性

量子非局域性是量子信息论的一个本质的量子特征，在量子信息论中有许多应用[1,12,73-76]. 虽然人们对两体态的非局域性进行了广泛的研究，但是对三体态的非局域性的研究已经很少，涉及一般 n 体态的非局域性的研究甚至更少，它们的刻画仍然是一个未解决的问题，因而有更大的空间值得去探索. 然而，众所周知多体系统的物理特性与两体系统有本质上的区别，并且会产生新的有趣的现象，如相变或量子计算等. 从这个角度来看，有必要研究非局域性在多体场景中是如何体现的. 用于 n 体系统的广义贝尔不等式表明量子力学在这些情况下违反了局域实在论[83-85]. 然而，这样的结果还不足以说明系统中的所有粒子之间都是非局域的，一个非局域的多体系统可能是由有限数量的非局域子系统构成的，但是这些子系统之间仅仅是局域关联的. 例如，一个三体态 $|\psi\rangle_{123}$ 可能分解为 $|\psi\rangle_1|\psi\rangle_{23}$，这时，仅仅在粒子2和3之间体现非局域关联. 因此，笔者有必要将多体系统中所有粒子间的局域性扩展为子系统间的局域性.

本章讨论多体量子系统的非局域性. 首先引入 n 体态的 Λ－局域性和 Λ－非局域性，并讨论一些相关的性质. 然后分别建立 $\{1,2;3\}$－局域态、$\{1;2,3\}$－局域态和 Λ－局域态满足的不等式，称为非局域不等式. 最后通过实例阐明多体情形时 k 可分并不一定意味着局域性. 特别地，当 $n=2, k=2, A_1=\{1\}, A_2=\{2\}$，$\Lambda$－局域性等价于 Bell 局域性. 这意味着 Λ－非局域不等式是通常的 Bell 不等式的推广.

本章具体安排如下：在4.1节中，引入了 n 体态的 Λ－局域性和 Λ－非局域性，并讨论了一些相关的性质. 在4.2节中，建立了一些 Λ－非局域不等式，它们是 Λ－局域态的必要条件. 违反这些不等式中的任何一个都可以作为判断一个态是 Λ－非局域态的充分条件. 作为应用，验证了一个三体态的真正非局域性. 在4.3节中，给出了一类2可分的非局域态，这表明一个2可分的三体态未必是局域的，进一步阐明多体情形时 k 可分并不一定意味着局域性.

4.1　Λ－局域态和Λ－非局域态

考虑复合系统 $H^{(n)}:=H_1\otimes H_2\otimes\cdots\otimes H_n$，用 $D(H^{(n)})$ 表示 $H^{(n)}$ 中混合态之集，I_k 表示 H_k 中的单位算子.

为了描述复合系统 $H^{(n)}$ 上不同的局域情形，用 $\Omega=\{1,2,\cdots,n\}$ 表示所有子系统的指标集. 对 Ω 的一个子集 $\{j_1,j_2,\cdots,j_k\}$ $(j_0+1=1\leqslant j_1<j_2<\cdots<j_k=n)$，称

$$\Lambda=\{j_0+1,\cdots,j_1;j_1+1,\cdots,j_2;\cdots;j_{k-1}+1,\cdots,j_k\} \tag{4.1.1}$$

为一个局域型.

对于一个局域型(4.1.1)，令

$$A_1 = \{j_0 + 1, \cdots, j_1\}, A_2 = \{j_1 + 1, \cdots, j_2\}, \cdots, A_k = \{j_{k-1} + 1, \cdots, j_k\},$$

则 Λ 可简化为 $\Lambda = (A_1, A_2, \cdots, A_k)$. 记 $H_{A_s} = H_{j_{s-1}+1} \otimes \cdots \otimes H_{j_s}$，从而

$$H^{(n)} = H_1 \otimes H_2 \otimes \cdots \otimes H_n = H_{A_1} \otimes H_{A_2} \otimes \cdots \otimes H_{A_k}.$$

因此，$H^{(n)}$ 中的每一个 n 体态 ρ 可以被看成一个 k 体态. 在这种情况下，用 $\mathrm{tr}_{A_i}(\rho)$ 表示 ρ 相对于第 i 个子系统 H_{A_i} 的约化态，它是一个 $H_{A_1} \otimes \cdots \otimes H_{A_{i-1}} \otimes H_{A_{i+1}} \otimes \cdots \otimes H_{A_k}$ 上的态.

定义 4.1.1[213]　设 Λ 为局域型(4.1.1).

(1) 若对 $H_{A_1} \otimes H_{A_2} \otimes \cdots \otimes H_{A_k}$ 上局域的半正定算子值测量(POVMs)：

$$M^{x_1, x_2, \cdots, x_k} = \{M_{b_1}^{x_1} \otimes M_{b_2}^{x_2} \otimes \cdots \otimes M_{b_k}^{x_k} : b_i \in N_i (1 \leqslant i \leqslant k)\}$$

的每一个测量组合

$$M = \{M^{x_1, x_2, \cdots, x_k} : x_j = 1, 2, \cdots, m_j (1 \leqslant j \leqslant k)\} \equiv \{M^{x_1, x_2, \cdots, x_k}\}_{x_1, \cdots, x_k},$$

都存在一个概率分布 $\Pi = \{\Pi_\lambda\}_{\lambda \in \Gamma}$，使得对于所有的 x_i, b_i 满足

$$\begin{aligned} &\mathrm{tr}(M_{b_1}^{x_1} \otimes M_{b_2}^{x_2} \otimes \cdots \otimes M_{b_k}^{x_k})\rho \\ &= \sum_{\lambda \in \Gamma} \Pi_\lambda P_{A_1}(b_1 \mid x_1, \lambda) P_{A_2}(b_2 \mid x_2, \lambda) \cdots P_{A_k}(b_k \mid x_k, \lambda). \end{aligned} \tag{4.1.2}$$

其中，$P_{A_i}(b_i \mid x_i, \lambda) \geqslant 0$，$\sum_{b_i} P_{A_i}(b_i \mid x_i, \lambda) = 1 (i = 1, 2, \cdots, k)$，则称 $\rho \in D(H^{(n)})$ 是 $\Lambda-$局域的. 否则，称 ρ 是 $\Lambda-$非局域的.

(2) 若一个混合态 $\rho \in D(H^{(n)})$ 对每一个 Λ 都是 $\Lambda-$非局域的，则称它是真正非局域的.

注 4.1.1　由定义知：ρ 是 $\Lambda-$局域的当且仅当对每一个 M，都存在一个概率分布 Π 使得式(4.1.2)成立；ρ 是 $\Lambda-$非局域的当且仅当存在一个 M，使得满足式(4.1.2)的概率分布 Π 不存在.

注 4.1.2　由上面的定义，可以看出：如果一个态 $\rho \in D(H^{(n)})$ 是 $\Lambda-$局域的，那么对每一个测量组合 M，都存在一个概率分布 $\Pi = \{\Pi_\lambda\}_{\lambda \in \Gamma}$，使得对于所有的 x_i, b_i 满足

$$\begin{aligned} &\mathrm{tr}(M_{b_1}^{x_1} \otimes M_{b_2}^{x_2} \otimes \cdots \otimes M_{b_k}^{x_k})\rho \\ &= \sum_{\lambda \in \Gamma} \Pi_\lambda P_{A_1}(b_1 \mid x_1, \lambda) P_{A_2}(b_2 \mid x_2, \lambda) \cdots P_{A_k}(b_k \mid x_k, \lambda). \end{aligned}$$

上式两边同时对 b_j 求和，得

$$\begin{aligned} &\mathrm{tr}(M_{b_1}^{x_1} \otimes \cdots \otimes M_{b_{j-1}}^{x_{j-1}} \otimes I_{A_j} \otimes M_{b_{j+1}}^{x_{j+1}} \otimes \cdots \otimes M_{b_k}^{x_k})\rho \\ &= \sum_{\lambda \in \Gamma} \Pi_\lambda P_{A_1}(b_1 \mid x_1, \lambda) \cdots P_{A_{j-1}}(b_{j-1} \mid x_{j-1}, \lambda) P_{A_{j+1}}(b_{j+1} \mid x_{j+1}, \lambda) \cdots P_{A_k}(b_k \mid x_k, \lambda). \end{aligned}$$

这表明除了子系统 H_{A_j} 以外的其余子系统的测量结果与子系统 H_{A_j} 的测量是无关的.

注 4.1.3　若一个态 $\rho \in D(H^{(n)})$ 可以表示成

$$\rho = \sum_{\lambda=1}^{m} p_\lambda \rho_{1\cdots j_1}^\lambda \otimes \rho_{(j_1+1)\cdots j_2}^\lambda \otimes \cdots \otimes \rho_{(j_{k-1}+1)\cdots j_k}^\lambda.$$

其中，$\rho_{(j_{i-1}+1)\cdots j_i}^\lambda \in D(H^{(n)})$，$\{p_\lambda\}_{\lambda=1}^m$ 是一个概率分布. 计算可知：对于每一个测量组合 M，令

$$\Pi_\lambda = p_\lambda, P_{A_i}(b_i \mid x_i, \lambda) = \mathrm{tr}(M_{b_i}^{x_i} \rho_{(j_{i-1}+1)\cdots j_i}^\lambda)(i = 1, 2, \cdots, k),$$

则式(4.1.2)成立. 这表明 ρ 是 $\Lambda-$局域的.

定理 4.1.1　若 ρ 是 $H^{(n)}$ 上的一个$(A_1, A_2, \cdots, A_k)-$局域态，则 $\rho_{12\cdots(k-1)} := \mathrm{tr}_{A_k}(\rho)$ 是

$H_{A_1} \otimes H_{A_2} \otimes \cdots \otimes H_{A_{k-1}}$ 上的一个$(A_1, A_2, \cdots, A_{k-1})$－局域态.

证明　假设 ρ 是$(A_1, A_2, \cdots, A_k)$－局域的. 对 $H_{A_1} \otimes H_{A_2} \otimes \cdots \otimes H_{A_{k-1}}$ 上局域的 POVMs:

$$M^{x_1, x_2, \cdots, x_{k-1}} = \{M_{b_1}^{x_1} \otimes M_{b_2}^{x_2} \otimes \cdots \otimes M_{b_{k-1}}^{x_{k-1}} : b_i \in N_i (1 \leqslant i \leqslant k-1)\}$$

的每一个测量组合

$$N = \{M^{x_1, x_2, \cdots, x_{k-1}} : x_j = 1, 2, \cdots, m_j (j = 1, 2, \cdots, k-1)\},$$

令 $M_{b_k}^{x_k} = I_{A_k} (x_k = 1, b_k = 1)$，即 H_{A_k} 上的恒等算子，可得 $H_{A_1} \otimes H_{A_2} \otimes \cdots \otimes H_{A_k}$ 上局域的 POVMs:

$$M^{x_1, x_2, \cdots, x_k} = \{M_{b_1}^{x_1} \otimes M_{b_2}^{x_2} \otimes \cdots \otimes M_{b_k}^{x_k} : b_i \in N_i (1 \leqslant i \leqslant k)\}$$

的一个测量组合 $M = \{M^{x_1, x_2, \cdots, x_k} : x_j = 1, 2, \cdots, m_j (j = 1, 2, \cdots, k)\}$，其中 $m_k = 1, N_k = \{1\}$. 由定义 4.1.1 知：存在一个概率分布$\{\Pi_\lambda\}_{\lambda \in \Gamma}$，使得对于所有的 x_i, b_i 满足

$$\begin{aligned} & \operatorname{tr}(M_{b_1}^{x_1} \otimes \cdots \otimes M_{b_{k-1}}^{x_{k-1}} \otimes M_{b_k}^{x_k}) \rho \\ = & \sum_{\lambda \in \Gamma} \Pi_\lambda P_{A_1}(b_1 \mid x_1, \lambda) \cdots P_{A_{k-1}}(b_{k-1} \mid x_{k-1}, \lambda) P_{A_k}(b_k \mid x_k, \lambda). \end{aligned}$$

其中，$P_{A_i}(b_i \mid x_i, \lambda) \geqslant 0$，$\sum_{b_i} P_{A_i}(b_i \mid x_i, \lambda) = 1 (i = 1, 2, 3, \cdots, k)$. 因为 $x_k = 1, b_k = 1$，和 $\sum_{b_k} P_{A_k}(b_k \mid x_k, \lambda) = 1$，可得 $P_{A_k}(b_k \mid x_k, \lambda) = 1$. 因此，对于所有的 $x_i = 1, 2, \cdots, m_i, b_i \in N_i (i = 1, 2, \cdots, k-1)$ 成立.

$$\begin{aligned} & \operatorname{tr}(M_{b_1}^{x_1} \otimes M_{b_2}^{x_2} \otimes \cdots \otimes M_{b_{k-1}}^{x_{k-1}}) \rho_{12\cdots(k-1)} \\ = & \operatorname{tr}(M_{b_1}^{x_1} \otimes M_{b_2}^{x_2} \otimes \cdots \otimes M_{b_{k-1}}^{x_{k-1}} \otimes M_{b_k}^{x_k}) \rho \\ = & \sum_{\lambda \in \Gamma} \Pi_\lambda P_{A_1}(b_1 \mid x_1, \lambda) \cdots P_{A_{k-1}}(b_{k-1} \mid x_{k-1}, \lambda). \end{aligned}$$

再由定义 4.1.1 知：$\rho_{12\cdots(k-1)}$ 是 $H_{A_1} \otimes H_{A_2} \otimes \cdots \otimes H_{A_{k-1}}$ 上的一个$(A_1, A_2, \cdots, A_{k-1})$－局域态.

4.2　Λ－非局域不等式

假设 $\rho \in D(\mathbf{C}^2 \otimes \mathbf{C}^2 \otimes \mathbf{C}^2)$. 如果 ρ 是$\{1,2;3\}$－局域的，那么三个Clauser－Horne－Shimony－Holt Bell 不等式$(5a-5c)$[214]

$$|\langle \sigma_z \otimes \sigma_z \otimes P \rangle_\rho + \langle \sigma_z \otimes \sigma_z \otimes Q \rangle_\rho + \langle \sigma_z \otimes \sigma_x \otimes P \rangle_\rho - \langle \sigma_z \otimes \sigma_x \otimes Q \rangle_\rho| \leqslant 2, \quad (4.2.1)$$

$$|\langle \sigma_x \otimes \sigma_z \otimes P \rangle_\rho + \langle \sigma_x \otimes \sigma_z \otimes Q \rangle_\rho + \langle \sigma_x \otimes \sigma_x \otimes P \rangle_\rho - \langle \sigma_x \otimes \sigma_x \otimes Q \rangle_\rho| \leqslant 2, \quad (4.2.2)$$

$$|\langle I \otimes \sigma_z \otimes P \rangle_\rho + \langle I \otimes \sigma_z \otimes Q \rangle_\rho + \langle I \otimes \sigma_x \otimes P \rangle_\rho - \langle I \otimes \sigma_x \otimes Q \rangle_\rho| \leqslant 2, \quad (4.2.3)$$

成立，其中 P, Q 是 ± 1 值可观测量. 下面将推广以上不等式，得到下面的定理.

定理 4.2.1　设 $\rho \in D(H_1 \otimes H_2 \otimes H_3)$. 若 ρ 是$\{1,2;3\}$－局域的，则对所有 $H_{A_1} := H_1 \otimes H_2$ 上的 ± 1 值可观测量 C, D 和 $H_{A_2} := H_3$ 上的 ± 1 值可观测量 P, Q 都有不等式

$$|\langle CP \rangle_\rho + \langle CQ \rangle_\rho + \langle DP \rangle_\rho - \langle DQ \rangle_\rho| \leqslant 2 \quad (4.2.4)$$

成立，其中 $CP = (C \otimes I_3)(I_1 \otimes I_2 \otimes P)$，其余类似.

证明 因为C,D,P,Q都是±1值可观测量，所以它们各自有谱分解：

$$C=C^{+}-C^{-},D=D^{+}-D^{-},P=P^{+}-P^{-},Q=Q^{+}-Q^{-}.$$

令

$$M_{+}^{x_1}=C^{+},M_{-}^{x_1}=C^{-},M_{+}^{x_2}=P^{+},M_{-}^{x_2}=P^{-};$$

$$M_{+}^{y_1}=D^{+},M_{-}^{y_1}=D^{-},M_{+}^{y_2}=Q^{+},M_{-}^{y_2}=Q^{-};$$

可得H_{A_1}上的POVM：$M^{x_1}=\{M_{+}^{x_1},M_{-}^{x_1}\}$，$M^{y_1}=\{M_{+}^{y_1},M_{-}^{y_1}\}$，和$H_{A_2}$上的POVM：$M^{x_2}=\{M_{+}^{x_2},M_{-}^{x_2}\}$，$M^{y_2}=\{M_{+}^{y_2},M_{-}^{y_2}\}$. 从而，可得$H_{A_1}\otimes H_{A_2}$上由四个局域的POVM构成的一个测量组合：

$$M=\{M^{x_1}\otimes M^{x_2},M^{x_1}\otimes M^{y_2},M^{y_1}\otimes M^{x_2},M^{y_1}\otimes M^{y_2}\}.$$

计算可得

$$M^{x_1}\otimes M^{x_2}=\{C^{+}\otimes P^{+},C^{+}\otimes P^{-},C^{-}\otimes P^{+},C^{-}\otimes P^{-}\},$$

$$M^{x_1}\otimes M^{y_2}=\{C^{+}\otimes Q^{+},C^{+}\otimes Q^{-},C^{-}\otimes Q^{+},C^{-}\otimes Q^{-}\},$$

$$M^{y_1}\otimes M^{x_2}=\{D^{+}\otimes P^{+},D^{+}\otimes P^{-},D^{-}\otimes P^{+},C^{-}\otimes P^{-}\},$$

$$M^{y_1}\otimes M^{y_2}=\{D^{+}\otimes Q^{+},D^{+}\otimes Q^{-},D^{-}\otimes Q^{+},D^{-}\otimes Q^{-}\}.$$

因为ρ是$\{1,2;3\}$－局域的，由定义4.1.1知：对这个M，存在一个概率分布$\{\Pi_\lambda\}_{\lambda\in\Gamma}$使得式(4.1.2)成立. 因此，

$$\mathrm{tr}(M_{+}^{x_1}\otimes M_{+}^{x_2})\rho=\sum_{\lambda\in\Gamma}\Pi_\lambda P_{A_1}(+|x_1,\lambda)P_{A_2}(+|x_2,\lambda),$$

其余类似. 从而

$$\begin{aligned}&\langle CP\rangle_\rho\\&=\mathrm{tr}(C^{+}\otimes P^{+})\rho-\mathrm{tr}(C^{+}\otimes P^{-})\rho-\mathrm{tr}(C^{-}\otimes P^{+})\rho+\mathrm{tr}(C^{-}\otimes P^{-})\rho\\&=\mathrm{tr}(M_{+}^{x_1}\otimes M_{+}^{x_2})\rho-\mathrm{tr}(M_{+}^{x_1}\otimes M_{-}^{x_2})\rho-\mathrm{tr}(M_{-}^{x_1}\otimes M_{+}^{x_2})\rho+\mathrm{tr}(M_{-}^{x_1}\otimes M_{-}^{x_2})\rho\\&=\sum_{\lambda\in\Gamma}\Pi_\lambda(P_{A_1}(+|x_1,\lambda)-P_{A_1}(-|x_1,\lambda))(P_{A_2}(+|x_2,\lambda)-P_{A_2}(-|x_2,\lambda)).\end{aligned}$$

类似地，

$$\langle CQ\rangle_\rho=\sum_{\lambda\in\Gamma}\Pi_\lambda(P_{A_1}(+|x_1,\lambda)-P_{A_1}(-|x_1,\lambda))(P_{A_2}(+|y_2,\lambda)-P_{A_2}(-|y_2,\lambda)),$$

$$\langle DQ\rangle_\rho=\sum_{\lambda\in\Gamma}\Pi_\lambda(P_{A_1}(+|y_1,\lambda)-P_{A_1}(-|y_1,\lambda))(P_{A_2}(+|y_2,\lambda)-P_{A_2}(-|y_2,\lambda)),$$

$$\langle DP\rangle_\rho=\sum_{\lambda\in\Gamma}\Pi_\lambda(P_{A_1}(+|y_1,\lambda)-P_{A_1}(-|y_1,\lambda))(P_{A_2}(+|x_2,\lambda)-P_{A_2}(-|x_2,\lambda)).$$

因此，

$$\Delta:=\langle CP\rangle_\rho+\langle CQ\rangle_\rho+\langle DP\rangle_\rho-\langle DQ\rangle_\rho=\sum_{\lambda\in\Gamma}\Pi_\lambda\widetilde{p_2}(\lambda),$$

其中，

$$\widetilde{p_2}(\lambda)=(\alpha_1-\alpha_2)(a-b+x-y)+(\beta_1-\beta_2)(a-b-x-y),$$

$$P_{A_1}(+|x_1,\lambda)=\alpha_1,P_{A_1}(-|x_1,\lambda)=\alpha_2,P_{A_1}(+|y_1,\lambda)=\beta_1,P_{A_1}(-|y_1,\lambda)=\beta_2,$$

$$P_{A_2}(+|x_2,\lambda)=a,P_{A_2}(-|x_2,\lambda)=b,P_{A_2}(+|y_2,\lambda)=x,P_{A_2}(-|y_2,\lambda)=y.$$

易知

$$\alpha_1+\alpha_2=1,\alpha_1,\alpha_2\geqslant 0;$$
$$\beta_1+\beta_2=1,\beta_1,\beta_2\geqslant 0;$$
$$a+b=1,a,b\geqslant 0;$$
$$x+y=1,x,y\geqslant 0.$$

令 $a-b=m_1,x-y=m_2$. 容易看出：$-1\leqslant m_i\leqslant 1(i=1,2)$ 和

$$\widetilde{p_2}(\lambda)=(\alpha_1-\alpha_2)(m_1+m_2)+(\beta_1-\beta_2)(m_1-m_2).$$

计算可得

$$|\widetilde{p_2}(\lambda)|^2\leqslant(|m_1+m_2|+|m_1-m_2|)^2=4\max\{m_1^2,m_2^2\}\leqslant 4.$$

因此，$|\widetilde{p_2}(\lambda)|\leqslant 2(\forall\lambda)$，从而 $|\Delta|\leqslant 2$，即

$$|\langle CP\rangle_\rho+\langle CQ\rangle_\rho+\langle DP\rangle_\rho-\langle DQ\rangle_\rho|\leqslant 2.$$

注 4.2.1　由定理 4.2.1 知：每一个 $\{1,2;3\}$－局域态都满足不等式(4.2.4). 因此，如果存在 ± 1 值可观测量 C,D,P,Q 使得不等式(4.2.4) 不成立，那么 ρ 是 $\{1,2;3\}$－非局域的.

注 4.2.2　由定理 4.2.1 的证明过程容易看出：在表达式 $CP+CQ+DP-DQ$ 中，分别将 C 替换成 $P_{A_1}(+|x_1,\lambda)-P_{A_1}(-|x_1,\lambda)$，$D$ 替换成 $P_{A_1}(+|y_1,\lambda)-P_{A_1}(-|y_1,\lambda)$，$P$ 替换成 $P_{A_2}(+|x_2,\lambda)-P_{A_2}(-|x_2,\lambda)$，$Q$ 替换成 $P_{A_2}(+|y_2,\lambda)-P_{A_2}(-|y_2,\lambda)$，应能得到 $\widetilde{p_2}(\lambda)$.

特别地，在定理 4.2.1 中分别取 $C=\sigma_z\otimes\sigma_z,D=\sigma_z\otimes\sigma_x,C=\sigma_x\otimes\sigma_z,D=\sigma_x\otimes\sigma_x$ 和 $C=I\otimes\sigma_z,D=I\otimes\sigma_x$，可得式(4.2.1) ～ 式(4.2.3).

类似于定理 4.2.1 的证明，可以证明下面的结论.

定理 4.2.2　设 $\rho\in D(H_1\otimes\cdots\otimes H_n)$. 若 ρ 是 (A_1,A_2)－局域的，则对所有 $H_{A_1}:=H_1\otimes\cdots\otimes H_j$ 上的 ± 1 值可观测量 C,D 和 $H_{A_2}:=H_{j+1}\otimes\cdots\otimes H_n$ 上的 ± 1 值可观测量 P,Q 都有不等式

$$|\langle CP\rangle_\rho+\langle CQ\rangle_\rho+\langle DP\rangle_\rho-\langle DQ\rangle_\rho|\leqslant 2\tag{4.2.5}$$

成立.

为了描述较一般的局域性($k>2$)，假定 Λ 为局域型(4.1.1) 和 $\{A_{a_s}^{x_s}\}(s=1,2,\cdots,k)$ 为 H_{A_s} 上 ± 1 值的可观测量. 设两体 Mermin 多项式[85] 为

$$M_2=\frac{1}{2}(A_{a_1}^0A_{a_2}^0+A_{a_1}^0A_{a_2}^1+A_{a_1}^1A_{a_2}^0-A_{a_1}^1A_{a_2}^1),\tag{4.2.6}$$

$$M_2'=\frac{1}{2}(A_{a_1}^1A_{a_2}^1+A_{a_1}^1A_{a_2}^0+A_{a_1}^0A_{a_2}^1-A_{a_1}^0A_{a_2}^0).\tag{4.2.7}$$

M_m 和 M_m' 是由 M_{m-1},M_{m-1}' 通过递推公式得到的：

$$M_m=\frac{1}{2}[M_{m-1}(A_{a_m}^0+A_{a_m}^1)+M_{m-1}'(A_{a_m}^0-A_{a_m}^1)].\tag{4.2.8}$$

$$M_m'=\frac{1}{2}[M_{m-1}'(A_{a_m}^1+A_{a_m}^0)+M_{m-1}(A_{a_m}^1-A_{a_m}^0)].\tag{4.2.9}$$

根据文献[150]，定义 Svetlichny 多项式为

$$S_m=\begin{cases}M_m, & m=2n;\\ \dfrac{1}{2}(M_m+M_m'), & m=2n+1.\end{cases}\tag{4.2.10}$$

$$S'_m = \begin{cases} M'_m, & m = 2n; \\ \frac{1}{2}(M'_m + M_m), & m = 2n+1. \end{cases} \tag{4.2.11}$$

易得

$$M_m + M'_m = S_m + S'_m, \forall m = 2,3,\cdots,k.$$

注 4.2.3 假定ρ是$\Lambda = (A_1, A_2)$－局域的.在式(4.2.5)中分别令$C = A_{a_1}^0, D = A_{a_1}^1$, $P = A_{a_2}^0, Q = A_{a_2}^1$,容易得出

$$|\langle S_2 \rangle_\rho| = \frac{1}{2} |\langle A_{a_1}^0 A_{a_2}^0 \rangle_\rho + \langle A_{a_1}^0 A_{a_2}^1 \rangle_\rho - \langle A_{a_1}^1 A_{a_2}^0 \rangle_\rho - \langle A_{a_1}^1 A_{a_2}^1 \rangle_\rho| \leqslant 1.$$

类似地,

$$|\langle S'_2 \rangle_\rho| = \frac{1}{2} |\langle A_{a_1}^1 A_{a_2}^1 \rangle_\rho + \langle A_{a_1}^1 A_{a_2}^0 \rangle_\rho + \langle A_{a_1}^0 A_{a_2}^1 \rangle_\rho - \langle A_{a_1}^0 A_{a_2}^0 \rangle_\rho| \leqslant 1.$$

另外,因为ρ是$\Lambda = (A_1, A_2)$－局域的,由定义4.1.1知:存在一个概率分布$\{\Pi_\lambda\}_{\lambda\in\Gamma}$使得$\langle S_2 \rangle_\rho = \sum_{\lambda\in\Gamma} \Pi_\lambda p_2(\lambda)$和$\langle S'_2 \rangle_\rho = \sum_{\lambda\in\Gamma} \Pi_\lambda p'_2(\lambda)$,其中,

$$\begin{aligned} p_2(\lambda) = \frac{1}{2}\{ &(P_{A_1}(+|x_1,\lambda) - (P_{A_1}(-|x_1,\lambda))(P_{A_2}(+|x_2,\lambda) - (P_{A_2}(-|x_2,\lambda)) \\ &+ (P_{A_1}(+|x_1,\lambda) - (P_{A_1}(-|x_1,\lambda))(P_{A_2}(+|y_2,\lambda) - (P_{A_2}(-|y_2,\lambda)) \\ &+ (P_{A_1}(+|y_1,\lambda) - (P_{A_1}(-|y_1,\lambda))(P_{A_2}(+|x_2,\lambda) - (P_{A_2}(-|x_2,\lambda)) \\ &- (P_{A_1}(+|y_1,\lambda) - (P_{A_1}(-|y_1,\lambda))(P_{A_2}(+|y_2,\lambda) - (P_{A_2}(-|y_2,\lambda))\}, \end{aligned}$$

$$\begin{aligned} p'_2(\lambda) = \frac{1}{2}\{ &(P_{A_1}(+|y_1,\lambda) - (P_{A_1}(-|y_1,\lambda))(P_{A_2}(+|y_2,\lambda) - (P_{A_2}(-|y_2,\lambda)) \\ &+ (P_{A_1}(+|y_1,\lambda) - (P_{A_1}(-|y_1,\lambda))(P_{A_2}(+|x_2,\lambda) - (P_{A_2}(-|x_2,\lambda)) \\ &+ (P_{A_1}(+|x_1,\lambda) - (P_{A_1}(-|x_1,\lambda))(P_{A_2}(+|y_2,\lambda) - (P_{A_2}(-|y_2,\lambda)) \\ &- (P_{A_1}(+|x_1,\lambda) - (P_{A_1}(-|x_1,\lambda))(P_{A_2}(+|x_2,\lambda) - (P_{A_2}(-|x_2,\lambda))\}. \end{aligned}$$

容易看出:在S_2和S'_2的表达式中,分别将$A_{a_1}^0$替换成$P_{A_1}(+|x_1,\lambda) - P_{A_1}(-|x_1,\lambda)$, $A_{a_1}^1$替换成$P_{A_1}(+|y_1,\lambda) - P_{A_1}(-|y_1,\lambda)$, $A_{a_2}^0$替换成$P_{A_2}(+|x_2,\lambda) - P_{A_2}(-|x_2,\lambda)$, $A_{a_2}^1$替换成$P_{A_2}(+|y_2,\lambda) - P_{A_2}(-|y_2,\lambda)$,应能得到$p_2(\lambda)$和$p'_2(\lambda)$.易知:$p_2(\lambda) = \frac{1}{2}\tilde{p_2}(\lambda)$.由定理4.2.1的证明可得$|p_2(\lambda)| \leqslant 1 (\forall \lambda)$.类似地,可证$|p'_2(\lambda)| \leqslant 1 (\forall \lambda)$.

定理 4.2.3 若ρ是$\Lambda = (A_1, A_2, A_3)$－局域的,则

$$|\langle S_3 \rangle_\rho| = |\langle S'_3 \rangle_\rho| \leqslant 1. \tag{4.2.12}$$

证明 由式(4.2.6)～式(4.2.10)得

$$\begin{aligned} S_3 &= \frac{1}{2}(M_3 + M'_3) \\ &= \frac{1}{2}\left\{\frac{1}{2}[M_2(A_{a_3}^0 + A_{a_3}^1) + M'_2(A_{a_3}^0 - A_{a_3}^1)]\right. \\ &\quad \left. + \frac{1}{2}[M'_2(A_{a_3}^1 + A_{a_3}^0) + M_2(A_{a_3}^1 - A_{a_3}^0)]\right\} \end{aligned}$$

$$= \frac{1}{4}\Big\{(A_{a_1}^0 A_{a_2}^0 + A_{a_1}^0 A_{a_2}^1 + A_{a_1}^1 A_{a_2}^0 - A_{a_1}^1 A_{a_2}^1)A_{a_3}^1$$

$$+ (A_{a_1}^1 A_{a_2}^1 + A_{a_1}^1 A_{a_2}^0 + A_{a_1}^0 A_{a_2}^1 - A_{a_1}^0 A_{a_2}^0)A_{a_3}^0\Big\}.$$

因为 $A_{a_1}^0, A_{a_1}^1, A_{a_2}^0, A_{a_2}^1, A_{a_3}^0, A_{a_3}^1$ 是 ±1 值的可观测量，所以它们各自有谱分解：

$$A_{a_i}^0 = (A_{a_i}^0)^+ - (A_{a_i}^0)^-, A_{a_i}^1 = (A_{a_i}^1)^+ - (A_{a_i}^1)^-, i = 1,2,3.$$

令

$$M_+^{x_1} = (A_{a_1}^0)^+, M_-^{x_1} = (A_{a_1}^0)^-, M_+^{x_2} = (A_{a_2}^0)^+, M_-^{x_2} = (A_{a_2}^0)^-,$$

$$M_+^{x_3} = (A_{a_3}^0)^+, M_-^{x_3} = (A_{a_3}^0)^-, M_+^{y_1} = (A_{a_1}^1)^+, M_-^{y_1} = (A_{a_1}^1)^-,$$

$$M_+^{y_2} = (A_{a_2}^1)^+, M_-^{y_2} = (A_{a_2}^1)^-, M_+^{y_3} = (A_{a_3}^1)^+, M_-^{y_3} = (A_{a_3}^1)^-,$$

可得 H_{A_1} 上的 POVM：$M^{x_1} = \{M_+^{x_1}, M_-^{x_1}\}, M^{y_1} = \{M_+^{y_1}, M_-^{y_1}\}$，和 H_{A_2} 上的 POVM：$M^{x_2} = \{M_+^{x_2}, M_-^{x_2}\}, M^{y_2} = \{M_+^{y_2}, M_-^{y_2}\}$，和 H_{A_3} 上的 POVM：$M^{x_3} = \{M_+^{x_3}, M_-^{x_3}\}, M^{y_3} = \{M_+^{y_3}, M_-^{y_3}\}$. 从而，可得一个测量组合 M，它是由 $H_{A_1} \otimes H_{A_2} \otimes H_{A_3}$ 上八个局域的 POVM：$M^{x_1} \otimes M^{x_2} \otimes M^{y_3}, M^{x_1} \otimes M^{y_2} \otimes M^{y_3}, M^{y_1} \otimes M^{x_2} \otimes M^{y_3}, M^{y_1} \otimes M^{y_2} \otimes M^{y_3}, M^{y_1} \otimes M^{y_2} \otimes M^{x_3}, M^{y_1} \otimes M^{x_2} \otimes M^{x_3}, M^{x_1} \otimes M^{y_2} \otimes M^{x_3}, M^{x_1} \otimes M^{x_2} \otimes M^{x_3}$ 构成的.

因为 ρ 是 (A_1, A_2, A_3)－局域的，由定义 4.1.1 知：对这个 M，存在一个概率分布 $\{\Pi_\lambda\}_{\lambda \in \Gamma}$ 使得式(4.1.2) 成立. 因此，

$$\mathrm{tr}(M_+^{x_1} \otimes M_+^{x_2} \otimes M_+^{y_3})\rho = \sum_{\lambda \in \Gamma} \Pi_\lambda P_{A_1}(+| x_1, \lambda) P_{A_2}(+| x_2, \lambda) P_{A_3}(+| y_3, \lambda),$$

其余类似. 从而

$$\langle A_{a_1}^0 A_{a_2}^0 A_{a_3}^0 \rangle_\rho$$

$$= \mathrm{tr}(M_+^{x_1} \otimes M_+^{x_2} \otimes M_+^{y_3})\rho - \mathrm{tr}(M_+^{x_1} \otimes M_-^{x_2} \otimes M_+^{y_3})\rho - \mathrm{tr}(M_-^{x_1} \otimes M_+^{x_2} \otimes M_+^{y_3})\rho +$$

$$\mathrm{tr}(M_-^{x_1} \otimes M_-^{x_2} \otimes M_+^{y_3})\rho - \mathrm{tr}(M_+^{x_1} \otimes M_+^{x_2} \otimes M_-^{y_3})\rho + \mathrm{tr}(M_+^{x_1} \otimes M_-^{x_2} \otimes M_-^{y_3})\rho +$$

$$\mathrm{tr}(M_-^{x_1} \otimes M_+^{x_2} \otimes M_-^{y_3})\rho - \mathrm{tr}(M_-^{x_1} \otimes M_-^{x_2} \otimes M_-^{y_3})\rho$$

$$= \sum_{\lambda \in \Gamma} \Pi_\lambda (P_{A_1}(+| x_1, \lambda) - P_{A_1}(-| x_1, \lambda))(P_{A_2}(+| x_2, \lambda) - P_{A_2}(-| x_2, \lambda))$$

$$(P_{A_3}(+| y_3, \lambda) - P_{A_3}(-| y_1, \lambda)).$$

类似地，

$$\langle A_{a_1}^1 A_{a_2}^0 A_{a_3}^1 \rangle_\rho = \sum_{\lambda \in \Gamma} \Pi_\lambda (P_{A_1}(+| y_1, \lambda) - P_{A_1}(-| y_1, \lambda))(P_{A_2}(+| x_2, \lambda) - P_{A_2}(-| x_2, \lambda))$$

$$(P_{A_3}(+| y_3, \lambda) - P_{A_3}(-| y_3, \lambda)),$$

$$\langle A_{a_1}^0 A_{a_2}^1 A_{a_3}^1 \rangle_\rho = \sum_{\lambda \in \Gamma} \Pi_\lambda (P_{A_1}(+| x_1, \lambda) - P_{A_1}(-| x_1, \lambda))(P_{A_2}(+| y_2, \lambda) - P_{A_2}(-| y_2, \lambda))$$

$$(P_{A_3}(+| y_3, \lambda) - P_{A_3}(-| y_3, \lambda)),$$

$$\langle A_{a_1}^1 A_{a_2}^1 A_{a_3}^1 \rangle_\rho = \sum_{\lambda \in \Gamma} \Pi_\lambda (P_{A_1}(+| y_1, \lambda) - P_{A_1}(-| y_1, \lambda))(P_{A_2}(+| y_2, \lambda) - P_{A_2}(-| y_2, \lambda))$$

$$(P_{A_3}(+| y_3, \lambda) - P_{A_3}(-| y_3, \lambda)),$$

$$\langle A_{a_1}^1 A_{a_2}^1 A_{a_3}^0 \rangle_\rho = \sum_{\lambda \in \Gamma} \Pi_\lambda (P_{A_1}(+| y_1, \lambda) - P_{A_1}(-| y_1, \lambda))(P_{A_2}(+| y_2, \lambda) - P_{A_2}(-| y_2, \lambda))$$

$$(P_{A_3}(+| x_3, \lambda) - P_{A_3}(-| x_3, \lambda)),$$

$$\langle A_{a_1}^0 A_{a_2}^1 A_{a_3}^0 \rangle_\rho = \sum_{\lambda\in\Gamma}\Pi_\lambda(P_{A_1}(+|x_1,\lambda)-P_{A_1}(-|x_1,\lambda))(P_{A_2}(+|y_2,\lambda)-P_{A_2}(-|y_2,\lambda))(P_{A_3}(+|x_3,\lambda)-P_{A_3}(-|x_3,\lambda)),$$

$$\langle A_{a_1}^1 A_{a_2}^0 A_{a_3}^0 \rangle_\rho = \sum_{\lambda\in\Gamma}\Pi_\lambda(P_{A_1}(+|y_1,\lambda)-P_{A_1}(-|y_1,\lambda))(P_{A_2}(+|x_2,\lambda)-P_{A_2}(-|x_2,\lambda))(P_{A_3}(+|x_3,\lambda)-P_{A_3}(-|x_3,\lambda)),$$

$$\langle A_{a_1}^0 A_{a_2}^0 A_{a_3}^0 \rangle_\rho = \sum_{\lambda\in\Gamma}\Pi_\lambda(P_{A_1}(+|x_1,\lambda)-P_{A_1}(-|x_1,\lambda))(P_{A_2}(+|x_2,\lambda)-P_{A_2}(-|x_2,\lambda))(P_{A_3}(+|x_3,\lambda)-P_{A_3}(-|x_3,\lambda)).$$

因此，

$$\begin{aligned}
&\langle S_3\rangle_\rho\\
=&\frac{1}{4}\sum_{\lambda\in\Gamma}\Pi_\lambda\Big\{\{(P_{A_1}(+|x_1,\lambda)-P_{A_1}(-|x_1,\lambda))(P_{A_2}(+|x_2,\lambda)-P_{A_2}(-|x_2,\lambda))\\
&+(P_{A_1}(+|x_1,\lambda)-P_{A_1}(-|x_1,\lambda))(P_{A_2}(+|y_2,\lambda)-P_{A_2}(-|y_2,\lambda))\\
&+(P_{A_1}(+|y_1,\lambda)-P_{A_1}(-|y_1,\lambda))(P_{A_2}(+|x_2,\lambda)-P_{A_2}(-|x_2,\lambda))\\
&-(P_{A_1}(+|y_1,\lambda)-P_{A_1}(-|y_1,\lambda))(P_{A_2}(+|y_2,\lambda)-P_{A_2}(-|y_2,\lambda))\}\\
&(P_{A_3}(+|y_3,\lambda)-P_{A_3}(-|y_3,\lambda))\\
&+\{(P_{A_1}(+|y_1,\lambda)-P_{A_1}(-|y_1,\lambda))(P_{A_2}(+|y_2,\lambda)-P_{A_2}(-|y_2,\lambda))\\
&+(P_{A_1}(+|y_1,\lambda)-P_{A_1}(-|y_1,\lambda))(P_{A_2}(+|x_2,\lambda)-P_{A_2}(-|x_2,\lambda))\\
&+(P_{A_1}(+|x_1,\lambda)-P_{A_1}(-|x_1,\lambda))(P_{A_2}(+|y_2,\lambda)-P_{A_2}(-|y_2,\lambda))\\
&-(P_{A_1}(+|x_1,\lambda)-P_{A_1}(-|x_1,\lambda))(P_{A_2}(+|x_2,\lambda)-P_{A_2}(-|x_2,\lambda))\}\\
&(P_{A_3}(+|x_3,\lambda)-P_{A_3}(-|x_3,\lambda))\Big\}\\
=&\sum_{\lambda\in\Gamma}\Pi_\lambda p_3(\lambda).
\end{aligned}$$

其中，

$$\begin{aligned}
p_3(\lambda)=&\frac{1}{2}\{p_2(\lambda)(P_{A_3}(+|y_3,\lambda)-(P_{A_3}(-|y_3,\lambda))\\
&+p_2'(\lambda)(P_{A_3}(+|x_3,\lambda)-(P_{A_3}(-|x_3,\lambda))\},
\end{aligned}$$

$p_2(\lambda)$ 和 $p_2'(\lambda)$ 在注 4.2.3 中定义. 因为 $|p_2(\lambda)|\leqslant 1$ 和 $|p_2'(\lambda)|\leqslant 1$,计算可得

$$\begin{aligned}
|p_3(\lambda)|\leqslant&\frac{1}{2}\{|p_2(\lambda)|\cdot|P_{A_3}(+|y_3,\lambda)-P_{A_3}(-|y_3,\lambda)|\\
&+|p_2'(\lambda)|\cdot|P_{A_3}(+|x_3,\lambda)-P_{A_3}(-|x_3,\lambda)|\}\\
\leqslant&\frac{1}{2}(|p_2(\lambda)|+|p_2'(\lambda)|)\\
\leqslant&1.
\end{aligned}$$

从而

$$|\langle S_3\rangle_\rho|=\Big|\sum_{\lambda\in\Gamma}\Pi_\lambda p_3(\lambda)\Big|\leqslant 1.$$

又因为 $S_3 = S_3'$，所以 $|\langle S_3'\rangle_\rho| = |\langle S_3\rangle_\rho| \leqslant 1$.

注 4.2.4　由定理 4.1.1 和注 4.2.3 可知：若 ρ 是 $\Lambda = (A_1, A_2, A_3)$－局域的，则 $|\langle S_2\rangle_{\rho_{12}}| \leqslant 1$，$|\langle S'_2\rangle_{\rho_{12}}| \leqslant 1$.

现在将上述结果推广到一般情形.

定理 4.2.4　若 ρ 是 $\Lambda = (A_1, A_2, \cdots, A_k)$－局域的，则

$$|\langle S_k\rangle_\rho| \leqslant 2^{k-\lceil\frac{k}{2}\rceil-1}, \tag{4.2.13}$$

$$|\langle S_k'\rangle_\rho| \leqslant 2^{k-\lceil\frac{k}{2}\rceil-1}. \tag{4.2.14}$$

其中，$\lceil\frac{k}{2}\rceil$表示$\frac{k}{2}$ 向上取整.

证明　因为 $A_{a_i}^0, A_{a_i}^1 (i = 1, 2, \cdots, k)$ 是 ± 1 值可观测量，所以它们各自有谱分解：

$$A_{a_i}^0 = (A_{a_i}^0)^+ - (A_{a_i}^0)^-, A_{a_i}^1 = (A_{a_i}^1)^+ - (A_{a_i}^1)^-, i = 1, 2, \cdots, k.$$

对 $i = 1, 2, \cdots, k$，令

$$M_+^{x_i} = (A_{a_i}^0)^+, M_-^{x_i} = (A_{a_i}^0)^-, M_+^{y_i} = (A_{a_i}^1)^+, M_-^{y_i} = (A_{a_i}^1)^-,$$

可得 $H_{A_i} (i = 1, 2, \cdots, k)$ 上的 POVM：$M^{x_i} = \{M_+^{x_i}, M_-^{x_i}\}$，$M^{y_i} = \{M_+^{y_i}, M_-^{y_i}\}$. 从而，可得 $H_{A_1} \otimes H_{A_2} \otimes \cdots \otimes H_{A_k}$ 上由 2^k 个局域的 POVM 构成的一个测量组合.

$$M = \{M^{t_1} \otimes M^{t_2} \otimes \cdots \otimes M^{t_k} : t_i = x_i, y_i (i = 1, 2, \cdots, k)\}.$$

因为ρ是 $\Lambda = (A_1, A_2, \cdots, A_k)$－局域的，由定义 4.1.1 知：对这个 M，存在一个概率分布 $\{\Pi_\lambda\}_{\lambda\in\Gamma}$ 使得式(4.1.2) 成立. 因此，类似于定理 4.2.1 和定理 4.2.2 的证明，可得

$$\langle S_k\rangle_\rho = \sum_{\lambda\in\Gamma}\Pi_\lambda p_k(\lambda), \langle S_k'\rangle_\rho = \sum_{\lambda\in\Gamma}\Pi_\lambda p_k'(\lambda).$$

其中，$p_k(\lambda)$ 和 $p_k'(\lambda)$ 分别是由 S_k 和 S_k' 中将 $A_{a_i}^0$ 替换成 $P_{A_i}(+|x_i, \lambda) - P_{A_i}(-|x_i, \lambda)$，$A_{a_i}^1$ 替换成 $P_{A_i}(+|y_i, \lambda) - P_{A_i}(-|y_i, \lambda) (i = 1, 2, \cdots, k)$ 得到的.

固定 $\lambda \in \Gamma$. 下面证明：当 $1 \leqslant m \leqslant \lfloor\frac{k}{2}\rfloor$时，$|p_{2m}(\lambda)| \leqslant 2^{m-1}$ 和 $|p_{2m}'(\lambda)| \leqslant 2^{m-1}$. 其中，$\lfloor\frac{k}{2}\rfloor$表示$\frac{k}{2}$ 向下取整.

当 $m = 1$，由定理 4.1.1 知：$\rho_{12} = \mathrm{tr}_{A_3A_4\cdots A_k}(\rho)$ 是(A_1, A_2)－局域的，进而由注 4.2.3 知：$|p_2(\lambda)| \leqslant 1$ 和 $|p'_2(\lambda)| \leqslant 1$. 假设 $|p_{2m}(\lambda)| \leqslant 2^{m-1}$ 和 $|p'_{2m}(\lambda)| \leqslant 2^{m-1}$ 成立. 由式(4.2.6) ～ 式(4.2.10) 得

$$\begin{aligned}
&S_{2m+2}\\
&= \frac{1}{2}[M_{2m+1}(A_{a_{2m+2}}^0 + A_{a_{2m+2}}^1) + M_{2m+1}'(A_{a_{2m+2}}^0 - A_{a_{2m+2}}^1)]\\
&= \frac{1}{2}\Big\{\frac{1}{2}[M_{2m}(A_{a_{2m+1}}^0 + A_{a_{2m+1}}^1) + M_{2m}'(A_{a_{2m+1}}^0 - A_{a_{2m+1}}^1)](A_{a_{2m+2}}^0 + A_{a_{2m+2}}^1)\\
&\quad + \frac{1}{2}[M_{2m}'(A_{a_{2m+1}}^1 + A_{a_{2m+1}}^0) + M_{2m}(A_{a_{2m+1}}^1 - A_{a_{2m+1}}^0)](A_{a_{2m+2}}^0 - A_{a_{2m+2}}^1)\Big\}\\
&= \frac{1}{2}\{S_{2m}(A_{a_{2m+1}}^0 A_{a_{2m+2}}^1 + A_{a_{2m+1}}^1 A_{a_{2m+2}}^0) + S_{2m}'(A_{a_{2m+1}}^0 A_{a_{2m+2}}^0 - A_{a_{2m+1}}^1 A_{a_{2m+2}}^1)\}.
\end{aligned}$$

从而

$$
\begin{aligned}
p_{2m+2}(\lambda) = \frac{1}{2}\{ & p_{2m}(\lambda)\{(P_{A_{2m+1}}(+| x_{2m+1},\lambda) - P_{A_{2m+1}}(-| x_{2m+1},\lambda)) \\
& (P_{A_{2m+2}}(+| y_{2m+2},\lambda) - P_{A_{2m+2}}(-| y_{2m+2},\lambda)) \\
& + (P_{A_{2m+1}}(+| y_{2m+1},\lambda) - P_{A_{2m+1}}(-| y_{2m+1},\lambda)) \\
& (P_{A_{2m+2}}(+| x_{2m+2},\lambda) - P_{A_{2m+2}}(-| x_{2m+2},\lambda))\} \\
& + p'_{2m}(\lambda)\{(P_{A_{2m+1}}(+| x_{2m+1},\lambda) - P_{A_{2m+1}}(-| x_{2m+1},\lambda)) \\
& (P_{A_{2m+2}}(+| x_{2m+2},\lambda) - P_{A_{2m+2}}(-| x_{2m+2},\lambda)) \\
& + (P_{A_{2m+1}}(+| y_{2m+1},\lambda) - P_{A_{2m+1}}(-| y_{2m+1},\lambda)) \\
& (P_{A_{2m+2}}(+| y_{2m+2},\lambda) - P_{A_{2m+2}}(-| y_{2m+2},\lambda))\}\}.
\end{aligned}
$$

因此，

$$
\begin{aligned}
| p_{2m+2}(\lambda) | = \frac{1}{2}\{ & | p_{2m}(\lambda) |\cdot \{| P_{A_{2m+1}}(+| x_{2m+1},\lambda) - P_{A_{2m+1}}(-| x_{2m+1},\lambda) |\cdot \\
& | P_{A_{2m+2}}(+| y_{2m+2},\lambda) - P_{A_{2m+2}}(-| y_{2m+2},\lambda) | \\
& +| P_{A_{2m+1}}(+| y_{2m+1},\lambda) - P_{A_{2m+1}}(-| y_{2m+1},\lambda) |\cdot \\
& | P_{A_{2m+2}}(+| x_{2m+2},\lambda) - P_{A_{2m+2}}(-| x_{2m+2},\lambda) |\} \\
& +| p'_{2m}(\lambda) |\cdot \{| P_{A_{2m+1}}(+| x_{2m+1},\lambda) - P_{A_{2m+1}}(-| x_{2m+1},\lambda) |\cdot \\
& | P_{A_{2m+2}}(+| x_{2m+2},\lambda) - P_{A_{2m+2}}(-| x_{2m+2},\lambda) | \\
& +| P_{A_{2m+1}}(+| y_{2m+1},\lambda) - P_{A_{2m+1}}(-| y_{2m+1},\lambda) |\cdot \\
& | P_{A_{2m+2}}(+| y_{2m+2},\lambda) - P_{A_{2m+2}}(-| y_{2m+2},\lambda) |\}\} \\
\leqslant & | p_{2m}(\lambda) |+| p'_{2m}(\lambda) | \\
\leqslant & 2^m.
\end{aligned}
$$

S'_{2m+2} 可由 S_{2m}, S'_{2m} 表示：

$$
S'_{2m+2} = \frac{1}{2}[S'_{2m}(A^1_{a_{2m+1}}A^0_{a_{2m+2}} + A^0_{a_{2m+1}}A^1_{a_{2m+2}}) + S_{2m}(A^1_{a_{2m+1}}A^1_{a_{2m+2}} - A^0_{a_{2m+1}}A^0_{a_{2m+2}})]
$$

类似地，可得

$$
| p'_{2m+2}(\lambda) | \leqslant 2^m.
$$

因此，由归纳法可知：对 $m=1,2,\cdots,\left\lfloor\frac{k}{2}\right\rfloor$ 和 $\forall\lambda\in\Gamma$ 有 $| p_{2m}(\lambda) |\leqslant 2^{m-1}$ 和 $| p'_{2m}(\lambda) |\leqslant 2^{m-1}$ 成立.

由式(4.2.6) ~ 式(4.2.10)得

$$
\begin{aligned}
S_{2m+1} &= \frac{1}{2}(M_{2m+1} + M'_{2m+1}) \\
&= \frac{1}{2}\left\{\frac{1}{2}[M_{2m}(A^0_{a_{2m+1}} + A^1_{a_{2m+1}}) + M'_{2m}(A^0_{a_{2m+1}} - A^1_{a_{2m+1}})]\right. \\
&\quad \left. + \frac{1}{2}[M'_{2m}(A^1_{a_{2m+1}} + A^0_{a_{2m+1}}) + M_{2m}(A^1_{a_{2m+1}} - A^0_{a_{2m+1}})]\right\} \\
&= \frac{1}{2}(M_{2m}A^1_{a_{2m+1}} + M'_{2m}A^0_{a_{2m+1}})
\end{aligned}
$$

$$= \frac{1}{2}(S_{2m}A^1_{a_{2m+1}} + S'_{2m}A^0_{a_{2m+1}}).$$

从而

$$p_{2m+1}(\lambda) = \frac{1}{2}\{p_{2m}(\lambda)[P_{A_{2m+1}}(+|y_{2m+1},\lambda) - P_{A_{2m+1}}(-|y_{2m+1},\lambda)]$$
$$+ p'_{2m}(\lambda)[P_{A_{2m+1}}(+|x_{2m+1},\lambda) - P_{A_{2m+1}}(-|x_{2m+1},\lambda)]\}.$$

利用 $|p_{2m}(\lambda)| \leqslant 2^{m-1}(\forall\lambda)$ 和 $|p'_{2m}(\lambda)| \leqslant 2^{m-1}(\forall\lambda)$，可得

$$|p_{2m+1}(\lambda)| \leqslant \frac{1}{2}\{|p_{2m}(\lambda)|\cdot|P_{A_{2m+1}}(+|y_{2m+1},\lambda) - P_{A_{2m+1}}(-|y_{2m+1},\lambda)|$$
$$+|p'_{2m}(\lambda)|\cdot|P_{A_{2m+1}}(+|x_{2m+1},\lambda) - P_{A_{2m+1}}(-|x_{2m+1},\lambda)|\}$$
$$\leqslant \frac{1}{2}(|p_{2m}(\lambda)| + |p'_{2m}(\lambda)|)$$
$$\leqslant 2^{m-1}.$$

因为 $S'_{2m+1} = \frac{1}{2}(S'_{2m}A^0_{a_{2m+1}} + S_{2m}A^1_{a_{2m+1}}) = S_{2m+1}$，所以

$$|p'_{2m+1}(\lambda)| = |p_{2m+1}(\lambda)| \leqslant 2^{m-1}.$$

因此，对 $m = 1,2,\cdots,\left\lfloor\frac{k-1}{2}\right\rfloor$ 和 $\forall\lambda\in\Gamma$ 有 $|p_{2m+1}(\lambda)| \leqslant 2^{m-1}$ 和 $|p'_{2m+1}(\lambda)| \leqslant 2^{m-1}$ 成立.

综上所述，可得

$$|p_k(\lambda)| \leqslant 2^{k-\lceil\frac{k}{2}\rceil-1}, \quad |p'_k(\lambda)| \leqslant 2^{k-\lceil\frac{k}{2}\rceil-1}.$$

从而

$$|\langle S_k\rangle_\rho| = \left|\sum_{\lambda\in\Gamma}\Pi_\lambda p_k(\lambda)\right| \leqslant 2^{k-\lceil\frac{k}{2}\rceil-1}, \quad |\langle S'_k\rangle_\rho| = \left|\sum_{\lambda\in\Gamma}\Pi_\lambda p'_k(\lambda)\right| \leqslant 2^{k-\lceil\frac{k}{2}\rceil-1}.$$

例 4.2.1　三比特态 $|\psi\rangle = \frac{1}{\sqrt{2}}(|001\rangle - |110\rangle)$（即 $\rho = |\psi\rangle\langle\psi|$）是真正非局域的，即对任意一个 Λ 它都不是 Λ－局域的.

证明　易知

$$\rho = |\psi\rangle\langle\psi| = \frac{1}{2}(|001\rangle\langle001| - |001\rangle\langle110| - |110\rangle\langle001| + |110\rangle\langle110|).$$

一般来说，对任意实单位向量

$$\vec{a} = (a_x, a_y, a_z), \vec{b} = (b_x, b_y, b_z), \vec{c}(c_x, c_y, c_z),$$

和 Pauli 算子向量 $\vec{\sigma} = (\sigma_x, \sigma_y, \sigma_z)$，有

$$\vec{a}\cdot\vec{\sigma}\otimes\vec{b}\cdot\vec{\sigma}\otimes\vec{c}\cdot\vec{\sigma}$$
$$= (a_x\sigma_x + a_y\sigma_y + a_z\sigma_z)\otimes(b_x\sigma_x + b_y\sigma_y + b_z\sigma_z)\otimes(c_x\sigma_x + c_y\sigma_y + c_z\sigma_z)$$
$$= \sum_{i,j,k} a_i b_j c_k \sigma_i\otimes\sigma_j\otimes\sigma_k,$$

计算可得

$$\langle\sigma_x\otimes\sigma_x\otimes\sigma_x\rangle_\rho = -1, \langle\sigma_x\otimes\sigma_y\otimes\sigma_y\rangle_\rho = -1,$$
$$\langle\sigma_y\otimes\sigma_x\otimes\sigma_y\rangle_\rho = -1, \langle\sigma_y\otimes\sigma_y\otimes\sigma_x\rangle_\rho = 1,$$

其余$\langle \sigma_i \otimes \sigma_j \otimes \sigma_k \rangle_\rho$均为0.从而

$$\langle \vec{a}\cdot\vec{\sigma}\otimes\vec{b}\cdot\vec{\sigma}\otimes\vec{c}\cdot\vec{\sigma}\rangle_\rho = -(a_xb_x - a_yb_y)c_x - (a_xb_y + a_yb_x)c_y. \tag{4.2.15}$$

特别地,当

$$\vec{a} = (a_x, a_y, a_z) = (\cos\alpha, \sin\alpha, 0),$$

$$\vec{b} = (b_x, b_y, b_z) = (\cos\beta, \sin\beta, 0),$$

$$\vec{c} = (c_x, c_y, c_z) = (\cos\gamma, \sin\gamma, 0)$$

时,式(4.2.15)成立,在这种情况下,有

$$\langle \vec{a}\cdot\vec{\sigma}\otimes\vec{b}\cdot\vec{\sigma}\otimes\vec{c}\cdot\vec{\sigma}\rangle_\rho = -\cos(\alpha+\beta-\gamma). \tag{4.2.16}$$

首先,说明ρ不是{1;2;3}-局域的.利用反证法,假设ρ是{1;2;3}-局域的,由定理4.2.3知:$|\langle S_3\rangle_\rho| \leqslant 1$,其中,

$$S_3 = \frac{1}{4}(A^0_{a_1}A^0_{a_2}A^1_{a_3} + A^0_{a_1}A^1_{a_2}A^1_{a_3} + A^1_{a_1}A^0_{a_2}A^1_{a_3} - A^1_{a_1}A^1_{a_2}A^1_{a_3}$$
$$+ A^1_{a_1}A^1_{a_2}A^0_{a_3} + A^1_{a_1}A^0_{a_2}A^0_{a_3} + A^0_{a_1}A^1_{a_2}A^0_{a_3} - A^0_{a_1}A^0_{a_2}A^0_{a_3}),$$

和$A^{x_s}_{a_s}(s=1,2,3)$是H_{A_s}上±1值的可观测量.对±1值可观测量

$$A^0_{a_1} = \vec{a}^0_1\cdot\vec{\sigma},\ \vec{a}^0_1 = (\cos\alpha_0, \sin\alpha_0, 0),$$
$$A^1_{a_1} = \vec{a}^1_1\cdot\vec{\sigma},\ \vec{a}^1_1 = (\cos\alpha_1, \sin\alpha_1, 0),$$
$$A^0_{a_2} = \vec{a}^0_2\cdot\vec{\sigma},\ \vec{a}^0_2 = (\cos\beta_0, \sin\beta_0, 0),$$
$$A^1_{a_2} = \vec{a}^1_2\cdot\vec{\sigma},\ \vec{a}^1_2 = (\cos\beta_1, \sin\beta_1, 0),$$
$$A^0_{a_3} = \vec{a}^0_3\cdot\vec{\sigma},\ \vec{a}^0_3 = (\cos\gamma_0, \sin\gamma_0, 0),$$
$$A^1_{a_3} = \vec{a}^1_3\cdot\vec{\sigma},\ \vec{a}^1_3 = (\cos\gamma_1, \sin\gamma_1, 0).$$

利用式(4.2.16),可得

$$\langle S_3\rangle_\rho = \frac{1}{4}[-\cos(\alpha_0+\beta_0-\gamma_1) - \cos(\alpha_0+\beta_1-\gamma_1)$$
$$-\cos(\alpha_1+\beta_0-\gamma_1) + \cos(\alpha_1+\beta_1-\gamma_1)$$
$$-\cos(\alpha_1+\beta_1-\gamma_0) + \cos(\alpha_1+\beta_0-\gamma_0)$$
$$-\cos(\alpha_0+\beta_1-\gamma_0) + \cos(\alpha_0+\beta_0-\gamma_0)].$$

特别地,令

$$\alpha_0 = 0, \alpha_1 = -\frac{\pi}{2}, \beta_0 = \frac{3\pi}{4}, \beta_1 = \frac{\pi}{4}, \gamma_0 = 0, \gamma_1 = \frac{\pi}{2},$$

可得

$$\cos(\alpha_0+\beta_0-\gamma_0) = \frac{\sqrt{2}}{2}, \cos(\alpha_0+\beta_1-\gamma_1) = \frac{\sqrt{2}}{2},$$

$$\cos(\alpha_1+\beta_1-\gamma_1) = \frac{\sqrt{2}}{2}, \cos(\alpha_1+\beta_1-\gamma_1) = -\frac{\sqrt{2}}{2},$$

$$\cos(\alpha_1+\beta_1-\gamma_0) = \frac{\sqrt{2}}{2}, \cos(\alpha_1+\beta_0-\gamma_0) = \frac{\sqrt{2}}{2},$$

$$\cos(\alpha_0+\beta_1-\gamma_0) = \frac{\sqrt{2}}{2}, \cos(\alpha_0+\beta_0-\gamma_0) = -\frac{\sqrt{2}}{2}.$$

从而

$$|\langle S_3\rangle_\rho| = \frac{1}{4}\times 8\times\frac{\sqrt{2}}{2} = \sqrt{2} > 1,$$

矛盾!这说明 ρ 不是$\{1;2;3\}$－局域的.

类似地,令 ± 1 值可观测量

$$A_{a_1}^0 = \sigma_x \otimes \frac{\sigma_x+\sigma_y}{\sqrt{2}}, A_{a_1}^1 = -\sigma_y \otimes \frac{\sigma_x+\sigma_y}{\sqrt{2}},$$

$$A_{a_2}^0 = \sigma_x, A_{a_2}^1 = \sigma_y.$$

利用式(4.2.15),可得

$$\begin{aligned}\langle S_2\rangle_\rho &= \frac{1}{2}\Big\langle \sigma_x \otimes \frac{\sigma_x+\sigma_y}{\sqrt{2}} \otimes \sigma_x + \sigma_x \otimes \frac{\sigma_x+\sigma_y}{\sqrt{2}} \otimes \sigma_y \\ &\quad - \sigma_y \otimes \frac{\sigma_x+\sigma_y}{\sqrt{2}} \otimes \sigma_x + \sigma_y \otimes \frac{\sigma_x+\sigma_y}{\sqrt{2}} \otimes \sigma_y \Big\rangle_\rho \\ &= \frac{1}{2}\times\left(-\frac{1}{\sqrt{2}}-\frac{1}{\sqrt{2}}-\frac{1}{\sqrt{2}}-\frac{1}{\sqrt{2}}\right) \\ &= -\sqrt{2}.\end{aligned}$$

从而 $|\langle S_2\rangle_\rho| > 1$,因此 ρ 不是$\{1,2;3\}$－局域的(注 4.2.3).

最后,令

$$A_{a_1}^0 = -\sigma_y, A_{a_1}^1 = \sigma_x,$$

$$A_{a_2}^0 = \frac{-\sigma_x+\sigma_y}{\sqrt{2}} \otimes \sigma_y, A_{a_2}^1 = \frac{-\sigma_x+\sigma_y}{\sqrt{2}} \otimes \sigma_x.$$

利用式(4.2.15),可得

$$\begin{aligned}\langle S_2\rangle_\rho &= \frac{1}{2}\Big\langle -\sigma_y \otimes \frac{-\sigma_x+\sigma_y}{\sqrt{2}} \otimes \sigma_y - \sigma_y \otimes \frac{-\sigma_x+\sigma_y}{\sqrt{2}} \otimes \sigma_x \\ &\quad + \sigma_x \otimes \frac{-\sigma_x+\sigma_y}{\sqrt{2}} \otimes \sigma_y - \sigma_x \otimes \frac{-\sigma_x+\sigma_y}{\sqrt{2}} \otimes \sigma_x \Big\rangle_\rho \\ &= \frac{1}{2}\times\left(-\frac{1}{\sqrt{2}}-\frac{1}{\sqrt{2}}-\frac{1}{\sqrt{2}}-\frac{1}{\sqrt{2}}\right) \\ &= -\sqrt{2}.\end{aligned}$$

从而 $|\langle S_2\rangle_\rho| > 1$,因此 ρ 不是$\{1;2,3\}$－局域的(注 4.2.3).

综上所述,对任意一个 Λ,ρ 都是 Λ－非局域的,即它是真正非局域的.

4.3　一类 2 可分的非局域态

由文献[50,215]知:指标集$\{1,2,\cdots,n\}$的一个 2 分划 $A_1 \mid A_2$ 是指子集 $A_1 = \{m_1, m_2, \cdots, m_j\}$, $A_2 = \{m_{j+1}, \cdots, m_n\}$ 满足

$$A_1 \cap A_2 = \varnothing, A_1 \cup A_2 = \{1,2,\cdots,n\}.$$

一个 n 体纯态 $|\psi\rangle \in H_1 \otimes H_2 \otimes \cdots \otimes H_n$ 称为 2 可分的[50,215] 是指存在一个 2 分划 $A_1 \mid A_2$

和 $H_{m_1} \otimes H_{m_2} \otimes \cdots \otimes H_{m_j}$ 上的态 $|\psi_1\rangle_{A_1}$，$H_{m_{j+1}} \otimes H_{m_{j+2}} \otimes \cdots \otimes H_{m_n}$ 上的态 $|\psi_2\rangle_{A_2}$ 使得 $|\psi\rangle = |\psi_1\rangle_{A_1} \otimes |\psi_2\rangle_{A_2}$. 一个 n 体混合态 ρ 被称为 2 可分的[50,215] 是指它能表示成 2 可分纯态的一个凸组合：$\rho = \sum_{m=1}^{d} p_m |\psi_m\rangle\langle\psi_m|$. 其中，$|\psi_m\rangle (m = 1,2,\cdots,d)$ 可能在不同 2 分划下是 2 可分的.

众所周知：一个两体可分态一定是 Bell 局域的. 但是对于多体情形，k 可分[50,215] 并不一定意味着局域性，因为存在一类 2 可分态，它们是 Λ－非局域的，见例 4.3.1.

例 4.3.1 考虑 $\mathbf{C}^2 \otimes \mathbf{C}^2 \otimes \mathbf{C}^2$ 上的纯态

$$|\psi_1\rangle = \frac{1}{\sqrt{2}} |0\rangle_1 \otimes (|00\rangle + |11\rangle)_{23},$$

$$|\psi_2\rangle = \frac{1}{\sqrt{2}} (|00\rangle + |11\rangle)_{12} \otimes |0\rangle_3,$$

它们分别在分划 $\{1\}|\{2,3\}$ 和 $\{1,2\}|\{3\}$ 下是 2 可分的. 从而，混合态

$$\rho = p|\psi_1\rangle\langle\psi_1| + (1-p)|\psi_2\rangle\langle\psi_2| \quad (0 \leqslant p \leqslant 1)$$

是 2 可分的[50,215]. 下面说明：当 $\sqrt{2}-1 < p \leqslant 1$ 时，ρ 不是 $\{1,2;3\}$－局域的；当 $0 \leqslant p < 2-\sqrt{2}$ 时，ρ 不是 $\{1;2,3\}$－局域的. 于是，当 $\sqrt{2}-1 < p < 2-\sqrt{2}$ 时，ρ 既不是 $\{1,2;3\}$－局域的，也不是 $\{1;2,3\}$－局域的. 换句话说，ρ 不具有任何局域性.

事实上，易知

$$\begin{aligned}\rho = {} & \frac{p}{2}|000\rangle\langle 000| + \frac{p}{2}|000\rangle\langle 011| + \frac{p}{2}|011\rangle\langle 000| + \frac{p}{2}|011\rangle\langle 011| \\ & + \frac{1-p}{2}|000\rangle\langle 000| + \frac{1-p}{2}|000\rangle\langle 110| + \frac{1-p}{2}|110\rangle\langle 000| \\ & + \frac{1-p}{2}|110\rangle\langle 110|.\end{aligned}$$

令 P,Q 为 ± 1 值可观测量. 计算可得

$$\begin{aligned}\langle \sigma_z \otimes \sigma_z \otimes P\rangle_\rho &= \mathrm{tr}(\sigma_z \otimes \sigma_z \otimes P)\rho \\ &= \frac{p}{2}\mathrm{tr}(P|0\rangle\langle 0|) - \frac{p}{2}\mathrm{tr}(P|1\rangle\langle 1|) \\ &\quad + \frac{1-p}{2}\mathrm{tr}(P|0\rangle\langle 0|) + \frac{1-p}{2}\mathrm{tr}(P|0\rangle\langle 0|) \\ &= \frac{2-p}{2}\langle 0|P|0\rangle - \frac{p}{2}\langle 1|P|1\rangle,\end{aligned}$$

$$\begin{aligned}\langle \sigma_z \otimes \sigma_x \otimes P\rangle_\rho &= \mathrm{tr}(\sigma_z \otimes \sigma_x \otimes P)\rho \\ &= \frac{p}{2}\mathrm{tr}(P|0\rangle\langle 1|) + \frac{p}{2}\mathrm{tr}(P|1\rangle\langle 0|) \\ &= \frac{p}{2}\langle 1|P|0\rangle + \frac{p}{2}\langle 0|P|1\rangle.\end{aligned}$$

类似地，

$$\langle \sigma_z \otimes \sigma_z \otimes Q \rangle_\rho = \frac{2-p}{2}\langle 0 \mid Q \mid 0 \rangle - \frac{p}{2}\langle 1 \mid Q \mid 1 \rangle,$$

$$\langle \sigma_z \otimes \sigma_x \otimes Q \rangle_\rho = \frac{p}{2}\langle 1 \mid Q \mid 0 \rangle + \frac{p}{2}\langle 0 \mid Q \mid 1 \rangle.$$

从而

$$\begin{aligned}
\Delta := & \left| \langle \sigma_z \otimes \sigma_z \otimes P \rangle_\rho + \langle \sigma_z \otimes \sigma_z \otimes Q \rangle_\rho + \langle \sigma_z \otimes \sigma_x \otimes P \rangle_\rho - \langle \sigma_z \otimes \sigma_x \otimes Q \rangle_\rho \right| \\
= & \left| \frac{2-p}{2}\langle 0 \mid P \mid 0 \rangle - \frac{p}{2}\langle 1 \mid P \mid 1 \rangle + \frac{2-p}{2}\langle 0 \mid Q \mid 0 \rangle - \frac{p}{2}\langle 1 \mid Q \mid 1 \rangle \right. \\
& \left. + \frac{p}{2}\langle 1 \mid P \mid 0 \rangle + \frac{p}{2}\langle 0 \mid P \mid 1 \rangle - \frac{p}{2}\langle 1 \mid Q \mid 0 \rangle - \frac{p}{2}\langle 0 \mid Q \mid 1 \rangle \right| \\
= & \left| \frac{2-p}{2}\langle 0 \mid P+Q \mid 0 \rangle - \frac{p}{2}\langle 1 \mid P+Q \mid 1 \rangle + \frac{p}{2}\langle 1 \mid P-Q \mid 0 \rangle \right. \\
& \left. + \frac{p}{2}\langle 0 \mid P-Q \mid 1 \rangle \right|.
\end{aligned}$$

特别地，令

$$P = \frac{\sigma_z + \sigma_x}{\sqrt{2}}, Q = \frac{\sigma_z - \sigma_x}{\sqrt{2}},$$

可得

$$P+Q = \sqrt{2}\sigma_z = \begin{pmatrix} \sqrt{2} & 0 \\ 0 & -\sqrt{2} \end{pmatrix}, P-Q = \sqrt{2}\sigma_x = \begin{pmatrix} 0 & \sqrt{2} \\ \sqrt{2} & 0 \end{pmatrix}.$$

从而

$$\Delta = \frac{\sqrt{2}}{2}(2-p) + \frac{\sqrt{2}}{2}p + \frac{\sqrt{2}}{2}p + \frac{\sqrt{2}}{2}p = \sqrt{2} + \sqrt{2}p.$$

显然，

$$\Delta > 2 \Leftrightarrow p > \sqrt{2} - 1.$$

因此，当 $1 \geqslant p > \sqrt{2} - 1$ 时，ρ 是 $\{1,2;3\}$－非局域的.

类似地，可证：当 $0 \leqslant p < 2 - \sqrt{2}$ 时，ρ 是 $\{1;2,3\}$－非局域的.

第5章　EPR导引的刻画与判定

EPR导引最早是由Schrödinger[86]在著名的EPR悖论[10,87]背景下观察到的.量子导引指的是这样一种现象:当Alice与Bob共享一对纠缠的粒子时,量子力学预言Alice可以通过对她手中粒子作不同的测量从而使得Bob手中粒子的波函数立刻塌缩到不同的量子态的系统,量子导引这一现象表明一方的测量能瞬间影响到远处的另一方[8].人们逐渐意识到EPR导引是一种介于纠缠和Bell非局域性之间的两体量子关联形式.Wiseman等人证明了在投影测量下纠缠、导引和非局域性之间是不等价的[32].然后,Quintino等人进一步考虑了一般的测量,并证明了这三种量子关联是不等价的[88].此外,导引有非常广泛的应用,如单边设备独立的量子密钥分配[92]、子信道的区分[93]、量子密钥分配的时间导引与安全性研究[94]、时间导引在耦合量子位和磁感受中的应用[95]、量子导引的不可克隆性[96],以及用于测试量子网络中非经典关联的时空导引[97].近年来,导引的检测与刻画已受到越来越多的重视[32,33,89,98-110].许多标准的Bell不等式(如CHSH)用于检测导引是无效的,因为对于此类广泛的关联,它们并没有被违反.于是,人们推导出各种导引不等式,如线性导引不等式[111-113]、基于乘法方差的导引不等式[111,114,115]、熵的不确定性关系[116,117]、细粒度不确定性关系[118]、时间导引不等式[119]等.此外,Zukowski等人给出了一些Bell型不等式,它们对于不可导引态的下界要低于局域态的下界[120].基于Rényi相对熵的数据处理不等式,Zhu等人引入了一类导引不等式,这些不等式对导引的检测比以往的不等式要有效得多[121].Chen等人证明了Bell非局域态可以由某些导引态构造[122].Bhattacharya等人提出了两比特态绝对不违反三测量场景下的导引不等式的准则[123].文献[124]中讨论了两体态的Bell非局域性和EPR导引性,文献[125]中给出了EPR导引的一些刻画,文献[72]中引入了广义导引鲁棒性,并得到了一些有趣的性质和提出了一种量化量子导引的方法.由于三体量子系统比两体具有更复杂的结构,因而具有更多样化的导引方案,文献[126]中探讨了三体量子系统中的两种导引方案.虽然有着如此丰富的研究成果,但是如何给出简单的并且行之有效的刻画与判定EPR导引的方法一直是研究者思考的问题.

本章探讨两体量子系统的EPR导引性.在两体态的EPR导引相关结论的基础上,笔者将给出不可导引态的若干必要条件,并建立一些两体态的EPR导引不等式,包括一个更一般的导引不等式,它推广了一些已知的导引不等式.这些导引不等式是不可导引态的必要条件,而违反其中任意一个导引不等式是可导引态的充分条件.此外,借助导引不等式得出一些EPR导引准则.作为应用,检验极大纠缠态、Bell对角线态和X态的EPR可导引性.

本章具体安排如下:在5.1节中,列举了文献[124]中关于两体态的EPR不可导引性和EPR可导引性的定义及一些相关的结果.在5.2节中,建立了一些EPR导引不等式,证明了极大纠缠态的可导引性.此外,借助导引不等式给出了一些EPR导引准则,并推导出Bell对角线态和X态可导引的若干条件.

5.1 EPR 导引的刻画

在本节中，将回顾文献[124]中提出的关于导引的数学刻画，并列举文献[124]中的相关结果. 为此，用 H_A 和 H_B 表示两个有限维的复 Hilbert 空间，分别描述两个量子系统 A 和 B. 用 D_X 表示由 Hilbert 空间 H_X 描述的量子系统 X 上的所有量子态之集，用 I_X 表示 H_X 上的恒等算子. $B_{her}(H_A \otimes H_B)$ 表示系统 $H_A \otimes H_B$ 上的所有自伴算子之集.

一个典型的量子导引场景：在两个空间分离的系统 A，B 上分别有观察者 Alice 和 Bob，他们共享一个态 ρ^{AB}（图 5.1）并且两方中只有一方实施测量. 如果 Alice 从她的测量组合 M_A 中选择一个测量，用 x 表示，然后作用在系统 A 上，a 表示 Alice 的测量结果，测量后就得到 B 系统上的一组态集 $\{\rho_{a|x}\}$：

$$\rho_{a|x} = \mathrm{tr}_A[(M_{a|x} \otimes I_B)\rho^{AB}].$$

然后 Bob 借助量子态层析来重构 Alice 测量后的态集 $\{\rho_{a|x}\}$. 这个实验的目的是利用 Alice 在系统 A 上的测量来导引 Bob 的状态.

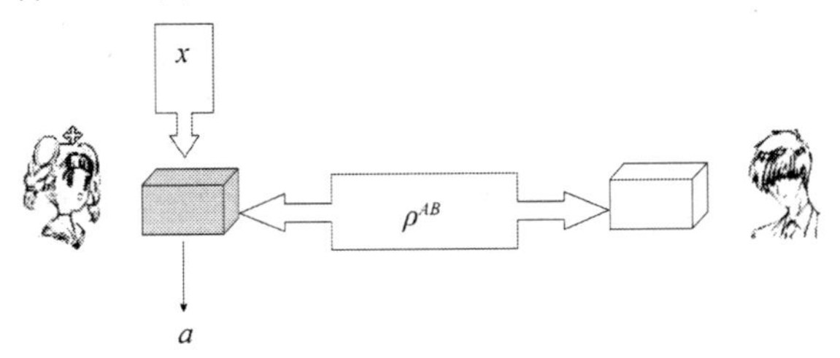

图 5.1　从 A 到 B 的量子导引示意图

下面是文献[124]中给出的关于 EPR 导引的数学定义.

定义 5.1.1[124,216]　设 $M_A = \{\{M_{a|x}\}_{a=1}^{o_A} : x = 1,2,\cdots,m_A\}$ 为 Alice 的 m_A 个正算子值测量（POVMs）$\{M_{a|x}\}_{a=1}^{o_A}$（$x = 1,2,\cdots,m_A$）构成的集合，称为 Alice 的一个测量组合，其中 x 和 a 分别表示 Alice 的测量选择和结果，并且每个正算子值测量都有 o_A 个可能的结果.

（1）对于量子态 ρ^{AB} 和测量组合 M_A，如果存在一个概率分布 $\{\pi_\lambda\}_{\lambda=1}^{d}$ 和一组态 $\{\sigma_\lambda\}_{\lambda=1}^{d} \subset D_B$，使得

$$\rho_{a|x} := \mathrm{tr}_A[(M_{a|x} \otimes I_B)\rho^{AB}] = \sum_{\lambda=1}^{d} \pi_\lambda P_A(a \mid x,\lambda)\sigma_\lambda, \forall x,a \tag{5.1.1}$$

成立，其中，$\{P_A(a \mid x,\lambda)\}_{a=1}^{o_A}$ 为测量结果 a 的概率分布，则称 ρ^{AB} 在 M_A 下是从 A 到 B 不可导引的. 此时，也称式(5.1.1)为 ρ^{AB} 在 M_A 下的 LHV－LHS 模型.

（2）如果 ρ^{AB} 在 M_A 下不是从 A 到 B 不可导引的，则称 ρ^{AB} 在 M_A 下是从 A 到 B 可导引的. 此时，也称 ρ^{AB} 在 M_A 下展现了量子导引性.

（3）如果 ρ^{AB} 在任意的测量组合 M_A 下都是从 A 到 B 不可导引的，则称 ρ^{AB} 是从 A 到 B 不可导引的.

（4）如果存在一个测量组合 M_A，使得 ρ^{AB} 在 M_A 下是从 A 到 B 可导引的，则称 ρ^{AB} 是从 A 到 B 可导引的.

对称地，可以定义一个态从 B 到 A 的可导引性和不可导引性.

(5) 如果态 ρ^{AB} 是从 A 到 B 或从 B 到 A 可导引的，则称它是可导引的.

(6) 如果态 ρ^{AB} 不是可导引的，即从 A 到 B 和从 B 到 A 它都是不可导引的，则称它是不可导引的.

下面是对上述定义的一些评论.

注 5.1.1 用 $US_a(M_A)$ 表示在 M_A 下从 A 到 B 不可导引的所有态之集，用 US_A 表示从 A 到 B 不可导引的所有态之集，用 $S_A(M_A)$ 表示在 M_A 下从 A 到 B 可导引的所有态之集，用 S_A 表示从 A 到 B 可导引的所有态之集，由上面的定义得

$$US_A = \bigcap_{M_A} US_A(M_A); S_A = \bigcup_{M_A} S_A(M_A). \tag{5.1.2}$$

注 5.1.2 物理解释如下：当 ρ^{AB} 在 M_A 下从 A 到 B 不可导引时，Bob 能由预先存在的态集 $\{\sigma_\lambda\}_{\lambda=1}^d$，和概率分布 $\{\pi_\lambda\}_{\lambda=1}^d$，$\{P_A(a \mid x),\lambda\}_{x,a,\lambda}$ 通过式(5.1.1)解释他的条件态 $\rho_{a|x} := \mathrm{tr}_A[(M_{a|x} \otimes I_B)\rho^{AB}]$. 其中，概率分布 $\{P_A(a \mid x,\lambda)\}_{x,a,\lambda}$ 是由 Alice 的测量选择 x 和测量结果 a 决定的.

例 5.1.1 假设 M_A 为系统 A 上相容的测量组合[108]. 这意味着对任意的 $M^x = \{M_{a|x}\}_{a=1}^{o_A} \in M_A$，都存在系统 A 上的正算子值测量 $N = \{N_\lambda\}_{\lambda=1}^d$ 和 d 个概率分布 $\{P_A(a \mid x,\lambda)\}_{a=1}^{o_A}(\lambda = 1,2,\cdots,d)$ 使得

$$M_{a|x} = \sum_{\lambda=1}^{d} P_A(a \mid x,\lambda) N_\lambda (\forall x, \forall a)$$

成立. 从而，对任何态 ρ^{AB} 和 $\forall a, \forall x$，有

$$\mathrm{tr}_A[(M_{a|x} \otimes I_B)\rho^{AB}] = \sum_{\lambda=1}^{d} P_A(a \mid x,\lambda)\mathrm{tr}_A[(N_\lambda \otimes I_B)\rho^{AB}] = \sum_{\lambda=1}^{d} \pi_\lambda P_A(a \mid x,\lambda)\sigma_\lambda,$$

其中，

$$\pi_\lambda = \mathrm{tr}[(N_\lambda \otimes I_B)\rho^{AB}], \sigma_\lambda = \frac{1}{\pi_\lambda}\mathrm{tr}_A[(N_\lambda \otimes I_B)\rho^{AB}].$$

这说明任何态 ρ^{AB} 在相容的测量组合 M_A 下是从 A 到 B 不可导引的.

文献[124]中证明了如下定理.

定理 5.1.1[124,216] ρ^{AB} 在 M_A 下是从 A 到 B 不可导引的当且仅当存在概率分布 $\{\pi_\lambda\}_{\lambda=1}^d$，$\{P_A(a \mid x,\lambda)\}_{a=1}^{o_A}(1 \leqslant x \leqslant m_A, 1 \leqslant \lambda \leqslant d)$，和量子态 $\{\sigma_\lambda\}_{\lambda=1}^d \subset D_B$，使得对 B 上每一个正算子值测量 $\{N_b\}_{b=1}^{o_B}$，有

$$\mathrm{tr}[(M_{a|x} \otimes N_b)\rho^{AB}] = \sum_{\lambda=1}^{d} \pi_\lambda P_A(a \mid x,\lambda)\mathrm{tr}(N_b\sigma_\lambda), \forall x,a,b. \tag{5.1.3}$$

定理 5.1.2[124,216] ρ^{AB} 是从 A 到 B 不可导引的当且仅当对每一个 M_A 都存在概率分布 $\{\pi_\lambda\}_{\lambda=1}^d$，$\{P_A(a \mid x,\lambda)\}_{a=1}^{o_A}(1 \leqslant x \leqslant m_A, 1 \leqslant \lambda \leqslant d)$，和量子态 $\{\sigma_\lambda\}_{\lambda=1}^d \subset D_B$，使得对 B 上每一个正算子值测量 $\{N_b\}_{b=1}^{o_B}$，有

$$\mathrm{tr}[(M_{a|x} \otimes N_b)\rho^{AB}] = \sum_{\lambda=1}^{d} \pi_\lambda P_A(a \mid x,\lambda)\mathrm{tr}(N_b\sigma_\lambda), \forall x,a,b. \tag{5.1.4}$$

5.2　导引不等式

定理 5.2.1　设 $A_i \in B_{\text{her}}(H_A), B_i \in B_{\text{her}}(H_B)(i=1,2,\cdots,n)$，如果存在正常数 M 使得

$$\sum_{i=1}^{n} |\operatorname{tr}(B_i T)|^2 \leqslant M, \forall T \in D_B. \tag{5.2.1}$$

那么对于任意 $\rho \in US_A$，有

$$F_n(\rho,\mu) := \frac{1}{\sqrt{n}}\left|\sum_{i=1}^{n}\langle A_i \otimes B_i\rangle_\rho\right| \leqslant \sqrt{\frac{M}{n}}\sqrt{\sum_{i=1}^{n} r(A_i)^2}. \tag{5.2.2}$$

其中，$\mu=\{A_1,A_2,\cdots,A_n;B_1,B_2,\cdots,B_n\}$，$r(A_i)$ 是 A_i 的谱半径.

证明　因为 $A_i \in B_{\text{her}}(H_A), B_i \in B_{\text{her}}(H_B), i=1,2,\cdots,n$，所以它们各自谱分解：

$$A_i = \sum_{j=1}^{m_1}\lambda_j^{(i)}P_j^{(i)}, B_i = \sum_{k=1}^{m_2}\mu_k^{(i)}Q_k^{(i)}(i=1,2,\cdots,n). \tag{5.2.3}$$

考虑半正定算子值测量

$$M^i=\{P_j^{(i)}, j=1,2,\cdots,m_1\}, N^i=\{Q_k^{(i)}, k=1,2,\cdots,m_2\}(i=1,\cdots,n)$$

和测量组合

$$M_A=\{M^1,M^2,\cdots,M^n\}, N_B=\{N^1,N^2,\cdots,N^n\}.$$

如果 $\rho \in US_A$，那么 $\rho \in US_A(M_A)$. 从而，由定理 5.1.2 知：存在概率分布 $\{\pi_\lambda\}_{\lambda=1}^d$，$\{P_A(j|x,\lambda), j=1,2,\cdots,m_1\}(1\leqslant x\leqslant n, 1\leqslant\lambda\leqslant d)$，和量子态 $\{\sigma_\lambda\}_{\lambda=1}^d \subset D_B$，使得对任意的 $x,y=1,2,\cdots,n$ 和任意的 $j\in\{1,2,\cdots,m_1\}$，$k\in\{1,2,\cdots,m_2\}$ 有

$$\operatorname{tr}[(P_j^{(x)}\otimes Q_k^{(y)})\rho] = \sum_{\lambda=1}^{d}\pi_\lambda P_A(j|x,\lambda)\operatorname{tr}(Q_k^{(y)}\sigma_\lambda). \tag{5.2.4}$$

因此，由式(5.2.3) 和式(5.2.4) 得

$$\begin{aligned}\langle A_i\otimes B_i\rangle_\rho &= \sum_{j=1}^{m_1}\sum_{k=1}^{m_2}\lambda_j^{(i)}\mu_k^{(i)}\langle P_j^{(i)}\otimes Q_k^{(i)}\rangle_\rho \\ &= \sum_{j=1}^{m_1}\sum_{k=1}^{m_2}\lambda_j^{(i)}\mu_k^{(i)}\sum_{\lambda=1}^{d}\pi_\lambda P_A(j|i,\lambda)\operatorname{tr}(Q_k^{(i)}\sigma_\lambda) \\ &= \sum_{\lambda=1}^{d}\pi_\lambda L_i(\lambda).\end{aligned}$$

其中，

$$\begin{aligned}L_i(\lambda) &= \Big(\sum_{j=1}^{m_1}\lambda_j^{(i)}P_A(j|i,\lambda)\Big)\Big(\sum_{k=1}^{m_2}\mu_k^{(i)}\operatorname{tr}(Q_k^{(i)}\sigma_\lambda)\Big) \\ &= \Big(\sum_{j=1}^{m_1}\lambda_j^{(i)}P_A(j|i,\lambda)\Big)\operatorname{tr}(B_i\sigma_\lambda).\end{aligned}$$

从而，由柯西不等式和式(5.2.1) 得

$$\begin{aligned}
\left|\sum_{i=1}^{n}\langle A_1\otimes B_i\rangle_\rho\right| &= \left|\sum_{i=1}^{n}\sum_{\lambda=1}^{d}\pi_\lambda L_i(\lambda)\right| \\
&\leqslant \sum_{\lambda=1}^{d}\pi_\lambda\left|\sum_{i=1}^{n}L_i(\lambda)\right| \\
&= \sum_{\lambda=1}^{d}\pi_\lambda\left|\sum_{i=1}^{n}\Big(\sum_{j=1}^{m_1}\lambda_j^{(i)}P_A(j\mid i,\lambda)\Big)\mathrm{tr}(B_i\sigma_\lambda)\right| \\
&\leqslant \sum_{\lambda=1}^{d}\pi_\lambda\sqrt{\sum_{i=1}^{n}r(A_i)^2\Big(\sum_{j=1}^{m_1}P_A(j\mid i,\lambda)\Big)^2}\sqrt{M} \\
&\leqslant \sqrt{M}\sqrt{\sum_{i=1}^{n}r(A_i)^2}.
\end{aligned}$$

由定理5.2.1可以看出：如果存在满足定理5.2.1条件的某个可观测量$\{A_i,B_i\}$，使得不等式(5.2.2)不成立，那么ρ一定是可导引的.从而，违背不等式(5.2.2)意味着ρ的不可导引性.正因为如此，它被称为导引不等式.

特别地，令 $H_A=H_B=\mathbf{C}^2$ 和

$$A_i=\vec{a}_i\vec{\sigma}=a_i^1\sigma_x+a_i^2\sigma_y+a_i^3\sigma_z, B_i=\vec{b}_i\vec{\sigma}=b_i^1\sigma_x+b_i^2\sigma_y+b_i^3\sigma_z, \tag{5.2.5}$$

其中，$\vec{a}_i=(a_i^1,a_i^2,a_i^3)^T(i=1,2,\cdots,n)$是$\mathbf{R}^3$中的单位向量，和$\vec{b}_i=(b_i^1,b_i^2,b_i^3)^T(i=1,2,\cdots,n)$是$\mathbf{R}^3$中的正规正交向量.于是，$A_i,B_i(i=1,2,\cdots,n)$都是迹为0的自伴酉算子，从而$A_i$的特征值都为$1,-1$，因此$r(A_i)=1$.

因为$\vec{b}_i=(b_i^1,b_i^2,b_i^3)^T(i=1,2,\cdots,n)$是正规正交向量，容易得出$\frac{1}{\sqrt{2}}I,\frac{1}{\sqrt{2}}B_i,i=1,2,\cdots,n$是正规正交算子.从而，由Bessel不等式得

$$\frac{1}{2}\Big(|\langle I,\eta\rangle_{HS}|^2+\sum_{i=1}^{n}|\langle B_i,\eta\rangle_{HS}|^2\Big)\leqslant \mathrm{tr}(\eta^2)\leqslant 1, \forall\,\eta\in D_B,$$

化简得

$$\sum_{i=1}^{n}|\mathrm{tr}(B_i\eta)|^2=\sum_{i=1}^{n}|\langle B_i,\eta\rangle_{HS}|^2\leqslant 1, \forall\,\eta\in D_B. \tag{5.2.6}$$

从而，存在$M=1$，使得不等式(5.2.1)成立.于是，得到了下面的结论，文献[123]中提到过这个结论，但是没有给出证明过程.

推论5.2.1 设$A_i,B_i(i=1,2,\cdots,n)$由式(5.2.5)给出.那么对于任意的$\rho\in US_A$，有

$$F_n(\rho,\mu)=\frac{1}{\sqrt{n}}\left|\sum_{i=1}^{n}\langle A_i\otimes B_i\rangle_\rho\right|\leqslant 1. \tag{5.2.7}$$

其中，$\mu=\{\vec{a}_1,\vec{a}_2,\cdots,\vec{a}_n;\vec{b}_1,\vec{b}_2,\cdots,\vec{b}_n\}$.

例5.2.1 考虑两比特极大纠缠态$|\psi\rangle=\frac{1}{\sqrt{2}}(|00\rangle+|11\rangle)$的导引性.容易算出

$$\rho=|\psi\rangle\langle\psi|=\frac{1}{2}(|00\rangle\langle 00|+|00\rangle\langle 11|+|11\rangle\langle 00|+|11\rangle\langle 11|).$$

一般地，对所有的实单位向量$\vec{a}=(a_x,a_y,a_z)^T,\vec{b}=(b_x,b_y,b_z)^T$，和Pauli算子向量$\vec{\sigma}=(\sigma_x,$

$\sigma_y, \sigma_z)^T$，有

$$\begin{aligned}\vec{a}\cdot\vec{\sigma}\otimes\vec{b}\cdot\vec{\sigma} &= (a_x\sigma_x + a_y\sigma_y + a_z\sigma_z)\otimes(b_x\sigma_x + b_y\sigma_y + b_z\sigma_z)\\ &= \sum_{i,j} a_i b_j \sigma_i \otimes \sigma_j.\end{aligned}$$

计算可得

$$\langle\sigma_x\otimes\sigma_x\rangle_\rho = 1, \langle\sigma_y\otimes\sigma_y\rangle_\rho = -1, \langle\sigma_z\otimes\sigma_z\rangle_\rho = 1.$$

其余$\langle\sigma_i\otimes\sigma_j\rangle_\rho$ 均为 0. 从而，

$$\langle\vec{a}\cdot\vec{\sigma}\otimes\vec{b}\cdot\vec{\sigma}\rangle_\rho = a_x b_x - a_y b_y + a_z b_z. \tag{5.2.8}$$

特别地，令 $n = 3$ 和

$$A_1 = \sigma_x, B_1 = \frac{\sqrt{3}}{2}\sigma_x + \frac{1}{2}\sigma_y, A_2 = \sigma_y, B_2 = \frac{1}{2}\sigma_x - \frac{\sqrt{3}}{2}\sigma_y, A_3 = \sigma_z, B_3 = \sigma_z, \tag{5.2.9}$$

可得

$$F_3(\rho,\mu) = \frac{1}{\sqrt{3}}\left|\sum_{i=1}^{3}\langle A_i\otimes B_i\rangle_\rho\right| = \frac{\sqrt{3}+1}{\sqrt{3}} > 1.$$

由推论 5.2.1 得：$\rho = |\psi\rangle\langle\psi|$ 是从 A 到 B 可导引的.

例 5.2.2　两比特态 $\rho = |\psi\rangle\langle\psi|$ 是从 A 到 B 可导引的，其中 $|\psi\rangle = r_0|00\rangle + r_1|11\rangle$，$|r_0 r_1| > \frac{\sqrt{3}-1}{4}$，$r_0, r_1 \in \mathbf{R}$.

计算可得

$$\rho = |\psi\rangle\langle\psi| = r_0^2|00\rangle\langle 00| + r_0 r_1|00\rangle\langle 11| + r_0 r_1|11\rangle\langle 00| + r_1^2|11\rangle\langle 11|.$$

一般地，对所有的实单位向量 $\vec{a} = (a_x, a_y, a_z)^T$，$\vec{b} = (b_x, b_y, b_z)^T$，和 Pauli 算子向量 $\vec{\sigma} = (\sigma_x, \sigma_y, \sigma_z)^T$，有

$$\vec{a}\cdot\vec{\sigma}\otimes\vec{b}\cdot\vec{\sigma} = \sum_{i,j} a_i b_j \sigma_i \otimes \sigma_j,$$

计算可得$\langle\sigma_x\otimes\sigma_x\rangle_\rho = 2r_0 r_1$，$\langle\sigma_y\otimes\sigma_y\rangle_\rho = -2r_0 r_1$，$\langle\sigma_z\otimes\sigma_z\rangle_\rho = 1$，其余$\langle\sigma_i\otimes\sigma_j\rangle_\rho = 0$ 均为 0. 从而，

$$\langle\vec{a}\cdot\vec{\sigma}\otimes\vec{b}\cdot\vec{\sigma}\rangle_\rho = 2r_0 r_1 a_x b_x - 2r_0 r_1 a_y b_y + a_z b_z.$$

特别地，令 $n = 3$ 和

$$A_1 = \sigma_x, A_2 = \sigma_y, A_3 = \sigma_z, B_1 = \frac{m}{4r_0 r_1}\sigma_x + \sqrt{1 - \left(\frac{m}{4r_0 r_1}\right)^2}\sigma_y,$$

$$B_2 = \sqrt{1 - \left(\frac{m}{4r_0 r_1}\right)^2}\sigma_x - \frac{m}{4r_0 r_1}\sigma_y, B_3 = \sigma_z,$$

其中，$\sqrt{3} - 1 < m < 4|r_0 r_1|$，可得

$$F_3(\rho,\mu) = \frac{1}{\sqrt{3}}\left|\sum_{i=1}^{3}\langle A_i\otimes B_i\rangle_\rho\right| = \frac{m+1}{\sqrt{3}} > 1.$$

由推论 5.2.1 得：$\rho = |\psi\rangle\langle\psi|$ 是从 A 到 B 可导引的.

任何两比特态都可以表示成

$$\rho=\frac{1}{4}(I\otimes I+\vec{a}\cdot\vec{\sigma}\otimes I+I+\vec{b}\cdot\vec{\sigma}+\sum_{i,j=1}^{3}t_{ij}\sigma_i\otimes\sigma_j). \tag{5.2.10}$$

其中，$\sigma_j,j=1,2,3$ 是三个 Pauli 矩阵，$\vec{\sigma}=(\sigma_1,\sigma_2,\sigma_3)^T$ 是由这三个 Pauli 矩阵构成的向量，$T_\rho=[t_{ij}]$ 是 ρ 的关联矩阵，$\lambda_1(\rho),\lambda_2(\rho),\lambda_3(\rho)$ 为 $T_\rho^\dagger T_\rho$ 的特征值且 $\lambda_1(\rho)\geqslant\lambda_2(\rho)\geqslant\lambda_3(\rho)$.

作为推论 5.2.1 的一个应用，有下面的结论.

推论 5.2.2 设 $\vec{a}_i=(a_i^1,a_i^2,a_i^3)^T(i=1,2,\cdots,n)$ 是 $\mathbf{R}^3$ 的单位向量，$\vec{b}_i=(b_i^1,b_i^2,b_i^3)^T(i=1,2,\cdots,n)$ 是 $\mathbf{R}^3$ 中的正规正交向量和 $M_A=\left\{\left\{\frac{I+\vec{a}_i\cdot\vec{\sigma}}{2},\frac{I-\vec{a}_i\cdot\vec{\sigma}}{2}\right\}:i=1,2,\cdots,n\right\}$. 若 $\rho\in US_A(M_A)$，则

$$\frac{1}{\sqrt{n}}\left|\sum_{i=1}^{n}\langle\vec{a}_i,T_\rho\vec{b}_i\rangle\right|\leqslant 1. \tag{5.2.11}$$

证明 因为 $\rho\in US_A(M_A)$，所以由推论 5.2.1 知

$$\begin{aligned}1&\geqslant\frac{1}{\sqrt{n}}\left|\sum_{i=1}^{n}\langle A_i\otimes B_i\rangle_\rho\right|\\&=\frac{1}{\sqrt{n}}\left|\sum_{i=1}^{n}\langle\vec{a}_i\cdot\vec{\sigma}\otimes\vec{b}_i\cdot\vec{\sigma}\rangle_\rho\right|\\&=\frac{1}{\sqrt{n}}\left|\sum_{i=1}^{n}\mathrm{tr}\Big((\vec{a}_i\cdot\vec{\sigma}\otimes\vec{b}_i\cdot\vec{\sigma})_\rho\Big)\right|\\&=\frac{1}{\sqrt{n}}\left|\sum_{i=1}^{n}\sum_{k,j=1}^{3}a_i^k t_{kj}b_i^j\right|\\&=\frac{1}{\sqrt{n}}\left|\sum_{i=1}^{n}\langle\vec{a}_i,T_\rho\vec{b}_i\rangle\right|.\end{aligned}$$

文献[104]中证明了：如果 ρ 是 Bell 对角态且 $\|T_\rho\|_F^2=\lambda_1(\rho)+\lambda_2(\rho)+\lambda_3(\rho)>1$，那么 ρ 在三个投影测量下是可导引的. 由推论 5.2.2 知：如果式(5.2.11)不成立，那么 ρ 在 n 个投影测量 $\left\{\frac{I+\vec{a}_i\cdot\vec{\sigma}}{2},\frac{I-\vec{a}_i\cdot\vec{\sigma}}{2}\right\}(i=1,2,\cdots,n)$ 下一定是可导引的. 例如，可以得出下面的推论 5.2.3 和推论 5.2.4，它们分别给出了一般的两比特态在两个和三个投影测量下可导引的充分条件.

推论 5.2.3 设 $\rho\in D(\mathbf{C}^2\otimes\mathbf{C}^2)$. 如果 $\lambda_i(\rho)>0(i=1,2)$ 且 $\sqrt{\lambda_1(\rho)}+\sqrt{\lambda_2(\rho)}>\sqrt{2}$，那么 $\rho\in S_A(M_A)$，其中，

$$M_A=\left\{\left\{\frac{I+\vec{a}_i\cdot\vec{\sigma}}{2},\frac{I-\vec{a}_i\cdot\vec{\sigma}}{2}\right\}:i=1,2\right\},\vec{a}_1=\frac{T_\rho\vec{b}_1}{|T_\rho\vec{b}_1|},\vec{a}_2=\frac{T_\rho\vec{b}_2}{|T_\rho\vec{b}_2|},$$

$\vec{b}_1,\vec{b}_2$ 分别是 $T_\rho^\dagger T_\rho$ 的特征值 $\lambda_1(\rho),\lambda_2(\rho)$ 所对应的正规正交特征向量.

证明 计算可得 $|T_\rho\vec{b}_i|=\sqrt{\lambda_i(\rho)}(i=1,2)$，因此

$$\frac{1}{\sqrt{2}}\left|\sum_{i=1}^{2}\langle\vec{a}_i,T_\rho\vec{b}_i\rangle\right|=\frac{1}{\sqrt{2}}\sum_{i=1}^{2}\sqrt{\lambda_i(\rho)}>1.$$

从而,由推论 5.2.2 得 $\rho \in S_A(M_A)$.

类似地,当 $n=3$ 时,可以推出下面的结论.

推论 5.2.4　设 $\rho \in D(\mathbf{C}^2 \otimes \mathbf{C}^2)$. 如果 $\lambda_i(\rho)>0(i=1,2,3)$ 且 $\sum_{i=1}^{3} \sqrt{\lambda_i(\rho)}>\sqrt{3}$,那么 $\rho \in S_A(M_A)$,其中,

$$M_A=\left\{\left\{\frac{I+\vec{a}_i \cdot \vec{\sigma}}{2}, \frac{I-\vec{a}_i \cdot \vec{\sigma}}{2}\right\}: i=1,2,3\right\},$$

$$\vec{a}_1=\frac{T_\rho \vec{b}_1}{|T_\rho \vec{b}_1|}, \vec{a}_2=\frac{T_\rho \vec{b}_2}{|T_\rho \vec{b}_2|}, \vec{a}_3=\frac{T_\rho \vec{b}_3}{|T_\rho \vec{b}_3|},$$

$\vec{b}_1, \vec{b}_2, \vec{b}_3$ 分别是 $T_\rho^{\dagger} T_\rho$ 的特征值 $\lambda_1(\rho), \lambda_2(\rho), \lambda_3(\rho)$ 所对应的正规正交特征向量.

证明　计算可得 $|T_\rho \vec{b}_i|=\sqrt{\lambda_i(\rho)}(i=1,2,3)$,因此

$$\frac{1}{\sqrt{3}}\left|\sum_{i=1}^{3}\langle\vec{a}_i, T_\rho \vec{b}_i\rangle\right|=\frac{1}{\sqrt{3}} \sum_{i=1}^{3} \sqrt{\lambda_i(\rho)}>1.$$

从而,由推论 5.2.2 得 $\rho \in S_A(M_A)$.

例 5.2.3　考虑由关联矩阵

$$T_\rho=\begin{pmatrix} t_0 & 0 & 0 \\ 0 & t_2 & 0 \\ 0 & 0 & t_3 \end{pmatrix}$$

刻画的态 ρ 由式(5.2.10)给出,其中 $t_i \neq 0(i=1,2,3)$ 和 $|t_1|+|t_2|+|t_3|>\sqrt{3}$. 容易看出:$\lambda_i(\rho)>0(i=1,2,3)$ 且

$$\sqrt{\lambda_1(\rho)}+\sqrt{\lambda_2(\rho)}+\sqrt{\lambda_3(\rho)}=|t_1|+|t_2|+|t_3|>\sqrt{3}.$$

因此,由推论 5.2.4 得 $\rho \in S_A(M_A)$,其中,

$$M_A=\left\{\left\{\frac{I+\vec{a}_i \cdot \vec{\sigma}}{2}, \frac{I-\vec{a}_i \cdot \vec{\sigma}}{2}\right\}: i=1,2,3\right\} \tag{5.2.12}$$

和

$$\vec{a}_1=\begin{pmatrix} 1 \\ 0 \\ 0 \end{pmatrix}, \vec{a}_2=\begin{pmatrix} 0 \\ 1 \\ 0 \end{pmatrix}, \vec{a}_3=\begin{pmatrix} 0 \\ 0 \\ 1 \end{pmatrix}.$$

特别地,由关联矩阵

$$T_\rho=\begin{pmatrix} -1 & 0 & 0 \\ 0 & 1 & 0 \\ 0 & 0 & 1 \end{pmatrix}$$

刻画的 Bell 态 $\rho=|\beta_{10}\rangle\langle\beta_{10}|$ 在 M_A 下是从 A 到 B 可导引的,其中 $|\beta_{10}\rangle=\frac{1}{\sqrt{2}}(|00\rangle-|11\rangle)$,$M_A$ 由式(5.2.12)给出.

推论 5.2.5　设 ρ 为 Bell 对角态

$$\rho=\frac{1}{4}\left(I \otimes I+\sum_{i=1}^{3} t_i \sigma_i \otimes \sigma_i\right), \tag{5.2.13}$$

$\lambda_{\mu\upsilon}(\mu,\upsilon=0,1)$ 为 ρ 的特征值. 如果

$$\left|\lambda_{00}+\lambda_{01}-\frac{1}{2}\right|+\left|\lambda_{01}+\lambda_{10}-\frac{1}{2}\right|+\left|\lambda_{00}+\lambda_{10}-\frac{1}{2}\right|>\frac{\sqrt{3}}{2},$$

那么 $\rho\in S_A(M_A)$，其中，

$$M_A=\left\{\left\{\frac{I+\vec{a}_i\cdot\vec{\sigma}}{2},\frac{I-\vec{a}_i\cdot\vec{\sigma}}{2}\right\}:i=1,2,3\right\}$$

和

$$\vec{a}_1=\begin{pmatrix}1\\0\\0\end{pmatrix},\vec{a}_2=\begin{pmatrix}0\\1\\0\end{pmatrix},\vec{a}_3=\begin{pmatrix}0\\0\\1\end{pmatrix}.$$

证明　易知 ρ 的关联矩阵 T_ρ 为

$$T_\rho=\begin{pmatrix}t_1&0&0\\0&t_2&0\\0&0&t_3\end{pmatrix}$$

和 $T_\rho^\dagger T_\rho$ 的特征值 $\lambda_1(\rho)=t_1^2,\lambda_2(\rho)=t_2^2,\lambda_3(\rho)=t_3^2$. 因为 ρ 是 Bell 对角态，所以它能在 Bell 基

$$|\beta_{\mu\upsilon}\rangle=\frac{1}{2}(|0\upsilon\rangle+(-1)^\mu|1(1+\upsilon)\rangle),\mu,\upsilon=0,1,$$

下对角化，从而

$$\rho=\sum_{\mu,\upsilon}\lambda_{\mu\upsilon}|\beta_{\mu\upsilon}\rangle\langle\beta_{\mu\upsilon}|.\tag{5.2.14}$$

其中，$\lambda_{\mu\upsilon}(\mu,\upsilon=0,1)$ 是 ρ 的特征值. 四个 Bell 态 $|\beta_{\mu\upsilon}\rangle\langle\beta_{\mu\upsilon}|$ 的关联矩阵是对角阵，分别为

$$T_{\mu\upsilon}=\begin{pmatrix}(-1)^\mu&0&0\\0&-(-1)^{\mu+\upsilon}&0\\0&0&(-1)^\upsilon\end{pmatrix}.\tag{5.2.15}$$

由式(5.2.13) ~ 式(5.2.15) 得

$$t_1=\sum_{\mu,\upsilon}\lambda_{\mu\upsilon}(-1)^\mu,t_2=\sum_{\mu,\upsilon}\lambda_{\mu\upsilon}(-(-1)^{\mu+\upsilon}),t_3=\sum_{\mu,\upsilon}\lambda_{\mu\upsilon}(-1)^\upsilon$$

和

$$\sum_{\mu,\upsilon}\lambda_{\mu\upsilon}=1.$$

从而，有

$$t_1=2(\lambda_{00}+\lambda_{01})-1,t_2=2(\lambda_{01}+\lambda_{10})-1,t_3=2(\lambda_{00}+\lambda_{10})-1.$$

因为

$$\left|\lambda_{00}+\lambda_{01}-\frac{1}{2}\right|+\left|\lambda_{01}+\lambda_{10}-\frac{1}{2}\right|+\left|\lambda_{00}+\lambda_{10}-\frac{1}{2}\right|>\frac{\sqrt{3}}{2},$$

所以 $\sqrt{\lambda_1(\rho)}+\sqrt{\lambda_2(\rho)}+\sqrt{\lambda_3(\rho)}=|t_1|+|t_2|+|t_3|>\sqrt{3}$，由推论 5.2.4 得 $\rho\in S_A(M_A)$.

下面的推论借助关联矩阵 T_ρ 的特征值 μ_1,μ_2,μ_3 给出了一般两比特态 ρ 可导引的充分条

件.

推论 5.2.6　设 $\rho \in D(\mathbf{C}^2 \otimes \mathbf{C}^2)$ 且 $T_\rho^\dagger = T_\rho$，μ_1, μ_2, μ_3 为 T_ρ 的特征值，$\vec{b}_1, \vec{b}_2, \vec{b}_3$ 分别为特征值 μ_1, μ_2, μ_3 所对应的正规正交特征向量.

(1) 当 $|\mu_1 + \mu_2| > \sqrt{2}$ 时，$\rho \in S_A(M_A)$，其中，

$$M_A = \left\{\left\{\frac{I + \vec{a}_i \cdot \vec{\sigma}}{2}, \frac{I - \vec{a}_i \cdot \vec{\sigma}}{2}\right\} : i = 1,2\right\}, \vec{a}_1 = \vec{b}_1, \vec{a}_2 = \vec{b}_2.$$

(2) 当 $|\mu_1 + \mu_2 + \mu_3| > \sqrt{3}$ 时，$\rho \in S_A(M_A)$，其中，

$$M_A = \left\{\left\{\frac{I + \vec{a}_i \cdot \vec{\sigma}}{2}, \frac{I - \vec{a}_i \cdot \vec{\sigma}}{2}\right\} : i = 1,2,3\right\}, \vec{a}_1 = \vec{b}_1, \vec{a}_2 = \vec{b}_2, \vec{a}_3 = \vec{b}_3.$$

证明　(1) 令 $|\mu_1 + \mu_2| > \sqrt{2}$. 因为 $\vec{a}_1 = \vec{b}_1, \vec{a}_2 = \vec{b}_2$，且 $\vec{b}_1, \vec{b}_2$ 分别为 T_ρ 的特征值 μ_1，μ_2 所对应的正规正交特征向量，所以

$$\frac{1}{\sqrt{2}}\left|\sum_{i=1}^{2}\langle \vec{a}_i, T_\rho \vec{b}_i\rangle\right| = \frac{1}{\sqrt{2}}\left|\sum_{i=1}^{2}\mu_i\langle \vec{a}_i, \vec{b}_i\rangle\right| = \frac{1}{\sqrt{2}}\left|\sum_{i=1}^{2}\mu_i\right| > 1,$$

因为 $|\mu_1 + \mu_2| > \sqrt{2}$，由推论 5.2.2 得 $\rho \in S_A(M_A)$.

(2) 令 $|\mu_1 + \mu_2 + \mu_3| > \sqrt{3}$. 因为 $\vec{b}_1, \vec{b}_2, \vec{b}_3$ 分别为 T_ρ 的特征值 μ_1, μ_2, μ_3 所对应的正规正交特征向量，且 $\vec{a}_1 = \vec{b}_1, \vec{a}_2 = \vec{b}_2, \vec{a}_3 = \vec{b}_3$，所以

$$\frac{1}{\sqrt{3}}\left|\sum_{i=1}^{3}\langle \vec{a}_i, T_\rho \vec{b}_i\rangle\right| = \frac{1}{\sqrt{3}}\left|\sum_{i=1}^{3}\mu_i\langle \vec{a}_i, \vec{b}_i\rangle\right| = \frac{1}{\sqrt{3}}\left|\sum_{i=1}^{3}\mu_i\right| > 1,$$

因为 $|\mu_1 + \mu_2 + \mu_3| > \sqrt{3}$，由推论 5.2.2 得 $\rho \in S_A(M_A)$.

例 5.2.4　设 ρ 为 Bell 对角态

$$\rho = \sum_{\mu,\upsilon}\lambda_{\mu\upsilon} |\beta_{\mu\upsilon}\rangle\langle\beta_{\mu\upsilon}|,$$

其中，$\lambda_{\mu\upsilon}(\mu,\upsilon = 0,1)$ 为 ρ 的特征值，$|\beta_{\mu\upsilon}\rangle(\mu,\upsilon = 0,1)$ 为 Bell 基. 易知 ρ 的关联矩阵 T_ρ 为

$$T_\rho = \begin{pmatrix} t_1 & 0 & 0 \\ 0 & t_2 & 0 \\ 0 & 0 & t_3 \end{pmatrix}.$$

由推论 5.2.5 知

$$t_1 = \sum_{\mu,\upsilon}\lambda_{\mu\upsilon}(-1)^\mu, t_2 = \sum_{\mu,\upsilon}\lambda_{\mu\upsilon}(-(-1)^{\mu+\upsilon}), t_3 = \sum_{\mu,\upsilon}\lambda_{\mu\upsilon}(-1)^\upsilon,$$

(1) 如果 $|t_1 + t_2| > \sqrt{2}$ 或 $|t_2 + t_3| > \sqrt{2}$ 或 $|t_1 + t_3| > \sqrt{2}$，即

$$|\lambda_{01} - \lambda_{11}| > \frac{\sqrt{2}}{2}, or\ |\lambda_{10} - \lambda_{11}| > \frac{\sqrt{2}}{2}, or\ |\lambda_{00} - \lambda_{11}| > \frac{\sqrt{2}}{2},$$

那么 $\rho \in S_A(M_A)$，其中 M_A 由推论 5.2.6(1) 给出.

(2) 如果 $|t_1 + t_2 + t_3| > \sqrt{3}$，即

$$|\lambda_{00} + \lambda_{01} + \lambda_{10} - 3\lambda_{11}| > \sqrt{3},$$

那么 $\rho \in S_A(M_A)$，其中，

$$M_A=\left\{\left\{\frac{I+\vec{a}_i\cdot\vec{\sigma}}{2},\frac{I-\vec{a}_i\cdot\vec{\sigma}}{2}\right\}:i=1,2,3\right\},$$

且 $\vec{a}_1=(1,0,0)^T,\vec{a}_2=(0,1,0)^T,\vec{a}_3=(0,0,1)^T$.

例 5.2.5 考虑 X 态[217]

$$\rho_X=\begin{pmatrix}\upsilon_1 & & & \upsilon_5\\ & \upsilon_2 & \upsilon_6 & \\ & \upsilon_6 & \upsilon_3 & \\ \upsilon_5 & & & \upsilon_4\end{pmatrix}$$

的导引性,其中 υ_k 为实参数并满足 $\upsilon_1+\upsilon_2+\upsilon_3+\upsilon_4=1,\upsilon_5^2\leqslant\upsilon_1\upsilon_4,\upsilon_6^2\leqslant\upsilon_2\upsilon_3$. 它未必是一个 Bell 对角态.

计算可得 ρ_X 的关联矩阵为

$$T_{\rho_X}=\begin{pmatrix}2\upsilon_5+2\upsilon_6 & 0 & 0\\ 0 & 2\upsilon_6-2\upsilon_5 & 0\\ 0 & 0 & \upsilon_1-\upsilon_2-\upsilon_3+\upsilon_4\end{pmatrix}.$$

容易看出 T_{ρ_X} 的特征值为 $u_1=2\upsilon_5+2\upsilon_6,u_2=2\upsilon_6-2\upsilon_5,u_3=\upsilon_1-\upsilon_2-\upsilon_3+\upsilon_4$,对应的特征向量为 $\vec{a}_1=(1,0,0)^T,\vec{a}_2=(0,1,0)^T,\vec{a}_3=(0,0,1)^T$. 令

$$M_i=\left\{\frac{I+\vec{a}_i\cdot\vec{\sigma}}{2},\frac{I-\vec{a}_i\cdot\vec{\sigma}}{2}\right\},$$

则 $M_i(i=1,2,3)$ 均为正算子值测量 $i=1,2,3$. ρ_X 的导引性如下.

(1) 如果 $|\upsilon_6|>\frac{\sqrt{2}}{4}$ 或 $|\upsilon_1-\upsilon_2-\upsilon_3+\upsilon_4+2\upsilon_5+2\upsilon_6|>\sqrt{2}$ 或 $|\upsilon_1-\upsilon_2-\upsilon_3+\upsilon_4+2\upsilon_6-2\upsilon_5|>\sqrt{2}$,那么 $|\mu_1+\mu_2|>\sqrt{2}$,由推论 5.2.6(1) 知:$\rho_X\in S_A(M_A)$,其中 $M_A=\{M_1,M_2\}$.

(2) 如果 $|\upsilon_1-\upsilon_2-\upsilon_3+\upsilon_4+4\upsilon_6|>\sqrt{3}$,那么 $|\upsilon_1+\upsilon_2+\upsilon_3|>\sqrt{3}$,由推论 5.2.6(2) 知:$\rho_X\in S_A(M_A)$,其中 $M_A=\{M_1,M_2,M_3\}$.

第 6 章　构造纠缠目击的一般方法

一般来说,大多数量子信息处理任务都需要量子纠缠这个共同的物理资源[218],对量子信息处理任务的研究在某种程度上应该是对量子纠缠的研究.量子纠缠已被广泛应用于量子计算、量子密码术[1]、量子隐形传态[2]、量子超密编码[3]、量子容错计算[4]、量子秘密共享[5]、分布式量子机器学习[6]和量子安全直接通信[7]等领域.虽然量子纠缠拥有如此广泛的应用,但是如何来判断给定态的纠缠性问题仍然是一项非常有难度的任务[127].存在一类纠缠判据——纠缠目击,它不仅是有效的检测纠缠的工具,而且是目前为止在实验中检测纠缠最有效的工具.纠缠目击是一种特殊的自伴算子,它可用于判定量子态是否纠缠.因此,出现了许多关于纠缠目击的研究,如纠缠目击的可分解性与优化问题[128,129]、局域测量纠缠目击的优化设置[130,131]、纠缠目击在刻画纠缠中的应用[132-134]、图态的纠缠目击的构造方法[135]、用线性规划方法构造纠缠目击[136-140]等.从理论上来说,对于每个纠缠态,至少存在一个纠缠目击可以检测到它.然而,怎样构造具体的纠缠目击是非常迫切的问题.

本章探讨纠缠目击的构造问题.首先从纠缠目击的定义入手,给出构造纠缠目击的一般方法.然后将这种构造方法应用于图态,得到相应的结论,并将这些结论与文献[135]中给出的纠缠目击进行比较,发现文献[135]中已给出的纠缠目击是我们给出的一般纠缠目击的特例,这说明我们构造的纠缠目击更具一般性[218].

本章具体安排如下:在 6.1 节中,提出了构造纠缠目击的一般方法.在 6.2 节中,得到了利用图态的稳定子构造纠缠目击的一系列方法.

6.1　纠缠目击的构造

设复合量子系统为 $H^{(n)} := H_1 \otimes H_2 \otimes \cdots \otimes H_n$,将 $H^{(n)}$ 上所有的线性算子之集记为 $L(H^{(n)})$;将 $H^{(n)}$ 上所有的有界线性算子之集记为 $B(H^{(n)})$;将 $H^{(n)}$ 上所有的自伴算子之集记为 $B_{\text{her}}(H^{(n)})$;将 $H^{(n)}$ 上所有的纯态之集记为 $S(H^{(n)})$;将 $H^{(n)}$ 上所有的混合态之集记为 $D(H^{(n)})$.

下面分别给出完全可分态和纠缠态的定义.

定义 6.1.1[135,218]　(1) 如果 $H^{(n)}$ 上的 n 体纯态 $|\psi\rangle$ 能表示为子系统 H_i 上的态 $|\psi_i\rangle(i = 1,2,\cdots,n)$ 的张量积,即

$$|\psi\rangle = |\psi_1\rangle \otimes |\psi_2\rangle \otimes \cdots \otimes |\psi_n\rangle,$$

那么称 $|\psi\rangle$ 为完全可分纯态,否则称 $|\psi\rangle$ 为纠缠纯态.

(2) 如果 $H^{(n)}$ 上的 n 体混合态 ρ 能表示为子系统 H_k 上的态 $\rho_i^k(k = 1,2,\cdots,n)$ 的张量积的凸组合,即

$$\rho = \sum_{i=1}^{m} p_i \rho_i^1 \otimes \rho_i^2 \otimes \cdots \otimes \rho_i^n,$$

那么称 ρ 为完全可分态,否则称 ρ 为纠缠态.

将 $H^{(n)}$ 上的全体完全可分纯态之集记为 P;将 $H^{(n)}$ 上的全体完全可分混合态之集记为 $D_{\text{sep}}(H^{(n)})$. 易证:$D_{\text{sep}}(H^{(n)})$ 是 P 的闭凸包.

定义 6.1.2[135,218] 设 $W\in D_{\text{her}}(H^{(n)})$,如果

(1) 对任意的 $\rho\in D_{\text{sep}}(H^{(n)})$,有 $\text{tr}(W\rho)\geqslant 0$;

(2) 存在 $\rho_0\in D(H^{(n)})$,使得 $\text{tr}(W\rho_0)<0$,

那么称 W 为纠缠目击.

此时,称 ρ_0 是能被纠缠目击 W 探测到的纠缠态.

理论上讲,对于任何一个纠缠态,至少存在一个纠缠目击能探测它. 实际上,纠缠目击的构造是非常不容易的. 因此,它受到了大家的关注. 下面阐述构造纠缠目击的一般方法.

一般地,若 $A\in B_{\text{her}}(H^{(n)})$,$\rho\in D(H^{(n)})$,则

$$\lambda_{\min}(A)\leqslant\langle A\rangle_\rho\leqslant\lambda_{\max}(A).$$

其中,$\lambda_{\min}(A)$,$\lambda_{\max}(A)$ 分别为 A 的最小特征值与最大特征值. 事实上,因为 $A=A^\dagger$,所以 A 可以进行谱分解 $A=\sum_i\lambda_i\,|\,\psi_i\rangle\langle\psi_i\,|$ 且 $\sum_i|\,\psi_i\rangle\langle\psi_i\,|=I$,从而 $\lambda_{\min}(A)I\leqslant A\leqslant\lambda_{\max}(A)I$. 于是,对于任意的量子态 $\rho\in D(H^{(n)})$,有 $\lambda_{\min}(A)\rho\leqslant\sqrt{\rho}A\sqrt{\rho}\leqslant\lambda_{\max}(A)\rho$. 进而

$$\lambda_{\min}(A)\leqslant\text{tr}(\rho A)=\text{tr}(\sqrt{\rho}A\sqrt{\rho})\leqslant\lambda_{\max}(A).$$

因此,$\lambda_{\min}(A)\leqslant\langle A\rangle_\rho\leqslant\lambda_{\max}(A)$.

若对于给定的 $A\in B_{\text{her}}(H^{(n)})$,令

$$C_A=\max_{\rho\in P}\langle A\rangle_\rho,$$

则 $C_A\leqslant\lambda_{\max}(A)$.

当 $C_A<\lambda_{\max}(A)$ 时,给出构造纠缠目击的一般方法.

定理 6.1.1 设 $A\in B_{\text{her}}(H^{(n)})$,$\lambda_{\max}(A)$ 为 A 的最大特征值,且 $C_A\leqslant C<\lambda_{\max}(A)$,则

(1) $W_C=CI-A$ 是纠缠目击;

(2) 当 $|\,\psi\rangle\in S(H^{(n)})$ 满足条件 $A\,|\,\psi\rangle=\lambda\,|\,\psi\rangle(C<\lambda)$ 时,W_C 可以探测 $|\,\psi\rangle\langle\psi\,|$;

(3) 当 $\rho\in D(H^{(n)})$ 满足条件 $A\rho=\lambda\rho(C<\lambda)$ 时,W_C 可以探测 ρ.

证明 (1) 当 $\rho\in P$ 时,因为 $C_A=\max_{\rho\in P}\langle A\rangle_\rho$,所以

$$\text{tr}(W_C\rho)=C-\text{tr}(A\rho)=C-\langle A\rangle_\rho\geqslant C_A-\langle A\rangle_\rho\geqslant 0.$$

从而,当 ρ 是完全可分态时,$\text{tr}(W_C\rho)\geqslant 0$. 设 $|\,\psi_{\max}\rangle$ 为 A 的最大特征值 $\lambda_{\max}(A)$ 所对应的特征态,则

$$\text{tr}(W_C\,|\,\psi_{\max}\rangle\langle\psi_{\max}\,|)=C-\text{tr}(A\,|\,\psi_{\max}\rangle\langle\psi_{\max}\,|)=C-\lambda_{\max}(A)<0.$$

因此,W_C 是纠缠目击且可以探测 $|\,\psi_{\max}\rangle\langle\psi_{\max}\,|$.

(2) 当存在 $|\,\psi\rangle\in S(H^{(n)})$ 使得 $A\,|\,\psi\rangle=\lambda\,|\,\psi\rangle(C<\lambda)$ 时,有

$$\text{tr}(W_C\,|\,\psi\rangle\langle\psi\,|)=C-\text{tr}(A\,|\,\psi\rangle\langle\psi\,|)=C-\lambda<0.$$

因此,$|\,\psi\rangle\langle\psi\,|$ 是纠缠态且可以被 W_C 所探测.

(3) 当 $\rho\in D(H^{(n)})$ 满足 $A\rho=\lambda\rho(C<\lambda)$ 时,有

$$\text{tr}(W_C\rho)=C-\text{tr}(A\rho)=C-\lambda<0.$$

因此，ρ 是纠缠态且可以被 W_C 所探测.

注 6.1.1　由定理 6.1.1 知：

(1) 介于 C 与 $\lambda_{\max}(A)$ 之间的所有特征值 $\lambda(C<\lambda\leqslant\lambda_{\max}(A))$ 所对应的特征态 $|\psi\rangle$ 都是纠缠的，并且这些纠缠态都能被 $W_C=CI-A(C_A\leqslant C<\lambda_{\max}(A))$ 探测到.

(2) 将 W_C 探测到的那些纠缠态进行凸组合，得到的混合态也是纠缠的，并且仍然可以被 W_C 探测到.

(3) 对于某些自伴算子 A，确实存在 $\rho\in D(H^{(n)})$ 满足 $A\rho=\lambda\rho(C<\lambda)$. 例如，当 A 有两个特征态 $|\psi_1\rangle$，$|\psi_2\rangle$ 满足条件

$$A|\psi_i\rangle=\lambda|\psi_i\rangle(i=1,2)(C<\lambda)$$

时，令

$$\rho=t|\psi_1\rangle\langle\psi_1|+(1-t)|\psi_2\rangle\langle\psi_2|(t\in(0,1)),$$

则 $A\rho=\lambda\rho$.

(4) 如果自伴算子 A 的特征值 λ_s 所对应的特征态 $|\psi\rangle$ 都是可分态，那么称此 λ_s 为可分特征值，否则称为纠缠特征值. 如图 6.1 所示，在数轴上，可分特征值 λ_s 都分布在 C_A 的左侧，即 $\lambda_s\leqslant C_A$. 若存在一个纠缠特征值 λ_e 满足 $C_A<\lambda_e\leqslant\lambda_{\max}(A)$，则 λ_e 右边的所有特征值都是纠缠特征值. 但是 C_A 的左侧也有可能存在纠缠特征值. 例如，若 $A=\mathbf{X}\otimes\mathbf{X}$（$\mathbf{X}$ 为 Pauli 阵），则 $\lambda_{\min}(A)=-1$，$\lambda_{\max}(A)=1$，于是 $-1\leqslant C_A\leqslant 1$. 因为

$$C_A=\max_{\rho\in P}\langle A\rangle_\rho=\langle\mathbf{X}\otimes\mathbf{X}\rangle_{|+\rangle\langle+|\otimes|+\rangle\langle+|}=1,$$

其中，

$$|+\rangle=\frac{1}{\sqrt{2}}(|0\rangle+|1\rangle),$$

所以，特征值 $\lambda_{\min}(A)=-1$ 位于 C_A 的左侧，但是它所对应的特征态 $\dfrac{|00\rangle-|11\rangle}{\sqrt{2}}$ 与 $\dfrac{|01\rangle-|10\rangle}{\sqrt{2}}$ 都是纠缠的. 这表明 C_A 的左侧有可能存在纠缠特征值[218].

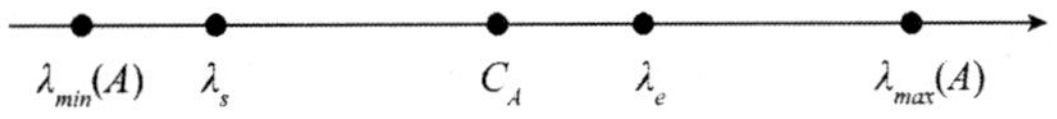

$\lambda_{min}(A)$　λ_s　C_A　λ_e　$\lambda_{max}(A)$

图 6.1　可分特征值与部分纠缠特征值的分布示意图

注 6.1.2　设 W 是纠缠目击，$f:\rho\rightarrow\mathrm{tr}(W\rho)(\rho\in D(H^{(n)}))$ 是连续函数且 $f(\rho_0)<0$. 于是存在 $\delta>0$，使得 $\forall\sigma\in D(H^{(n)})$，当 $\|\sigma-\rho_0\|<\delta$ 时，有 $f(\sigma)<0$. 因此，如果 W 可以探测 ρ_0，那么 W 也可以探测 ρ_0 周围的纠缠态 σ. 通常 δ 的取法不唯一，不同的 δ 反映出 W 能探测到 ρ_0 的不同范围内的纠缠态.

对于不同的纠缠目击，给出较优纠缠目击的定义.

若给定纠缠目击 W. 令

$$D_W=\{\rho\in D(H^{(n)}):\mathrm{tr}(W\rho)<0\},$$

则 D_W 为 W 所能探测到的所有量子态.

定义 6.1.3[128]　设 W_1，W_2 是纠缠目击，如果 $D_{W_2}\subseteq D_{W_1}$，那么称 W_1 比 W_2 优.

定义 6.1.4[128] 设 W 是纠缠目击，如果没有其他纠缠目击比 W 优，那么称 W 是最优纠缠目击.

引理 6.1.1[128] 设 W_1, W_2 是纠缠目击，W_1 比 W_2 优当且仅当存在正数 ε 和不为 0 的正算子 P 使得 $W_2 = (1-\varepsilon)W_1 + \varepsilon P$.

在定理 6.1.1 中，当 $C_A \leqslant C < \lambda_{\max}(A)$ 时，$W_C = CI - A$（C 是参数）是一类纠缠目击，对于这类纠缠目击，容易获得较优的纠缠目击.

定理 6.1.2 设 $A \in B_{\text{her}}(H^{(n)})$，$\lambda_{\max}(A)$ 为 A 的最大特征值，且 $C_A < C < \lambda_{\max}(A)$，则 W_{C_A} 优于 W_C.

证明 利用引理 6.1.1，要证 W_{C_A} 优于 W_C，只需证存在正数 ε 和不为 0 的正算子 P 使得

$$W_C = (1-\varepsilon)W_{C_A} + \varepsilon P. \tag{6.1.1}$$

因为 $W_C = CI - A$，$W_{C_A} = C_A I - A$，所以将 W_C 与 W_{C_A} 代入式(6.1.1)可得

$$P = \frac{C - C_A}{\varepsilon} I + W_{C_A}.$$

要使 P 是正算子，只需使 $\dfrac{C - C_A}{\varepsilon} > \| W_{C_A} \|$. 因此，取

$$\varepsilon = \frac{C - C_A}{2 \| W_{C_A} \|}, P = \frac{C - C_A}{\varepsilon} I + W_{C_A},$$

有 $W_C = (1-\varepsilon)W_{C_A} + \varepsilon P$. 从而，由引理 6.1.1 知，当 $C_A < C < \lambda_{\max}(A)$ 时，W_{C_A} 优于 W_C.

注 6.1.3 定理 6.1.2 表明：在形如 $W_C = CI - A(C_A \leqslant C < \lambda_{\max}(A))$（$C$ 是参数）的纠缠目击中，W_{C_A} 是最优纠缠目击，即对于任意的 $C(C_A < C < \lambda_{\max}(A))$ 都有 W_{C_A} 优于 W_C.

注 6.1.4 虽然 W_{C_A} 探测到的态比 W_C 多，但是在许多问题中，C_A 的精确值计算起来特别困难，那么可以退而求其次，构造纠缠目击 W_C.

6.2 图态的纠缠目击的构造

图态，顾名思义，是一类能够通过数学图形以简洁直观且有效的方式来刻画的特殊的量子纠缠态，由于图态的描述方式不同，与之相对应的定义方式也不尽相同，下面给出图态的稳定化算子形式的定义[218].

定义 6.2.1[219] 设 V 为一个有限集，E 为 V 的二元素子集，则称 $G = (V, E)$ 是一个（无向有限）图. V 中的元素称为图 G 的顶点，V 称为图 G 的顶点集，用 $\{1, 2, \cdots, n\}$ 表示. E 中的元素可以视为连接相应顶点的边，且 E 称为图 G 的边集. 对于顶点 $i \in V$，用 $N(i)$ 表示与顶点 i 相连的顶点集，称为 i 的邻域.

设

$$H^{(n)} = \underbrace{\mathbf{C}^2 \otimes \cdots \otimes \mathbf{C}^2}_{n}.$$

对 2 阶矩阵 $T_1, T_2, \cdots\cdots, T_n$，用 $\bigotimes\limits_{k=1}^{n} T_k$ 表示它们的张量积，即

$$\bigotimes_{k=1}^{n} T_k = T_1 \otimes T_2 \otimes \cdots \otimes T_n.$$

特别地，当 $T_i = T, T_j = I(j \neq i)$ 时，$\bigotimes_{k=1}^{n} T_k$ 简记为 $T^{(i)}$. 例如，当 $\mathbf{X}, \mathbf{Z}$ 为 Pauli 矩阵：

$$\mathbf{X} = \begin{pmatrix} 0 & 1 \\ 1 & 0 \end{pmatrix}, \mathbf{Z} = \begin{pmatrix} 1 & 0 \\ 0 & -1 \end{pmatrix}$$

时，有

$$X^{(i)} = \mathbf{I} \otimes \cdots \otimes \mathbf{I} \otimes \underbrace{\mathbf{X}}_{i} \otimes \mathbf{I} \otimes \cdots \otimes \mathbf{I}, Z^{(i)} = \mathbf{I} \otimes \cdots \otimes \mathbf{I} \otimes \underbrace{\mathbf{Z}}_{i} \otimes \mathbf{I} \otimes \cdots \otimes \mathbf{I}.$$

其中，$\mathbf{I}$ 为 2 阶单位阵. 显然，对任意的 i, j，$Z^{(i)}$ 与 $Z^{(j)}$ 可交换：$Z^{(i)} Z^{(j)} = Z^{(j)} Z^{(i)}$，且 $X^{(i)}$ 与 $X^{(j)}$ 可交换：$X^{(i)} X^{(j)} = X^{(j)} X^{(i)}$. 当 $i \neq j$ 时，$X^{(i)}$ 与 $Z^{(j)}$ 可交换：$X^{(i)} Z^{(j)} = Z^{(j)} X^{(i)}$. 下面给出稳定化算子的定义.

定义 6.2.2[219]　给定一个图 $G = (V, E)$，顶点个数为 n，对该图中的任意一个顶点 i，定义算子

$$S_i = X^{(i)} \prod_{j \in N(i)} Z^{(j)}. \tag{6.2.1}$$

其中，当 $N(i) = \varnothing$ 时，规定 $S_i = X^{(i)}$，并称 $S_1, S_2, \cdots, S_n$ 为图 $G = (V, E)$ 的稳定化算子.

注 6.2.1　由定义 6.2.2 知：$\forall i, j \in V$，有 $[S_i, S_j] = 0$.

定义 6.2.3[219]　设图 $G = (V, E)$ 有 n 个顶点，称满足条件

$$S_i \mid G\rangle = \langle G \mid (\forall i = 1, 2, \cdots, n) \tag{6.2.2}$$

的 n 体态 $\mid G\rangle \in S(H^{(n)})$ 为图 $G = (V, E)$ 的图态.

可以证明：图态存在且唯一，其解析式[226] 为

$$\mid G\rangle = \prod_{(a,b) \in E} U^{(a,b)} \underbrace{|+\rangle\, |+\rangle \cdots |+\rangle\, |+\rangle}_{n}.$$

其中，

$$U^{(a,b)} = P_{Z,+}^{(a)} + P_{Z,-}^{(a)} Z^{(b)}, P_{Z,\pm}^{(a)} = \frac{1 \pm Z^{(a)}}{2}, |+\rangle = \frac{1}{\sqrt{2}}(\mid 0\rangle + \mid 1\rangle).$$

由此可得：如图 6.2 所示，具有 n 个顶点的空图所对应的图态为 $\underbrace{|+\rangle\, |+\rangle \cdots |+\rangle\, |+\rangle}_{n}$.

如图 6.3 所示，对于只有 1，2 顶点相连的 n 个顶点的图，它所对应的图态为

$$\begin{aligned} \mid G\rangle &= U^{(1,2)} \underbrace{|+\rangle\, |+\rangle \cdots |+\rangle\, |+\rangle}_{n} \\ &= \frac{1}{2}(\mid 00\rangle + \mid 01\rangle + \mid 10\rangle - \mid 11\rangle) \underbrace{|+\rangle\, |+\rangle \cdots |+\rangle\, |+\rangle}_{n-2} \\ &= \frac{1}{\sqrt{2}}(\mid \beta_{01}\rangle + \mid \beta_{10}\rangle) \underbrace{|+\rangle\, |+\rangle \cdots |+\rangle\, |+\rangle}_{n-2}. \end{aligned}$$

其中，

$$\mid \beta_{01}\rangle = \frac{1}{\sqrt{2}}(\mid 01\rangle + \mid 10\rangle), \mid \beta_{10}\rangle = \frac{1}{\sqrt{2}}(\mid 00\rangle - \mid 11\rangle).$$

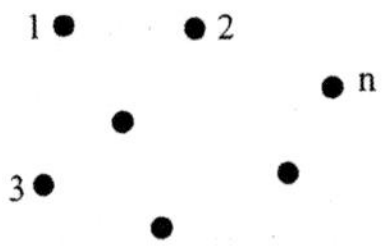

图 6.2　空图 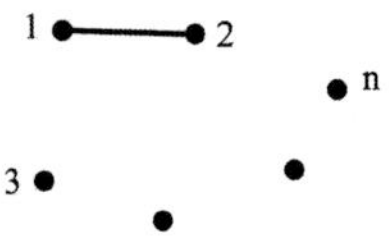　　　　图 6.3　只有 1,2 顶点相连的图

定义 6.2.4[219]　设图 $G=(V,E)$ 有 n 个顶点，由它的稳定化算子 $S_1,S_2,\cdots,S_n$ 生成的交换群

$$\widetilde{S}=\langle S_1,S_2,\cdots,S_n\rangle$$

称为图 $G=(V,E)$ 的稳定子.

注 6.2.2　$\widetilde{S}$ 有 2^n 个元素，能表示为

$$\widetilde{S}=\{\widetilde{S}_j : j=1,2,\cdots,2^n\}.$$

其中，

$$\widetilde{S}_j=\prod_{i\in I_j}S_i=O_j^1\otimes\cdots\otimes O_j^n. \tag{6.2.3}$$

其中，I_j 是 V 的子集，$O_j^k\in\{I,\pm X,\pm Y,\pm Z\}$.

显然，$\widetilde{S}_j\mid G\rangle=\mid G\rangle(j=1,2,\cdots,2^n)$. 进而，$\mid G\rangle$ 是 $\widetilde{S}$ 中元素进行线性组合以后所得算子的特征态.

注 6.2.3[219]　可以证明

$$\sum_{j=1}^{2^n}\widetilde{S}_j=2^n\mid G\rangle\langle G\mid.$$

给定一个具有 n 个顶点的图 $G=(V,E)$，$S_j(j=1,2,\cdots,n)$ 为图 G 的稳定化算子，$\widetilde{S}$ 为图 G 的稳定子，$\mid G\rangle$ 为图 G 的图态.

下面着重讨论用图态稳定子的元素构造纠缠目击的方法. 把这类纠缠目击称为稳定子目击.

若在定理 6.1.1 中取 A 为 $\widetilde{S}$ 中的某一个元素 $\widetilde{S}_j$. 图态 $\mid G\rangle\langle G\mid$ 能被形如 $W_C=CI-\widetilde{S}_j(\widetilde{S}_j\in\widetilde{S})$ 的纠缠目击探测吗？

上面构造的纠缠目击是基于满足条件 $C_A\leqslant C<\lambda_{\max}(A)$ 的 C 的存在性. 若 $C_A=\lambda_{\max}(A)$，则不存在满足条件的 C，也就构造不了 W_C. 例如，当 $A=\widetilde{S}_j$ 时，由于 A 是自伴算子，且 $\lambda_{\max}(A)=1$，相应的特征态为 $\mid G\rangle$，所以 $C_A\leqslant 1$. 由注 6.2.2 知，可设 $\widetilde{S}_j=O_j^1\otimes\cdots\otimes O_j^n$，其中 $O_i^k,O_j^k\in\{I,\pm X,\pm Y,\pm Z\}$. 取 O_j^k 的特征值为 1 的特征态为 $\mid\psi^0\rangle_k(k=1,2,\cdots,n)$，令 $\rho_k^0=\mid\psi^0\rangle_{kk}\langle\psi^0\mid,k=1,2,\cdots,n$. 容易计算

$$C_A=\max_{\rho=\rho_1\otimes\cdots\otimes\rho_n\in P}\langle\widetilde{S}_j\rangle_\rho=\max_{\rho=\rho_1\otimes\cdots\otimes\rho_n\in P}\prod_{k=1}^n\langle O_j^k\rangle_{\rho_k}=\prod_{k=1}^n\langle O_j^k\rangle_{\rho_k^0}=1.$$

因此，$C_A=\lambda_{\max}(A)$. 于是，满足 $C_A\leqslant C<\lambda_{\max}(A)$ 的 C 不存在，可知图态 $\mid G\rangle\langle G\mid$ 不能被形如 $W_C=CI-\widetilde{S}_j(\widetilde{S}_j\in\widetilde{S})$ 的纠缠目击探测.

若在定理 6.1.1 中取 A 为 $\tilde{S}$ 中任意两个元素作线性组合以后得到的算子，情况会是如何呢？为了简单起见，不妨取 $A=\tilde{S}_i+\tilde{S}_j(\tilde{S}_i\neq\tilde{S}_j,\tilde{S}_i,\tilde{S}_j\in\tilde{S})$. 由于讨论的需要，给出下面的定义与结论.

定义 6.2.5[135]　设自伴算子

$$K=K^{(1)}\otimes K^{(2)}\otimes\cdots\otimes K^{(n)},L=L^{(1)}\otimes L^{(2)}\otimes\cdots\otimes L^{(n)}.$$

若 $K^{(i)}L^{(i)}=L^{(i)}K^{(i)}(\forall i=1,2,\cdots,n)$，则称 K 与 L 是局域交换的.

注 6.2.4　由定义可知：$\tilde{S}_i=O_i^1\otimes\cdots\otimes O_i^n$ 与 $\tilde{S}_j=O_j^1\otimes\cdots\otimes O_j^n$ 是局域交换的，当且仅当对任一 $k=1,2,\cdots,n$，要么 $O_i^k=\pm O_j^k$，要么 O_i^k 与 O_j^k 中至少有一个为 I.

引理 6.2.1[135]　两个自伴算子

$$K=K^{(1)}\otimes K^{(2)}\otimes\cdots\otimes K^{(n)},L=L^{(1)}\otimes L^{(2)}\otimes\cdots\otimes L^{(n)},$$

是局域交换的当且仅当 K 和 L 有一组共同的纯的乘积特征态构成空间 $H^{(n)}$ 的基.

在定理 6.1.1 中，当 $A=\tilde{S}_i+\tilde{S}_j(\tilde{S}_i\neq\pm\tilde{S}_j,\tilde{S}_i,\tilde{S}_j\in\tilde{S})$ 且 $\tilde{S}_i$ 与 $\tilde{S}_j$ 局域交换时，有 $C_A=\lambda_{\max}(A)=2$. 于是，满足 $C_A\leqslant C<\lambda_{\max}(A)$ 的 C 不存在，可知图态 $|G\rangle\langle G|$ 不能被形如 $W_C=CI-\tilde{S}_i-\tilde{S}_j(\tilde{S}_i\neq\pm\tilde{S}_j,\tilde{S}_i,\tilde{S}_j\in\tilde{S})$ 的纠缠目击探测. 事实上，由于 A 是自伴算子，且 $\lambda_{\max}(A)=2$，相应的特征态为 $|G\rangle$，所以 $C_A\leqslant 2$. 若 $\tilde{S}_i$ 与 $\tilde{S}_j$ 是局域交换的，由引理 6.2.1 知，$\tilde{S}_i$ 与 $\tilde{S}_j$ 有一组共同的纯的乘积特征态构成空间 $H^{(H)}$ 的基. 又因为 $\tilde{S}_i\neq\pm\tilde{S}_j$，所以取 $\tilde{S}_i$ 与 $\tilde{S}_j$ 的特征值均为 1 的那个纯的乘积特征态为 $|\psi^0\rangle$. 令 $\rho^0=|\psi^0\rangle\langle\psi^0|$. 计算可得

$$C_A=\max_{\rho=\rho_1\otimes\cdots\otimes\rho_n\in P}\langle\tilde{S}_i+\tilde{S}_j\rangle_\rho=\langle\tilde{S}_i+\tilde{S}_j\rangle_{\rho^0}=2.$$

因此，$C_A=\lambda_{\max}(A)=2$. 但是当 $\tilde{S}_i$ 与 $\tilde{S}_j$ 不是局域交换时，结果会有所不同，得如下结论.

推论 6.2.1　设

$$A=\tilde{S}_i+\tilde{S}_j(\tilde{S}_i,\tilde{S}_j\in\tilde{S})$$

且 $\tilde{S}_i$ 与 $\tilde{S}_j$ 不是局域交换的，则 $C_A<2$ 且

$$W_C=CI-\tilde{S}_i-\tilde{S}_j(C_A\leqslant C<2)$$

是一个纠缠目击，它能探测图态 $|G\rangle\langle G|$.

证明　由注 6.2.2 知，可设

$$\tilde{S}_i=O_i^1\otimes\cdots\otimes O_i^n,\tilde{S}_j=O_j^1\otimes\cdots\otimes O_j^n.$$

其中，$O_i^k,O_j^k\in\{I,\pm X,\pm Y,\pm Z\}$. 因为 $\tilde{S}_i$ 与 $\tilde{S}_j$ 不是局域交换的，所以存在 $k_0\in\{1,2,\cdots,n\}$ 使得 $O_i^{k_0}$ 与 $O_j^{k_0}$ 不可换. 由于 A 是自伴算子，且 $\lambda_{\max}(A)=2$，相应的特征态为 $|G\rangle$，所以 $C_A\leqslant 2$. 下证 $C_A\neq 2$. 反证法. 若 $C_A=2$，则存在纯的乘积态 $\rho_0=|\psi_1\rangle\langle\psi_1|\otimes\cdots\otimes|\psi_n\rangle\langle\psi_n|$ 使得 $\langle\tilde{S}_i+\tilde{S}_j\rangle_{\rho_0}=2$. 于是，计算可得

$$\langle\tilde{S}_i+\tilde{S}_j\rangle_{\rho_0}=\langle O_i^1\rangle_{|\psi_1\rangle\langle\psi_1|}\cdots\langle O_i^n\rangle_{|\psi_n\rangle\langle\psi_n|}+\langle O_j^1\rangle_{|\psi_1\rangle\langle\psi_1|}\cdots\langle O_j^n\rangle_{|\psi_n\rangle\langle\psi_n|}=2.$$

因为

$$-1 \leqslant \langle O_i^k \rangle_{|\psi_k\rangle\langle\psi_k|} \leqslant 1, -1 \leqslant \langle O_j^k \rangle_{|\psi_k\rangle\langle\psi_k|} \leqslant 1,$$

$k = 1,2,\cdots,n$,所以

$$\langle O_i^1 \rangle_{|\psi_1\rangle\langle\psi_1|} \cdots \langle O_i^n \rangle_{|\psi_n\rangle\langle\psi_n|} = \langle O_j^1 \rangle_{|\psi_1\rangle\langle\psi_1|} \cdots \langle O_j^n \rangle_{|\psi_n\rangle\langle\psi_n|} = 1.$$

因此,$\forall k = 1,2,\cdots$,有

$$\langle O_i^k \rangle_{|\psi_k\rangle\langle\psi_k|} = \pm 1, \langle O_j^k \rangle_{|\psi_k\rangle\langle\psi_k|} = \pm 1.$$

特别地,

$$\langle O_i^{k_0} \rangle_{|\psi_{k_0}\rangle\langle\psi_{k_0}|} = \pm 1, \langle O_j^{k_0} \rangle_{|\psi_{k_0}\rangle\langle\psi_{k_0}|} = \pm 1.$$

由此可见,$O_i^{k_0}$ 与 $O_j^{k_0}$ 有共同的特征态 $|\psi_{k_0}\rangle$. 又因为 $O_i^{k_0}, O_j^{k_0} \in \{I, \pm X, \pm Y, \pm Z\}$,从而算子组 $\{O_i^{k_0}, O_j^{k_0}\}$ 必为 $\{I, \pm X\}, \{I, \pm Y\}, \{I, \pm Z\}$ 之一. 不论哪种情况,$O_i^{k_0}$ 与 $O_j^{k_0}$ 都可交换. 这与 $O_i^{k_0}$ 和 $O_j^{k_0}$ 不交换矛盾,故 $C_A < 2$. 于是,满足条件 $C_A \leqslant C < \lambda_{\max}(A) = 2$ 的 C 存在,由定理 6.1.1 知,

$$W_C = CI - \widetilde{S}_i - \widetilde{S}_j (C_A \leqslant C < 2)$$

是一个纠缠目击,且能探测图态 $|G\rangle\langle G|$.

注 6.2.5 由推论 6.2.1 知,若 $\widetilde{S}_i$ 与 $\widetilde{S}_j$ 不是局域交换的,则图态 $|G\rangle\langle G|$ 及周围态能被形如 $W_C = CI - \widetilde{S}_i - \widetilde{S}_j (C_A \leqslant C < 2)$ 的纠缠目击所探测. 如令

$$\rho = \frac{1}{2^n}(I + \widetilde{S}_i + \widetilde{S}_j + \widetilde{S}_i \widetilde{S}_j),$$

容易得出 $\mathrm{tr}(W_C \rho) = C - 2 < 0$. 因此,纠缠目击 $W_C = CI - \widetilde{S}_i - \widetilde{S}_j$ 能够探测量子态

$$\rho = \frac{1}{2^n}(I + \widetilde{S}_i + \widetilde{S}_j + \widetilde{S}_i \widetilde{S}_j).$$

进一步,可以构造更一般的态,即

$$\rho' = \frac{1}{2^n}(I + a_1 \widetilde{S}_i + a_2 \widetilde{S}_j + a_1 a_2 \widetilde{S}_i \widetilde{S}_j).$$

其中,$-1 \leqslant a_i \leqslant 1 (i = 1,2)$,$a_1 + a_2 > C$. 类似可证:纠缠目击 $W_C = CI - \widetilde{S}_i - \widetilde{S}_j$ 能够探测量子态 ρ'.

特别地,在推论 6.2.1 中,当 $\widetilde{S}_i$ 与 $\widetilde{S}_j$ 分别取稳定化算子 S_i 和 S_j 时,若 S_i 与 S_j 是局域交换的,则图态 $|G\rangle\langle G|$ 不能被形如 $W_C = CI - S_i - S_j$ 的纠缠目击所探测;若 S_i 与 S_j 不是局域交换的,则有下列的推论.

推论 6.2.2 设 $A = S_i + S_j$,且 S_i 与 S_j 不是局域交换的,则 $C_A \leqslant 1$ 且 $W_C = CI - S_i - S_j (1 \leqslant C < 2)$ 是一个纠缠目击,且能探测图态 $|G\rangle\langle G|$.

证明 由于 S_i, S_j 为 $G = (V, E)$ 的稳定化算子,所以

$$S_i = X^{(i)} \prod_{k \in N(i)} Z^{(k)}, S_j = X^{(j)} \prod_{k \in N(j)} Z^{(k)}.$$

若 S_i 与 S_j 不是局域交换的,则顶点 i 与 j 相连,即 $\{i,j\} \in E$,因此 $j \in N(i), i \in N(j)$. 当 $\rho = \rho_1 \otimes \cdots \otimes \rho_n \in P$ 时,计算可得

$$
\begin{aligned}
&\langle S_i + S_j \rangle_\rho \\
&= \left\langle X^{(i)} \prod_{k \in N(i)} Z^{(k)} + X^{(j)} \prod_{k \in N(j)} Z^{(k)} \right\rangle_\rho \\
&\leqslant | \langle X \rangle_{\rho_i} | \cdot \prod_{k \in N(i)} | \langle Z \rangle_{\rho_k} | + | \langle X \rangle_{\rho_j} | \cdot \prod_{k \in N(j)} | \langle Z \rangle_{\rho_k} | \\
&\leqslant | \langle X \rangle_{\rho_i} | | \langle Z \rangle_{\rho_j} | + | \langle Z \rangle_{\rho_i} | | \langle X \rangle_{\rho_j} | \\
&\leqslant \sqrt{| \langle X \rangle_{\rho_i} |^2 + | \langle Z \rangle_{\rho_i} |^2} \sqrt{| \langle Z \rangle_{\rho_j} |^2 + | \langle X \rangle_{\rho_j} |^2} \\
&\leqslant 1.
\end{aligned}
$$

从而

$$C_A = \max_{\rho = \rho_1 \otimes \cdots \otimes \rho_n \in P} \langle S_i + S_j \rangle_\rho \leqslant 1. \tag{6.2.4}$$

因此，当 $1 \leqslant C < 2$ 时，纠缠目击 $W_C = CI - S_i - S_j$ 是一个纠缠目击，且能够探测图态 $|G\rangle\langle G|$.

注 6.2.6　在推论 6.2.2 中令 $C = 1$，$S_i = S_1$，则 $W_1 = I - S_1 - S_j$ 为文献[135]中提到的能探测图态 $|G\rangle\langle G|$ 的纠缠目击. 而构造的纠缠目击 W_C 包含 W_1.

在定理 6.1.1 中，取 A 为 $\tilde{S}$ 中任意三个元素作线性组合以后得到的算子，情况将会是如何呢？为了简单起见，不妨取 $A = \tilde{S}_i + \tilde{S}_j + \tilde{S}_m (\tilde{S}_i, \tilde{S}_j, \tilde{S}_m \in \tilde{S})$.

在定理 6.1.1 中，当 $A = \tilde{S}_i + \tilde{S}_j + \tilde{S}_m$ 且 $\tilde{S}_i, \tilde{S}_j, \tilde{S}_m$ 是两两局域交换时，由于 A 是自伴算子，且 $\lambda_{\max}(A) = 3$，相应的特征态为 $|G\rangle$，所以 $C_A \leqslant 3$. 由注 6.2.2 知，可设

$$\tilde{S}_i = O_i^1 \otimes \cdots \otimes O_i^n, \tilde{S}_j = O_j^1 \otimes \cdots \otimes O_j^n, \tilde{S}_m = O_m^1 \otimes \cdots \otimes O_m^n,$$

其中，$O_i^k, O_j^k, O_m^k \in \{I, \pm X, \pm Y, \pm Z\}$. 由于 $\tilde{S}_i, \tilde{S}_j, \tilde{S}_m$ 是两两局域交换的，所以 $\forall k \in \{1, 2, \cdots, n\}$，有

$$O_i^k O_j^k = O_j^k O_i^k, O_i^k O_m^k = O_m^k O_i^k, O_m^k O_j^k = O_j^k O_m^k.$$

由引理 6.2.1 易知，$\tilde{S}_i, \tilde{S}_j, \tilde{S}_m$ 有一组共同的纯的乘积特征态构成空间 $H^{(n)}$ 的基. 若存在纯的乘积特征态使得 $\tilde{S}_i, \tilde{S}_j, \tilde{S}_m$ 的特征值均为 1，则取 $\tilde{S}_i, \tilde{S}_j, \tilde{S}_m$ 的特征值均为 1 的纯的乘积特征态为 $|\psi^0\rangle$. 令 $\rho^0 = |\psi^0\rangle\langle\psi^0|$. 计算可得

$$C_A = \max_{\rho = \rho_1 \otimes \cdots \otimes \rho_n \in P} \langle \tilde{S}_i + \tilde{S}_j + \tilde{S}_m \rangle_\rho = \langle \tilde{S}_i + \tilde{S}_j + \tilde{S}_m \rangle_{\rho^0} = 3.$$

因此，$C_A = \lambda_{\max}(A) = 3$. 于是，满足 $C_A \leqslant C < \lambda_{\max}(A)$ 的 C 不存在，可知图态 $|G\rangle\langle G|$ 不能被形如 $W_C = CI - \tilde{S}_i - \tilde{S}_j - \tilde{S}_m$ 的纠缠目击探测. 但是当 $\tilde{S}_i, \tilde{S}_j, \tilde{S}_m$ 不是两两局域交换时，结果有所不同，可得如下结论.

推论 6.2.3　设

$$A = \tilde{S}_i + \tilde{S}_j + \tilde{S}_m (\tilde{S}_i, \tilde{S}_j, \tilde{S}_m \in \tilde{S})$$

且 $\tilde{S}_i, \tilde{S}_j, \tilde{S}_m$ 不是两两局域交换的，则 $C_A < 3$ 且

$$W_C = CI - \tilde{S}_i - \tilde{S}_j - \tilde{S}_m (C_A \leqslant C < 3)$$

是一个纠缠目击，且能探测图态 $|G\rangle\langle G|$.

证明　由注 6.2.2 知，可设

$$\widetilde{S}_i = O_i^1 \otimes \cdots \otimes O_i^n, \widetilde{S}_j = O_j^1 \otimes \cdots \otimes O_j^n, \widetilde{S}_m = O_m^1 \otimes \cdots \otimes O_m^n.$$

其中，$O_i^k, O_j^k, O_m^k \in \{I, \pm X, \pm Y, \pm Z\}$. 因为 $\widetilde{S}_i, \widetilde{S}_j, \widetilde{S}_m$ 不是两两局域交换的，所以存在 $k_0 \in \{1,2,\cdots,n\}$ 使得 $O_i^{k_0}, O_j^{k_0}, O_m^{k_0}$ 不两两可换. 由于 A 是自伴算子，且它的最大特征值 $\lambda_{\max}(A) = 3$，相应的特征态为 $|G\rangle$，所以 $C_A \leqslant 3$. 下证 $C_A \neq 3$. 反证法. 若 $C_A = 3$，则存在纯的乘积态 $\rho_0 = |\psi_1\rangle\langle\psi_1| \otimes \cdots \otimes |\psi_n\rangle\langle\psi_n|$ 使得 $\langle \widetilde{S}_i + \widetilde{S}_j + \widetilde{S}_m \rangle_{\rho_0} = 3$. 于是，计算可得

$$\begin{aligned}
&\langle \widetilde{S}_i + \widetilde{S}_j + \widetilde{S}_m \rangle_{\rho_0} \\
&= \langle O_i^1 \rangle_{|\psi_1\rangle\langle\psi_1|} \cdots \langle O_i^n \rangle_{|\psi_n\rangle\langle\psi_n|} + \langle O_j^1 \rangle_{|\psi_1\rangle\langle\psi_1|} \cdots \langle O_j^n \rangle_{|\psi_n\rangle\langle\psi_n|} \\
&\quad + \langle O_m^1 \rangle_{|\psi_1\rangle\langle\psi_1|} \cdots \langle O_m^n \rangle_{|\psi_n\rangle\langle\psi_n|} = 3.
\end{aligned}$$

因为 $\langle O_x^k \rangle_{|\psi_k\rangle\langle\psi_k|} (x = i,j,m)$ 介于 -1 与 $+1$ 之间，所以

$$\langle O_x^k \rangle_{|\psi_k\rangle\langle\psi_k|} = \pm 1 (x = i,j,m; k = 1,2,\cdots,n).$$

特别地，$\langle O_x^{k_0} \rangle_{|\psi_{k_0}\rangle\langle\psi_{k_0}|} = \pm 1 (x = i,j,m)$. 由此可见，$O_i^{k_0}, O_j^{k_0}, O_m^{k_0}$ 有共同的特征态 $|\psi_{k_0}\rangle$. 又因为

$$O_i^{k_0}, O_j^{k_0}, O_m^{k_0} \in \{I, \pm X, \pm Y, \pm Z\},$$

从而算子组 $\{O_i^{k_0}, O_j^{k_0}, O_m^{k_0}\}$ 必为 $\{I, \pm X\}, \{I, \pm Y\}, \{I, \pm Z\}$ 之一. 不论哪种情况，算子 $O_i^{k_0}$，$O_j^{k_0}, O_m^{k_0}$ 都是两两可换的. 这与 $O_i^{k_0}, O_j^{k_0}, O_m^{k_0}$ 不两两可换矛盾，故 $C_A < 3$. 于是，满足条件 $C_A \leqslant C < \lambda_{\max}(A) = 3$ 的 C 存在，由定理 6.1.1 知，

$$W_C = CI - \widetilde{S}_i - \widetilde{S}_j - \widetilde{S}_m (C_A \leqslant C < 3)$$

是一个纠缠目击，且能探测图态 $|G\rangle\langle G|$.

特别地，在推论 6.2.3 中，当 $\widetilde{S}_i, \widetilde{S}_j$ 分别取稳定化算子 S_i, S_j 和 $\widetilde{S}_m$ 取 S_iS_j 时，有下列的推论.

推论 6.2.4　设 $A = S_i + S_j + S_iS_j$，且 S_i 与 S_j 不是局域交换的，则 $C_A \leqslant 1$ 且 $W_C = CI - S_i - S_j - S_iS_j (1 \leqslant C < 3)$ 是一个纠缠目击，且能够探测图态 $|G\rangle\langle G|$.

证明　在推论 6.2.3 中，令 $\widetilde{S}_i = S_i, \widetilde{S}_j = S_j, \widetilde{S}_m = S_iS_j$. 由于 S_i, S_j 为图 G 的稳定化算子，有

$$S_i = X^{(i)} \prod_{k \in N(i)} Z^{(k)}, S_j = X^{(j)} \prod_{k \in N(j)} Z^{(k)}.$$

若 S_i 与 S_j 不是局域交换的，则顶点 i 与 j 相连，即 $\{i,j\} \in E$，因此 $j \in N(i), i \in N(j)$. 从而

$$S_iS_j = Y^{(i)} Y^{(j)} \prod_{k \in (N(i) \Delta N(j)) \setminus \{i,j\}} Z^{(k)}.$$

其中，$N(i) \Delta N(j) = N(i) \cup N(j) - N(i) \cap N(j)$. 于是，容易得出 S_i, S_j, S_iS_j 不是两两局域交换的. 由推论 6.2.3 得，$C_A < 3$ 且 $W_C = CI - S_i - S_j - S_iS_j (C_A \leqslant C < 3)$ 是一个纠缠目击，且能够探测图态 $|G\rangle\langle G|$. 另外，当 $\rho = \rho_1 \otimes \cdots \otimes \rho_n \in P$ 时，计算可得

$$\begin{aligned}
&\langle S_i + S_j + S_iS_j \rangle_\rho \\
&= \left\langle X^{(i)} \cdot \prod_{k\in N(i)} Z^{(k)} + X^{(j)} \cdot \prod_{k\in N(j)} Z^{(k)} + Y^{(i)}Y^{(j)} \cdot \prod_{k\in (N(i)\Delta N(j))\setminus\{i,j\}} Z^{(k)} \right\rangle_\rho \\
&\leqslant |\langle X\rangle_{\rho_i}| \cdot \prod_{k\in N(i)} |\langle Z\rangle_{\rho_k}| + |\langle X\rangle_{\rho_j}| \cdot \prod_{k\in N(j)} |\langle Z\rangle_{\rho_k}| \\
&\quad + |\langle Y\rangle_{\rho_i}||\langle Y\rangle_{\rho_j}| \cdot \prod_{k\in (N(i)\Delta N(j))\setminus\{i,j\}} |\langle Z\rangle_{\rho_k}| \\
&\leqslant |\langle X\rangle_{\rho_i}||\langle Z\rangle_{\rho_j}| + |\langle Z\rangle_{\rho_i}||\langle X\rangle_{\rho_j}| + |\langle Y\rangle_{\rho_i}||\langle Y\rangle_{\rho_j}| \\
&\leqslant \sqrt{|\langle X\rangle_{\rho_i}|^2 + |\langle Z\rangle_{\rho_i}|^2 + |\langle Y\rangle_{\rho_i}|^2}\sqrt{|\langle Z\rangle_{\rho_j}|^2 + |\langle X\rangle_{\rho_j}|^2 + |\langle Y\rangle_{\rho_j}|^2} \\
&\leqslant 1.
\end{aligned}$$

从而

$$C_A = \max_{\rho=\rho_1\otimes\cdots\otimes\rho_n\in P} \langle S_i + S_j + S_iS_j \rangle_\rho \leqslant 1.$$

因此，当 $1 \leqslant C < 3$ 时，$C_C = CI - S_i - S_j - S_iS_j$ 是一个纠缠目击，且能够探测图态 $|G\rangle\langle G|$.

注 6.2.7　在推论 6.2.4 中，令 $C = 1, S_i = S_1$，则 $W_1 = I - S_1 - S_j - S_1S_j$ 为文献[135]中提到的能够探测图态 $|G\rangle\langle G|$ 的纠缠目击. 而这里构造的纠缠目击 W_C 包含 W_1.

类似地，在定理 6.1.1 中取 A 为 $\widetilde{S}$ 中任意 k 个元素作线性组合以后得到的算子，情况将会如何？为了简单起见，不妨取 $A = \sum_{i=1}^{k} \widetilde{S}_i$，可得如下的结论.

推论 6.2.5　设 $A = \sum_{i=1}^{k} \widetilde{S}_i$ 且 $\widetilde{S}_1, \widetilde{S}_2, \cdots, \widetilde{S}_k$ 不是两两局域交换的，则 $C_A < k$ 且 $W_C = CI - \sum_{i=1}^{k} \widetilde{S}_i (C_A \leqslant C < k)$ 是一个纠缠目击，且能够探测图态 $|G\rangle\langle G|$.

证明　由注 6.2.2 知，可设

$$\widetilde{S}_i = O_i^1 \otimes \cdots \otimes O_i^n (i = 1,2,\cdots,k).$$

其中，

$$O_i^s \in \{I, \pm X, \pm Y, \pm Z\} (s = 1,2,\cdots,n).$$

因为 $\widetilde{S}_1, \widetilde{S}_2, \cdots, \widetilde{S}_k$ 不是两两局域交换的，所以存在 $s_0 \in \{1,2,\cdots,n\}$ 使得 $O_1^{s_0}, O_2^{s_0}, \cdots, O_k^{s_0}$ 不两两可换. 由于 A 是自伴算子，且它的最大特征值 $\lambda_{\max}(A) = k$，相应的特征态为 $|G\rangle$，所以 $C_A \leqslant k$. 下证 $C_A \neq k$. 反证法. 若 $C_A = k$，则存在纯的乘积态 $\rho_0 = |\psi_1\rangle\langle\psi_1| \otimes \cdots \otimes |\psi_n\rangle\langle\psi_n|$ 使得 $\left\langle \sum_{i=1}^{k} \widetilde{S}_i \right\rangle_{\rho_0} = k$. 于是，计算可得

$$\left\langle \sum_{i=1}^{k} \widetilde{S}_i \right\rangle_{\rho_0} = \sum_{i=1}^{k} \langle O_i^1 \rangle_{|\psi_1\rangle\langle\psi_1|} \cdots \langle O_i^n \rangle_{|\psi_n\rangle\langle\psi_n|} = k. \tag{6.2.5}$$

由于

$$-1 \leqslant \langle O_i^s \rangle_{|\psi_s\rangle\langle\psi_s|} \leqslant 1 (s = 1,2,\cdots,n, i = 1,2,\cdots,k),$$

所以

$$\langle O_i^s \rangle_{|\psi_s\rangle\langle\psi_s|} = \pm 1 (s = 1,2,\cdots,n, i = 1,2,\cdots,k).$$

特别地，$\langle O_x^{s_0} \rangle_{|\psi_{s_0}\rangle\langle\psi_{s_0}|} = \pm 1 (x = 1,2,\cdots,k)$. 由此可见，$O_1^{s_0}, O_2^{s_0}, \cdots, O_k^{s_0}$ 有共同的特征态

$|\psi_{s_0}\rangle$. 又因为

$$O_1^{s_0}, O_2^{s_0}, \cdots, O_k^{s_0} \in \{I, \pm X, \pm Y, \pm Z\},$$

所以算子组$\{O_1^{s_0}, O_2^{s_0}, \cdots, O_k^{s_0}\}$必为$\{I, \pm X\}$, $\{I, \pm Y\}$, $\{I, \pm Z\}$之一. 从而,不论哪种情况,算子$O_1^{s_0}, O_2^{s_0}, \cdots, O_k^{s_0}$都是两两可换的. 这与$O_1^{s_0}, O_2^{s_0}, \cdots, O_k^{s_0}$不两两可换矛盾,故$C_A < k$. 于是,满足条件$C_A \leqslant C < \lambda_{\max}(A) = k$的$C$存在,由定理 6.1.1 知,$W_C = CI - \sum_{i=1}^{k} \widetilde{S}_i (C_A \leqslant C < k)$是一个纠缠目击,且能够探测图态$|G\rangle\langle G|$.

注 6.2.8 由推论 6.2.5 知,若$\widetilde{S}_1, \widetilde{S}_2, \cdots, \widetilde{S}_k$不是两两局域交换的,则图态$|G\rangle\langle G|$及其周围态能被形如$W_C = CI - \sum_{i=1}^{k} \widetilde{S}_i (C_A \leqslant C < k)$的纠缠目击探测. 例如,令

$$\rho'' = \frac{1}{2^n} \prod_{i=1}^{k} (I + \widetilde{S}_i).$$

容易计算

$$\mathrm{tr}(W_C \rho'') = C - k < 0.$$

因此,纠缠目击$W_C = CI - \sum_{i=1}^{k} \widetilde{S}_i$能探测$\rho'' = \frac{1}{2^n} \prod_{i=1}^{k} (I + \widetilde{S}_i)$. 进一步,可以构造更一般的态

$$\rho''' = \frac{1}{2^n} \prod_{i=1}^{k} (I + a_i \widetilde{S}_i),$$

其中,

$$-1 \leqslant a_i \leqslant 1 (i = 1, 2, \cdots, k), \sum_{i=1}^{k} a_i > C.$$

类似可证:纠缠目击$W_C = CI - \sum_{i=1}^{k} \widetilde{S}_i$能探测$\rho'''$.

注 6.2.9 在注 6.2.8 中,令

$$\widetilde{S}_i = S_i, k = n, a_i = 1 (i = 1, 2, \cdots, n),$$

得$\rho''' = |G\rangle\langle G|$,因此间接可得图态$|G\rangle\langle G|$能被$W_C = CI - \sum_{i=1}^{n} S_i$探测,其中$C_A \leqslant C < n$. 这与推论 6.2.5 的结论相吻合. 特别地,在定理 6.1.1 中,当A取为图G的n个稳定化算子的和时,还可得下面的结论.

推论 6.2.6 设$A = \sum_{i=1}^{n} S_i$且$S_1, S_2, \cdots, S_n$不是两两局域交换的,则$C_A \leqslant n - 1$且当$n - 1 \leqslant C < n$时,$W_C = CI - \sum_{i=1}^{n} S_i$是一个纠缠目击,且能够探测图态$|G\rangle\langle G|$.

证明 在推论 6.2.5 中,令

$$k = n, \widetilde{S}_1 = S_1, \widetilde{S}_2 = S_2, \cdots, \widetilde{S}_n = S_n.$$

由推论 6.2.5 知:$C_A < n$且当$C_A \leqslant C < n$时,$W_c = CI - \sum_{i=1}^{n} S_i$是一个纠缠目击,且能探测图态$|G\rangle\langle G|$. 另外,若$S_1, S_2, \cdots, S_n$不是两两局域交换的,则至少存在两个稳定化算子不是局域交换的,不妨设为S_1, S_2. 于是,由式(6.2.4)可知

$$\begin{aligned} C_A &= \max_{\rho\in P}\left|\left\langle \sum_{i=1}^{n} S_i \right\rangle_\rho\right| \\ &\leqslant \max_{\rho\in P} |\langle S_1+S_2\rangle_\rho| + \max_{\rho\in P} |\langle S_3+\cdots+S_n\rangle_\rho| \\ &\leqslant 1+(n-2) \\ &= n-1. \end{aligned}$$

因此，当 $n-1\leqslant C<n$ 时，$W_C=CI-\sum_{i=1}^{n} S_i$ 是一个纠缠目击，且能探测图态 $|G\rangle\langle G|$.

另外，在定理 6.1.1 中，当 A 取为图 G 的稳定子的全部元素之和时，可得下列结论.

推论 6.2.7　设 $A=\sum_{i=1}^{2^n}\widetilde{S}_i$，若 $\widetilde{S}_1,\widetilde{S}_2,\cdots,\widetilde{S}_{2^n}$ 不是两两局域交换的，则 $C_A\leqslant 2^{n-1}$ 且当 $2^{n-1}\leqslant C<2^n$ 时，$W_C=CI-\sum_{i=1}^{2^n}\widetilde{S}_i$ 是一个纠缠目击，且能够探测图态 $|G\rangle\langle G|$.

证明　在推论 6.2.5 中，令 $k=2^n$. 由推论 6.2.5 可知：若 $\widetilde{S}_1,\widetilde{S}_2,\cdots,\widetilde{S}_{2^n}$ 不是两两局域交换的，则 $C_A\leqslant 2^n$ 且当 $C_A\leqslant C<2^n$ 时，$W_C=CI-\sum_{i=1}^{2^n}\widetilde{S}_i$ 是一个纠缠目击，且能探测图态 $|G\rangle\langle G|$. 另外，由注 6.2.3 可得

$$C_A=\max_{\rho\in P}\left|\left\langle\sum_{i=1}^{2^n}\widetilde{S}_i\right\rangle_\rho\right|=2^n\max_{\rho\in P}|\langle|G\rangle\langle G|\rangle_\rho|=2^n\max_{|\psi\rangle\langle\psi|\in P}|\langle G|\psi\rangle|^2.$$

由文献[219]知：$\max_{|\psi\rangle\langle\psi|\in P}|\langle G|\psi\rangle|^2\leqslant\frac{1}{2}$. 所以，$C_A\leqslant 2^{n-1}$. 因此，当 $2^{n-1}\leqslant C<2^n$ 时，

$$W_C=CI-\sum_{i=1}^{2^n}\widetilde{S}_i$$

是一个纠缠目击，且能探测图态 $|G\rangle\langle G|$.

注 6.2.10　由推论 6.2.7 可知：当 $\frac{1}{2}\leqslant C<1$ 时，$W_C=CI-|G\rangle\langle G|$ 是一个纠缠目击，且能探测图态 $|G\rangle\langle G|$. 另外，由定理 6.1.2 知，在这类纠缠目击 $W_C=CI-|G\rangle\langle G|$ 中，$W_{1/2}=\frac{1}{2}I-|G\rangle\langle G|$ 是最优纠缠目击.

第7章　多星形量子网络的非局域性

量子网络被广泛应用于基于量子密钥分发的安全量子通信[143]、私有数据库查询[144]、基于盲量子计算的远程安全访问量子计算机[145]、更精确的全球计时[146]和望远镜[147]，以及量子非局域性和量子引力的基本测试[148].

一般来说，量子网络可能不只是一个纠缠源，它可能涉及许多独立的纠缠源，每个源被某些观察者所共享. 一个观测者可以接收许多来自不同源的独立物理系统的子系统. 量子网络的研究激发了量子非局域性的全新发展. 因为在这样的网络中，不仅仅只是一个纠缠源，而是许多纠缠源在不同的节点之间分发纠缠，这就导致了整个网络的强关联. 对于最简单的纠缠交换网络，Short 等人考虑了一组具有最一般的非局域关联性的黑盒的纠缠交换的模拟[156]；Branciard 等人展示了非线性不等式，允许人们在典型的纠缠交换场景中有效地捕获非双局域关联性[157]. Branciard，Rosset 等人基于双局域性假设在不同场景下导出了新的 Bell 型不等式[158]. Branciard，Brunner 等人证明了可以用有界通信模拟纠缠交换过程[159]. Gisin 等人系统地刻画了违反所谓的双局域不等式的量子态的集合[160]. Fritz 等人指出大多数关联场景不是由 Bell 场景产生的，并描述了其中一些场景中的量子非局域性的例子[161]. Tavakoli，Skrzypczyk 等人考虑了星形网络[162]. Tavakoli，Renou 等人引入了一种技术，系统地将 Bell 不等式映射成星形网络上经典相关的 Bell 型不等式族[163]. Andreoli 等人证明了星形量子网络中 $n-$局域性不等式的最大量子违背[164]. Mukherjee 等人针对 $n-$局域场景导出了一些 Bell 型不等式[165]. Rosset 等人提出了一种迭代程序用来构造适合网络的 Bell 不等式[166]. Chaves 等人提供了一种新的、一般的、概念清晰的方法，用于在很多场景下推导多项式 Bell 不等式[167]. Tavakoli 构造了任意非循环网络的 Bell 型不等式[168]，并在多体贝尔实验中探索了量子关联[169]. Saunders 等人建立了一个线性的三节点量子网络，并通过违反双局域模型满足的 Bell 型不等式来证明非双局域关联性[170]. Carvacho 等人研究了一个由三个空间分离的节点组成的量子网络，这些节点的关联性由两个不同的来源调节，在实验中通过违反公平采样假设下的 Bell 型不等式，见证了这种量子关联性[171]. 对于包括循环网络在内的一般的网络，罗明星给出了一些新的显式的 Bell 型不等式[172]，他还展示了由任意纠缠态组成的非平凡量子网络的多体非局域性和激活非局域性[173]，演示了一个量子网络的非局域博弈[174]，提出了贝叶斯网络的一般框架，以揭示不同因果结构之间的联系[175]，并证明了所有置换对称的纠缠纯态都是新的真正的多体纠缠[176]. Renou，Bumer 等人讨论了三角网络中的真正量子非局域性[177]. 虽然学者对量子网络进行了一系列的探讨，但是至今没有一个可以描述所有的量子网络非局域性的方法，因此针对量子网络非局域的研究仍需继续.

本章探讨多星形量子网络的非局域性. 考虑了双局域量子网络与星形量子网络的另一种扩展，搭建了一类新型的多星形量子网络，探讨了这种量子网络的局域性与强局域性，寻求了探测多星形量子网络局域性与强局域性的新方法与新判据，通过实例展示了建立的这些判据的有效性，并引入了多星形量子网络的可分性，探究了多星形量子网络的可分性与局域性之间的关系，以及子系统态的局域性与网络局域性之间的关系.

本章具体安排如下：在 7.1 节中，从数学角度描述了 3 级 m 星量子网络，并介绍了它的局域性、强局域性、可分性和强可分性. 在 7.2 节中，给出了多星形量子网络的相关结论，建立了(3,m)－局域性不等式与(3,m)－强局域性不等式. 在 7.3 节中，通过实例展示了(3,m)－强局域性不等式的违背.

7.1　3 级 m 星量子网络

设 X 为量子系统，H_X 为它所对应的 Hilbert 空间，$D(H_X)$ 为量子态之集，I_X 为 H_X 上的恒等算子，I_n 为 $n \times n$ 单位阵，用$[n]$ 表示集合$\{1,2,\cdots,n\}$.

下面将双局域量子网络与星形量子网络进行推广，搭建一类新型的多星形量子网络 ——3 级 m 星量子网络. 特别地，当 $m = 3$ 时，如图 7.1 所示；当 $m = 1$ 时，如图 7.2 所示.

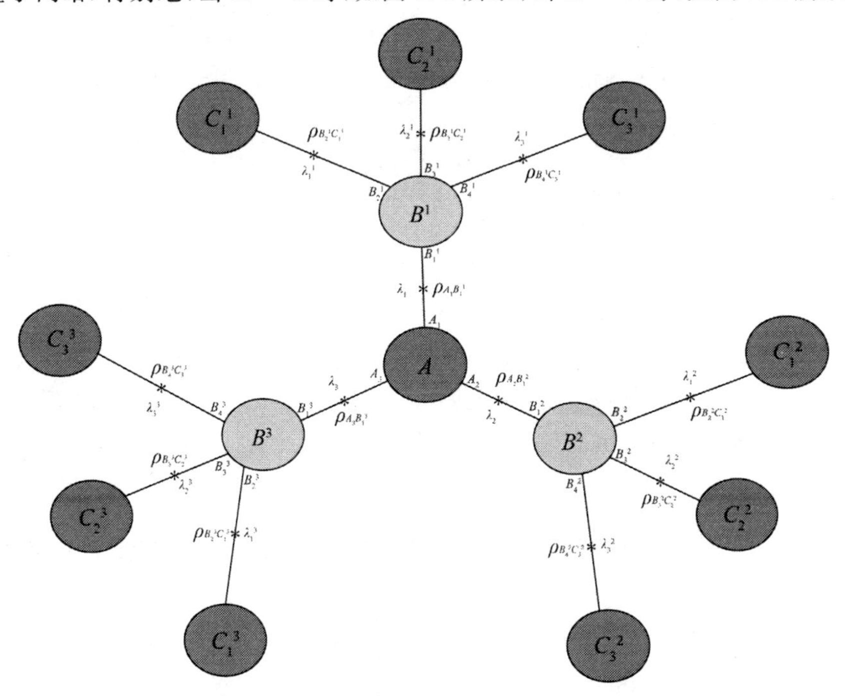

图 7.1　当 $m = 3$ 时的 3 级 m 星量子网络(3 － m － SQN)，在这个网络中 A(第一级)有三颗星 B^1，B^2，B^3 (第二级)，每个 B^j 也有三颗星 C_1^j，C_2^j，C_3^j (第三级)

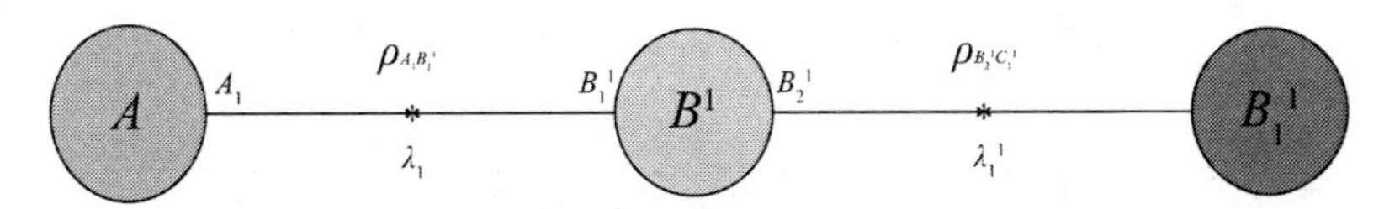

图 7.2　当 $m = 1$ 时的 3 级 m 星量子网络(3 － m － SQN)，在这个网络中 A(第一级)仅仅有一颗星 B^1 (第二级)，B^1 也只有一颗星 C_1^1 (第三级). 相当于 B^1 有两颗星 A 和 C_1^1

一般地，一个网络由 $1 + m + m^2$ 个系统 A，B^j，C_k^j $(j,k = 1,2,\cdots,m)$ 和 $m + m^2$ 个来源

$$S_1, S_2, \cdots, S_m; S_1^j, S_2^j, \cdots, S_m^j (j \in [m]), \tag{7.1.1}$$

构成,这些来源分发量子态

$$\rho_{A_1 B_1^1}, \rho_{A_2 B_1^2}, \cdots, \rho_{A_m B_1^m}; \rho_{B_2^j C_1^j}, \rho_{B_3^j C_2^j}, \cdots, \rho_{B_{m+1}^j C_m^j} (j \in [m]). \tag{7.1.2}$$

其中,$\rho_{A_j B_1^j} \in D(H_{A_j} \otimes H_{B_1^j})(j = 1,2,\cdots,m)$ 是由 A 和 B^j 共享的量子态,$\rho_{B_{k+1}^m C_k^j} \in D(H_{B_{k+1}^j} \otimes H_{C_k^j})(k = 1,2,\cdots,m)$ 是由 B^j 和 C_k^j 共享的量子态,且

$$A = A_1 A_2 \cdots A_m, B^j = B_1^j B_2^j \cdots B_{m+1}^j, C^j = C_1^j C_2^j \cdots C_m^j.$$

其中,$j = 1,2,\cdots,m$,称此网络为3级 m 星量子网络($3-m-$SQN)[220],表示为 $SQN(3,m)$,此网络对应的量子态为

$$\Gamma_{3-m} = (\otimes_{j=1}^m \rho_{A_j B_1^j}) \otimes (\otimes_{j=1}^m (\rho_{B_2^j C_1^j} \otimes \rho_{B_3^j C_2^j} \otimes \cdots \otimes \rho_{B_{m+1}^j C_m^j}). \tag{7.1.3}$$

7.2 3级 m 星量子网络的局域性与强局域性

量子非局域性是量子密钥分发、随机提取和量子通信等各种任务的宝贵资源.特别是在长距离量子网络的量子通信中,研究量子网络的非局域能力至关重要.

为了描述3级 m 星量子网络的局域性与强局域性,设

$$\begin{cases} M(x) = \{M_{a|x}\}_{a \in \Delta(A)}, \\ N^j(y_j) = \{N_{b_j|y_j}^j\}_{b_j \in \Delta(B^j)}, \\ L_k^j(z_{j,k}) = \{L_{c_{j,k}|z_{j,k}}^{j,k}\}_{c_{j,k} \in \Delta(C_k^j)} \end{cases} \tag{7.2.1}$$

分别为系统 A, B^j, C_k^j 上的半正定算子值测量(POVM),其中,

$$x \in m(A), y_j \in m(B^j), z_{j,k} \in m(C_k^j), j,k = 1,2,\cdots,m.$$

因此,对于所有的 $x, y_j, z_{j,k}$ 有

$$\sum_{a \in \Delta(A)} M_{a|x} = I_A, \sum_{b_j \in \Delta(B^j)} N_{b_j|y_j}^j = I_{B^j},$$
$$\sum_{c_{j,k} \in \Delta(C_k^j)} L_{c_{j,k}|z_{j,k}}^{j,k} = I_{C_k^j}. \tag{7.2.2}$$

可得系统 A, B^j, C_k^j 的测量组合(MA)为

$$\begin{cases} M(A) = \{M(x) \mid x \in m(A)\}, \\ N(B^j) = \{N^j(y_j) \mid y_j \in m(B^j)\}, \\ L(C_k^j) = \{L_k^j(z_{j,k}) \mid z_{j,k} \in m(C_k^j)\}. \end{cases} \tag{7.2.3}$$

于是 $3-m-$SQN 的 MA 为

$$M_{ABC} := M(A) \otimes (\otimes_{j=1}^m N(B^j)) \otimes (\otimes_{j=1}^m (L(C_1^j) \otimes L(C_2^j) \otimes \cdots \otimes L(C_m^j))). \tag{7.2.4}$$

其测量算子为

$$M_{a|x,b|y,c|z} := M_{a|x} \otimes (\otimes_{j=1}^m N_{b_j|y_j}^j) \otimes (\otimes_{y=1}^m (L_{c_{j,1}|z_{j,1}}^{j,1} \otimes L_{c_{j,2}|z_{j,2}}^{j,2} \otimes \cdots \otimes L_{c_{j,m}|z_{j,m}}^{j,m})). \tag{7.2.5}$$

作用于 Hilbert 空间

$$H_{\mathrm{MHS}} := H_A \otimes (\otimes_{j=1}^m H_{B^j}) \otimes (\otimes_{j=1}^m (H_{C_1^j} \otimes H_{C_2^j} \otimes \cdots \otimes H_{C_m^j})). \tag{7.2.6}$$

其中，

$$y = \{y_j\}_{j=1}^m, b = \{b_j\}_{j=1}^m; z = \{z_{j,k}\}_{j,k=1}^m, c = \{c_{j,k}\}_{j,k=1}^m, \tag{7.2.7}$$

$$H_A = \otimes_{j=1}^m H_{A_j}, H_{B^j} = \otimes_{k=1}^{m+1} H_{B_k^j} (j = 1,2,\cdots,m). \tag{7.2.8}$$

显然，由式(7.1.3)给出的量子态 Γ_{3-m} 为 Hilbert 空间

$$H_{SHS} := (\otimes_{j=1}^m (H_{A_j} \otimes H_{B_1^j})) \otimes (\otimes_{j=1}^m (H_{B_2^j} \otimes H_{C_1^j} \otimes \cdots \otimes H_{B_{m+1}^j} \otimes H_{C_m^j})) \tag{7.2.9}$$

上的量子态.

一般来说，$H_{MHS} \neq H_{SHS}$，所以 $M_{a|x,b|y,c|z}$ 不能作用于 Γ_{3-m}，因此在进行测量之前，必须通过执行一系列交换操作，将态 Γ_{3-m} 更改为空间 H_{MHS} 上的态 $\widetilde{\Gamma}_{3-m}$，可以按照以下方法进行. 首先，定义一个从 H_{SHS} 到 H_{MHS} 的酉算子 U. 对于 H_{SHS} 上的每个态，即

$$|\Psi\rangle = (\otimes_{j=1}^m (|\psi_{A_j}\rangle \otimes |\psi_{B_1^j}\rangle)) \otimes (\otimes_{j=1}^m (|\psi_{B_2^j}\rangle \otimes |\psi_{C_1^j}\rangle \otimes \cdots \otimes |\psi_{B_{m+1}^j}\rangle \otimes |\psi_{C_m^j}\rangle)).$$

定义 U 为

$$U|\Psi\rangle = (\otimes_{j=1}^m |\psi_{A_j}\rangle) \otimes (\otimes_{j=1}^m (|\psi_{B_1^j}\rangle \otimes |\psi_{B_2^j}\rangle \otimes \cdots \otimes |\psi_{B_{m+1}^j}\rangle)) \otimes (\otimes_{j=1}^m (|\psi_{C_1^j}\rangle \otimes \cdots \otimes |\psi_{C_m^j}\rangle)).$$

令

$$\widetilde{\Gamma}_{3-m} = U \widetilde{\Gamma}_{3-m} U^\dagger, \tag{7.2.10}$$

此时量子态 $\widetilde{\Gamma}_{3-m}$ 为 Hilbert 空间 H_{MHS} 上的量子态，因此 $M_{a|x,b|y,c|z}$ 能很好的作用于 $\widetilde{\Gamma}_{3-m}$ 进一步有

$$\mathrm{tr}[M_{a|x,b|y,c|z} \widetilde{\Gamma}_{3-m}] = \mathrm{tr}[\widetilde{M}_{a|x,b|y,c|z} \Gamma_{3-m}]. \tag{7.2.11}$$

其中，

$$\widetilde{M}_{a|x,b|y,c|z} = U^\dagger M_{a|x,b|y,c|z} U$$

为 Hilbert 空间 H_{SHS} 上的算子.

一般地，有 $\widetilde{\Gamma}_{3-m} \neq \Gamma_{3-m}$，和 $\mathrm{tr}[M_{a|x,b|y,c|z} \widetilde{\Gamma}_{3-m}] \neq \mathrm{tr}[M_{a|x,b|y,c|z} \Gamma_{3-m}]$. 例如，所有的空间都取为 $\mathbf{C}^2$ 且 $m = 2$，量子态取为

$$\rho_{A_1 B_1^1} = |01\rangle_{A_1 B_1^1} \langle 01|, \rho_{A_2 B_1^2} = |01\rangle_{A_2 B_1^2} \langle 01|,$$
$$\rho_{B_2^1 C_1^1} = |10\rangle_{B_2^1 C_1^1} \langle 10|, \rho_{B_3^1 C_2^1} = |10\rangle_{B_3^1 C_2^1} \langle 10|,$$
$$\rho_{B_2^2 C_1^2} = |10\rangle_{B_2^2 C_1^2} \langle 10|, \rho_{B_3^2 C_2^2} = |10\rangle_{B_3^2 C_2^2} \langle 10|.$$

网络对应的量子态为

$$\begin{aligned}\Gamma_{3-2} &= |01\rangle_{A_1 B_1^1} \langle 01| \otimes |01\rangle_{A_2 B_1^2} \langle 01| \\ &\otimes |10\rangle_{B_2^1 C_1^1} \langle 10| \otimes |10\rangle_{B_3^1 C_2^1} \langle 10| \\ &\otimes |10\rangle_{B_2^2 C_1^2} \langle 10| \otimes |10\rangle_{B_3^2 C_2^2} \langle 10| \\ &= |\psi\rangle\langle\psi|.\end{aligned}$$

其中，

$$|\psi\rangle = |01\rangle_{A_1 B_1^1} |01\rangle_{A_2 B_1^2} |10\rangle_{B_2^1 C_1^1} |10\rangle_{B_3^1 C_2^1} |10\rangle_{B_2^2 C_1^2} |10\rangle_{B_3^2 C_2^2}.$$

从而

$$\mathrm{tr}_{A_1A_2C_1^1C_2^1C_1^2C_2^2}\Gamma_{3-2} = |1\rangle_{B_1^1}\langle 1|\otimes|1\rangle_{B_1^2}\langle 1| \otimes|1\rangle_{B_2^1}\langle 1|\otimes|1\rangle_{B_3^1}\langle 1| \otimes|1\rangle_{B_2^2}\langle 1|\otimes|1\rangle_{B_3^2}\langle 1| = |111\rangle_{B_1^1B_1^2B_2^1}\langle 111|\otimes|111\rangle_{B_3^1B_2^2B_3^2}\langle 111|.$$

因为

$$U|\psi\rangle = |00\rangle_{A_1A_2}|111\rangle_{B_1^1B_2^1B_3^1}|111\rangle_{B_1^2B_2^2B_3^2}|0\rangle_{C_1^1}|0\rangle_{C_2^1}|0\rangle_{C_1^2}|0\rangle_{C_2^2},$$

可得

$$\widetilde{\Gamma}_{3-2} = U|\psi\rangle\langle\psi|U^\dagger = |00\rangle_{A_0A_2}\langle 00|\otimes|111\rangle_{B_1^1B_2^1B_3^1}\langle 111|\otimes|111\rangle_{B_1^2B_2^2B_3^2}\langle 111| \otimes|0\rangle_{C_1^1}\langle 0|\otimes|0\rangle_{C_2^1}\langle 0|\otimes|0\rangle_{C_1^2}\langle 0|\otimes|0\rangle_{C_2^2}\langle 0|.$$

显然,$\widetilde{\Gamma}_{3-2}\neq\Gamma_{3-2}$.还可以得到

$$(\widetilde{\Gamma}_{3-2})_{B^1B^2} = \mathrm{tr}_{A_1A_2C_1^1C_2^1C_1^2C_2^2}(\widetilde{\Gamma}_{3-2}) = |111\rangle_{B_1^1B_2^1B_3^1}\langle 111|\otimes|111\rangle_{B_1^2B_2^2B_3^2}\langle 111|.$$

进一步地,如果考虑 POVM:

$$H_A \text{ 上}\{M_1,M_2\}:M_1 = |00\rangle\langle 00|,M_2 = I_4 - M_1;$$

$$H_{B^j} \text{ 上}\{N_1^j,N_2^j\}:N_1^j = |111\rangle\langle 111|,N_2^j = I_8 - N_1^j(j=1,2);$$

$$H_{C_k^j} \text{ 上}\{L_1^{j,k},L_2^{j,k}\}:L_1^{j,k} = |0\rangle\langle 0|,L_2^{j,k} = I_2 - L_1^{j,k}(j,k=1,2);$$

计算可得

$$\mathrm{tr}[(M_1\otimes N_1^1\otimes N_1^2\otimes L_1^{1,1}\otimes L_1^{1,2}\otimes L_1^{2,1}\otimes L_1^{2,2})\widetilde{\Gamma}_{3-2}] = 1.$$

而

$$\mathrm{tr}[(M_1\otimes N_1^1\otimes N_1^2\otimes L_1^{1,1}\otimes L_1^{1,2}\otimes L_1^{2,1}\otimes L_1^{2,2})\Gamma_{3-2}] = 0.$$

这就是为什么在测量 SQN$(3,m)$ 时要使用变换后的量子态 $\widetilde{\Gamma}_{3-m}$,而不是使用原来的量子态 Γ_{3-m}.

假设来源(7.1.1)由隐变量

$$\lambda_j\in D_j;\lambda_k^j\in F_k(j)(j,k=1,2,\cdots,m) \tag{7.2.12}$$

所刻画,将其表示为 $\lambda,\mu_1,\mu_2,\cdots,\mu_m$,其中

$$\lambda = (\lambda_1,\lambda_2,\cdots,\lambda_m)\in D,\mu_j = (\lambda_1^j,\lambda_2^j,\cdots,\lambda_m^j)\in F_j,\forall j\in[m],$$

$$D = D_1\times D_2\times\cdots\times D_m,F_j = F_1(j)\times F_2(j)\times\cdots\times F_m(j).$$

定义 7.2.1[220] 如果存在隐变量(7.2.12)的概率分布(PD):

$$p = \{p(\lambda,\mu_1,\cdots,\mu_m)\}_{\lambda\in D,\mu_1\in F_1,\cdots,\mu_m\in F_m}$$

使得对于所有的 x,a,y,b,c,z 都有

$$\mathrm{tr}[M_{a|x,b|y,c|z}\widetilde{\Gamma}_{3-m}] = \sum_{\lambda\in D,\mu_1\in F_1,\cdots,\mu_m\in F_m}p(\lambda,\mu_1,\cdots,\mu_m)\times P_A(a|x,\lambda) \times\prod_{j=1}^m P_{B^j}(b_j|y_j,\lambda_j,\mu_j)\times\prod_{j,k=1}^m P_{C_k^j}(c_{j,k}|z_{j,k},\lambda_k^j). \tag{7.2.13}$$

其中，$\{P_A(a \mid x,\lambda)\}$，$\{P_{B^j}(b_j \mid y_j,\lambda_j,\mu_j)\}$，$\{P_{C_k^j}(c_{j,k} \mid z_{j,k},\lambda_k^j)\}$ 分别是 $a,b_j,z_{j,k}$ 的概率分布，那么称量子态为(7.1.3)的 3 级 m 星量子网络 SQN$(3,m)$ 对给定的 MAM_{ABC}(7.2.4)是局域的. 否则，称 SQN$(3,m)$ 对于 M_{ABC} 是非局域的. 如果 SQN$(3,m)$ 对于任何 M_{ABC} 都是局域的，那么称 SQN$(3,m)$ 是局域的. 如果 SQN$(3,m)$ 不是局域的，那么称 SQN$(3,m)$ 是非局域的.

特别地，当隐变量相互独立时，可以引入强局域的概念.

定义 7.2.2[220]　如果存在隐变量(7.2.12)的概率分布(PD)：

$$p = \{p(\lambda,\mu_1,\cdots,\mu_m)\}_{\lambda\in D,\mu_1\in F_1,\cdots,\mu_m\in F_m},$$

$$p(\lambda,\mu_1,\cdots,\mu_m) = \prod_{j=1}^{m} p_j(\lambda_j) \times \prod_{j,k=1}^{m} p_{j,k}(\lambda_k^j)(\forall \lambda \in D,\mu_j \in F_j), \tag{7.2.14}$$

使得对于所有的 x,a,y,b,c,z 都有

$$\begin{aligned}&\operatorname{tr}[M_{a|x,b|y,c|z}\widetilde{\Gamma}_{3-m}]\\ &= \sum_{\lambda\in D,\mu_1\in F_1,\cdots,\mu_m\in F_m} p(\lambda,\mu_1,\cdots,\mu_m)\times P_A(a \mid x,\lambda)\\ &\quad\times \prod_{j=1}^{m} P_{B^j}(b_j \mid y_j,\lambda_j,\mu_j)\times \prod_{j,k=1}^{m} P_{C_k^j}(c_{j,k} \mid z_{j,k},\lambda_k^j).\end{aligned}$$

其中，$\{P_A(a \mid x,\lambda)\}$，$\{P_{B^j}(b_j \mid y_j,\lambda_j,\mu_j)\}$，$\{P_{C_k^j}(c_{j,k} \mid z_{j,k},\lambda_k^j)\}$ 分别是 $a,b_j,c_{j,k}$ 的概率分布，那么称量子态为(7.1.3)的 3 级 m 星量子网络 SQN$(3,m)$ 对给定的 MAM_{ABC}(7.2.4)是强局域的. 否则，称 SQN$(3,m)$ 对于 M_{ABC} 是非强局域的. 如果 SQN$(3,m)$ 对于任何 M_{ABC} 都是强局域的，那么称 SQN$(3,m)$ 是强局域的. 如果 SQN$(3,m)$ 不是强局域的，那么称 SQN$(3,m)$ 是非强局域的.

从定义容易看出的局域性与强局域性之间的关系：若 SQN$(3,m)$ 是强局域的，则 SQN$(3,m)$ 一定是局域的. SQN$(3,m)$ 的局域性与强局域性的物理区别如下：强局域性意味着隐变量(7.2.12)是相互独立的，即所有源都是相互独立且不相关的，而局域性意味着隐变量(7.2.12)中的某些变量可能是相互依赖的.

定义 7.2.3[220]　当所有的量子态 $\rho_{A_jB_1^j}$，$\rho_{B_{k+1}^jC_k^j}(j,k=1,2,\cdots,m)$ 都可分时，即

$$\rho_{A_jB_1^j} = \sum_{\lambda_j=1}^{d_j} q_{\lambda_j}\rho_{A_j}^{\lambda_j}\otimes\rho_{B_1^j}^{\lambda_j},\quad \rho_{B_{k+1}^jC_k^j} = \sum_{\lambda_k^j=1}^{d_k^j} r_{\lambda_k^j}\rho_{B_{k+1}^j}^{\lambda_k^j}\otimes\rho_{C_k^j}^{\lambda_k^j} \tag{7.2.15}$$

称 SQN$(3,m)$ 是可分的；否则，称 SQN$(3,m)$ 是纠缠的.

将两体局域性[124] 概念进行推广，给出多体量子态 Bell 局域性的概念.

定义 7.2.4[220]　设量子系统为

$$ABC := AB^1B^2\cdots B^mC_1^1C_2^1\cdots C_m^1C_1^2C_2^2\cdots C_m^2\cdots C_1^mC_2^m\cdots C_m^m. \tag{7.2.16}$$

其态空间为 H_{MHS}(7.2.6). 如果存在概率分布 $\pi = \{\pi(\theta)\}_{\theta=1}^{d}$，使得对于所有的 x,a,y,b,c,z 都有

$$\begin{aligned}\operatorname{tr}[M_{a|x,b|y,c|z}\rho] &= \sum_{\theta=1}^{d}\pi(\theta)Q_A(a \mid x,\theta)\prod_{j=1}^{m}Q_{B^j}(b_j \mid y_j,\theta)\\ &\quad\times\prod_{j,k=1}^{m}Q_{C_k^j}(c_{j,k} \mid z_{j,k},\theta).\end{aligned}$$

其中，$\{Q_A(a\mid x,\theta)\}$，$\{Q_{B^j}(b_j\mid y_j,\theta)\}$，$\{Q_{C_k^j}(c_{j,k}\mid z_{j,k},\theta)\}$ 分别是 $a,b_j,c_{j,k}$ 的概率分布．那么，称系统 ABC 上的量子态 ρ 对于 MAM_{ABC} 是 Bell 局域的．

下面的定理表明量子网络 SQN(3,m) 的局域性(或非局域性)与量子态 $\widetilde{\Gamma}_{3-m}$ 的 Bell 局域性(或 Bell 非局域性)是等价的．

定理 7.2.1 量子态为 Γ_{3-m} 的 3 级 m 星量子网络 SQN(3,M) 对于 MAM_{ABC} 是局域的当且仅当 $\widetilde{\Gamma}_{3-m}$ 对于 MAM_{ABC} 是 Bell 局域的．

证明 (1) 充分性．假设 $\widetilde{\Gamma}_{3-m}$ 对于 MAM_{ABC} 是 Bell 局域的，则由定义 7.2.4 知：存在一个概率分布 $\pi=\{\pi(\theta)\}_{\theta=1}^{d}$，使得对于所有的 x,z,y,b,c,z 都有

$$\begin{aligned}&\mathrm{tr}[M_{a|x,b|y,c|z}\widetilde{\Gamma}_{3-m}]\\&=\sum_{\theta=1}^{d}\pi(\theta)Q_A(a\mid x,\theta)\prod_{j=1}^{m}Q_{B^j}(b_j\mid y_j,\theta)\times\prod_{j,k=1}^{m}Q_{C_k^j}(c_{j,k}\mid z_{j,k},\theta).\end{aligned}$$

其中，$\{Q_A(a\mid x,\theta)\}$，$\{Q_{B^j}(b_j\mid y_j,\theta)\}$，$\{Q_{C_k^j}(c_{j,k}\mid z_{j,k},\theta)\}$ 分别是 $a,b_j,c_{j,k}$ 的概率分布．为了获得形式为(7.2.13)的 SQN(3,m) 的 LHVM，将上式改写为

$$\begin{aligned}&\mathrm{tr}[M_{a|x,b|y,c|z}\widetilde{\Gamma}_{3-m}]\\&=\sum_{\theta,\theta_1,\cdots,\theta_m=1}^{d}\delta_{\theta,\theta_1}\cdots\delta_{\theta,\theta_m}\pi(\theta)Q_A(a\mid x,\theta)\\&\quad\times\prod_{j=1}^{m}Q_{B^j}(b_j\mid y_j,\theta_j)\times\prod_{j,k=1}^{m}Q_{C_k^j}(c_{j,k}\mid z_{j,k},\theta_j).\end{aligned}$$

令

$$\Delta_m=\{(\theta,\theta,\cdots,\theta)\in[d]^m:\theta\in[d]\},$$

$$\lambda=(\theta,\theta,\cdots,\theta),\mu_j=(\theta_j,\theta_j,\cdots,\theta_j),\lambda_k^j=\theta_j(j,k=1,2,\cdots,m),$$

$$p(\lambda,\mu_1,\mu_2,\cdots,\mu_m)=\delta_{\theta,\theta_1}\cdots\delta_{\theta,\theta_m}\pi(\theta),P_A(a\mid x,\lambda)=Q_A(a\mid x,\theta),$$

$$P_{B^j}(b_j\mid y_j,\lambda_j,\mu_j)=Q_{B^j}(b_j\mid y_j,\theta_j),P_{C_k^j}(c_{j,k}\mid z_{j,k},\lambda_k^j)=Q_{C_k^j}(c_{j,k}\mid z_{j,k},\theta_j).$$

于是，对于所有的 x,a,y,b,c,z 有

$$\begin{aligned}&\mathrm{tr}[M_{a|x,b|y,c|z}\widetilde{\Gamma}_{3-m}]\\&=\sum_{\lambda,\mu_1,\cdots,\mu_m\in\Delta_m}p(\lambda,\mu_1,\cdots,\mu_m)P_A(a\mid x,\lambda)\\&\quad\times\prod_{j=1}^{m}P_{B^j}(b_j\mid y_j,\lambda_j,\mu_j)\times\prod_{j,k=1}^{m}P_{C_k^j}(c_{j,k}\mid z_{j,k},\lambda_k^j).\end{aligned}$$

因此，量子态为 Γ_{3-m} 的 3 级 m 星量子网络 SQN(3,m) 对于 MAM_{ABC} 是局域的．

(2) 必要性．假设量子态为 Γ_{3-m} 的 3 级 m 星量子网络 SQN(3,m) 对于 MAM_{ABC} 是局域的，则存在一个概率分布

$$p=\{p(\lambda,\mu_1,\cdots,\mu_m)\}_{\lambda\in D,\mu_1\in F_1,\cdots,\mu_m\in F_m}$$

使得对于所有的 x,a,y,b,c,z 都有式(7.2.13)成立．令 $N=|D|\times|F_1|\times\cdots\times|F_m|$，其中 $|E|$ 表示有限集 E 元素的个数，并选取一个双射 $\alpha:[N]\to D\times F_1\times\cdots\times F_m$．对于每一个 $\theta\in[N]$，令 $\alpha(\theta)=(\lambda,\mu_1,\cdots,\mu_m)$ 和

$\pi(\theta) = p(\lambda, \mu_1, \cdots, \mu_m), Q_A(x \mid a, \theta) = P_A(x \mid x, \lambda),$

$Q_{B^j}(b_j \mid y_j, \theta) = P_{B^j}(b_j \mid y_j, \lambda_j, \mu_j), Q_{C_k^j}(c_{j,k} \mid z_{j,k}, \theta) = P_{C_k^j}(c_{j,k} \mid z_{j,k}, \lambda_k^j).$

于是，对于所有的 x, a, y, b, c, z 有

$$\begin{aligned}&\mathrm{tr}[M_{a|x,b|y,c|z}\widetilde{\Gamma}_{3-m}]\\&= \sum_{\theta=1}^{d}\pi(\theta)Q_A(a \mid x, \theta)\prod_{j=1}^{m}Q_{B^j}(b_j \mid y_j, \theta) \times \prod_{j,k=1}^{m}Q_{C_k^j}(c_{j,k} \mid z_{j,k}, \theta).\end{aligned}$$

由定义 7.2.4 知：$\widetilde{\Gamma}_{3-m}$ 对于 MAM_{ABC} 是 Bell 局域的.

为了描述量子网络的局域性与相应的量子态的局域性之间的关系，需要下面的引理.

引理 7.2.1　量子态 $\widetilde{\Gamma}_{3-m}$ 关于子系统 $A, A_jB_1^j, B_{k+1}^jC_k^j$ 的约化态有以下结论：

$$(\widetilde{\Gamma}_{3-m})_A = \mathrm{tr}_{B_1^1B_1^2\cdots B_1^m}(\bigotimes_{j=1}^{m}\rho_{A_jB_1^j}),$$

$$(\widetilde{\Gamma}_{3-m})_{A_jB_1^j} = \rho_{A_jB_1^j}, (\widetilde{\Gamma}_{3-m})_{B_{k+1}^jC_k^j} = \rho_{B_{k+1}^jC_k^j}.$$

其中，$j, k \in [m]$.

定理 7.2.2　若量子态为 Γ_{3-m} 的 3 级 m 星量子网络 SQN$(3,m)$ 是局域的，则对于所有的 $s, t \in [m]$，$\rho_{B_{t+1}^sC_t^s}$ 和 $\rho_{A_sB_1^s}$ 都是 Bell 局域的. 进一步地，约化态 $(\widetilde{\Gamma}_{3-m})_{B^1B^2\cdots B^m}$ 也是 Bell 局域的.

证明　设 $s, t \in [m]$ 和 $N(B_{t+1}^s) \otimes L(C_t^s)$ 是系统 $B_{t+1}^sC_t^s$ 上的一个任意的测量组合，其中，

$$N(B_{t+1}^s) = \{\{N^s_{b_{t+1}^s|y_{t+1}^s}\}_{b_{t+1}^s \in \Delta(B_{t+1}^s)} : y_{t+1}^s \in m(B_{t+1}^s)\},$$

$$L(C_t^s) = \{\{L^{s,t}_{c_{s,t}|z_{s,t}}\}_{c_{s,t} \in \Delta(C_t^s)} : z_{s,t} \in m(C_t^s)\}.$$

选取一个 MAM_{ABC}，其测量算子为

$$M_{a|x,b|y,c|z} := M_{a|x} \otimes (\bigotimes_{j=1}^{m}N^j_{b_j|y_j}) \otimes (\bigotimes_{j=1}^{m}(L^{j,1}_{c_{j,1}|z_{j,1}} \otimes L^{j,2}_{c_{j,2}|z_{j,2}} \otimes \cdots \otimes L^{j,m}_{c_{j,m}|z_{j,m}})).$$

其中，$N^s_{b_s|y_s} = \bigotimes_{k=1}^{m+1}N^s_{b_k^s|y_k^s}$ 且 $N^s_{b_k^s|y_k^s} = I_{B_k^s}(k \neq t+1)$，$y_s = (y_1^s, y_2^s, \cdots, y_{m+1}^s) \in m(B^s)$ 且 $y_k^s = 1(k \neq t+1)$，$y_{t+1}^s \in m(B_{t+1}^s)$；$b_s = (b_1^s, b_2^s, \cdots, b_{m+1}^s) \in \Delta(B^s)$ 且 $b_k^s = 1(k \neq t+1)$，$b_{t+1}^s \in \Delta(B_{t+1}^s)$.

若量子态为 Γ_{3-m} 的 3 级 m 星量子网络 SQN$(3,m)$ 是局域的，则存在一个概率分布

$$p = \{p(\lambda, \mu_1, \cdots, \mu_m)\}_{\lambda \in D, \mu_1 \in F_1, \cdots, \mu_m \in F_m}$$

使得对于所有的 x, a, y, b, c, z 有

$$\begin{aligned}&\mathrm{tr}[M_{a|x,b|y,c|z}\widetilde{\Gamma}_{3-m}]\\&= \sum_{\lambda \in D, \mu_1 \in F_1, \cdots, \mu_m \in F_m}p(\lambda, \mu_1, \cdots, \mu_m)P_A(a \mid x, \lambda)\\&\quad \times \prod_{j=1}^{m}P_{B^j}(b_j \mid y_j, \lambda_j, \mu_j)\prod_{j,k=1}^{m}P_{C_k^j}(c_{j,k} \mid z_{j,k}, \lambda_k^j).\end{aligned} \tag{7.2.17}$$

其中，$\{P_A(a \mid x, \lambda)\}$，$\{P_{B^j}(b_j \mid y_j, \lambda_j, \mu_j)\}$，$\{P_{C_k^j}(c_{j,k} \mid z_{j,k}, \lambda_k^j)\}$ 分别是 $a, b_j, c_{j,k}$ 的概率分布.

在式(7.2.17)两边对 $a \in \Delta(A)$，$b_j \in \Delta(B^j)$，$c_{j,k} \in \Delta(C_k^j)((j,k) \neq (s,t))$ 求和，然后结合引理 7.2.1 可得

$$\begin{aligned}&\mathrm{tr}[(N^s_{b_{t+1}^s|y_{t+1}^s} \otimes L^{s,t}_{c_{s,t}|z_{s,t}})\rho_{B_{t+1}^sC_t^s}]\\&= \sum_{\lambda \in D, \mu_1 \in F_1, \cdots \mu_m \in F_m}p(\lambda, \mu_1, \cdots, \mu_m)P_{B^s}(b_s \mid y_s, \lambda_s, \mu_s)P_{C_t^s}(c_{s,t} \mid z_{s,t}, \lambda_t^s).\end{aligned}$$

其中，$y_{t+1}^s \in m(B_{t+1}^s)$，$b_{t+1}^s \in \Delta(B_{t+1}^s)$，$z_{s,t} \in m(C_t^s)$，$c_{s,t} \in \Delta(C_t^s)$. 令

$$\theta = (\lambda_s, \mu_s), q(\theta) = \sum_{\lambda_j \in D_j (j \neq s)} \sum_{\mu_j \in F_j (j \neq s)} p(\lambda, \mu_1, \cdots, \mu_m),$$

$$Q_{B^s}(b_{t+1}^s \mid y_{t+1}^s, \theta) = P_{B^s}(b_s \mid y_s, \lambda_s, \mu_s), Q_{C_t^s}(c_{s,t} \mid z_{s,t}, \theta) = P_{C_t^s}(c_{s,t} \mid z_{s,t}, \lambda_t^s).$$

则

$$\{q(\theta)\}_{\theta \in D_s \times F_s}, \{Q_{B^s}(b_{t+1}^s \mid y_{t+1}^s, \theta)\}_{b_{t+1}^s \in \Delta(B_{t+1}^s)}, \{Q_{C_t^s}(c_{s,t} \mid z_{s,t}, \theta)\}_{c_{s,t} \in \Delta(C_t^s)}$$

都是概率分布，且对于所有的 $y_{t+1}^s \in m(B_{t+1}^s)$，$b_{t+1}^s \in \Delta(B_{t+1}^s)$，$z_{s,t} \in m(C_t^s)$，$c_{s,t} \in \Delta(C_t^s)$ 满足

$$\mathrm{tr}[(N_{b_{t+1}^s \mid y_{t+1}^s}^s \otimes L_{c_{s,t} \mid z_{s,t}}^{s,t}) \rho_{B_{t+1}^s C_t^s}] = \sum_{\theta \in D_s \times F_s} q(\theta) Q_{B^s}(b_{t+1}^s \mid y_{t+1}^s, \theta) Q_{C_t^s}(c_{s,t} \mid z_{s,t}, \theta).$$

由两体态的局域性定义[124] 可知：量子态 $\rho_{B_{t+1}^s C_t^s}$ 是 Bell 局域的. 类似地，可以证明 $\rho_{A_s B_1^s}$ 也是 Bell 局域的.

进一步地，在式(7.2.13) 两边对 $a \in \Delta(A)$，$c_{j,k} \in \Delta(C_k^j)(j, k \in [m])$ 求和，可得

$$\mathrm{tr}[(\bigotimes_{j=1}^m N_{b_j \mid y_j}^j)(\widetilde{\Gamma}_{3-m})_{B^1 B^2 \cdots B^m}]$$

$$= \sum_{\lambda \in D, \mu_1 \in F_1, \cdots \mu_m \in F_m} p(\lambda, \mu_1, \cdots, \mu_m) \prod_{j=1}^m P_{B^j}(b_j \mid y_j, \lambda_j, \mu_j).$$

令

$$\theta = (\lambda, \mu_1, \cdots, \mu_m), \pi(\theta) = p(\lambda, \mu_1, \cdots, \mu_m),$$

$$F = F_1 \times F_2 \times \cdots \times F_m, Q_{B^j}(b_j \mid y_j, \theta) = Q_{B^j}(b_j \mid y_j, \lambda_j, \mu_j),$$

可得

$$\mathrm{tr}[(\bigotimes_{j=1}^m N_{b_j \mid y_j}^j)(\widetilde{\Gamma}_{3-m})_{B^1 B^2 \cdots B^m}] = \sum_{\theta \in D \times F} \pi(\theta) \prod_{j=1}^m Q_{B^j}(b_j \mid y_j, \theta).$$

这说明量子态$(\widetilde{\Gamma}_{3-m})_{B^1 B^2 \cdots B^m}$ 是 Bell 局域的.

由定理 7.2.2 可知：若存在 $\rho_{B_{k+1}^j C_k^j}$ 或 $\rho_{A_j B_1^j}$ 是 Bell 非局域的，则 SQN(3, m) 是非局域的. 因此，当 $\rho_{B_{k+1}^j C_k^j}$ 或 $\rho_{A_j B_1^j}$ 中任何一个态违背通常的 Bell 不等式，则是 SQN(3, m) 非局域的.

如果存在 $\rho_{A_j B_1^j}$ 或者 $\rho_{B_{k+1}^j C_k^j}$ 是纠缠纯态时，则它们一定是 Bell 非局域的[221]. 由定理7.2.2 知：SQN(3, m) 非局域的. 当所有的 $\rho_{A_j B_1^j}$ 和 $\rho_{B_{k+1}^j C_k^j}$ 都是纯态时，由定理 7.2.2 与下面的定理 7.2.3 可得：SQN(3, m) 是局域的当且仅当它是可分的；等价地说，SQN(3, m) 是非局域的当且仅当它是纠缠的. 另外，容易得出：可分的 SQN(3, m) 一定是局域的，等价地，非局域的 SQN(3, m) 一定是纠缠的.

定理 7.2.3 每一个可分的 SQN(3, m) 都是强局域的，因而是局域的.

证明 假设 SQN(3, m) 是可分的且量子态 $\rho_{A_j B_1^j}$，$\rho_{B_{k+1}^j C_k^j}$ $(j, k = 1, 2, \cdots, m)$ 由式(7.2.15) 给出，计算可得 $\widetilde{\Gamma}_{3-m}$ 为

$$\sum_{\lambda_j=1}^{d_j} \sum_{\lambda_k^j=1}^{d_k^j} \Pi_{j=1}^m \Pi_{j,k=1}^m q_{\lambda_j} r_{\lambda_k^j} (\otimes_{j=1}^m \rho_{A_j}^{\lambda_j}) \otimes (\otimes_{j=1}^m (\rho_{B_1^j}^{\lambda_j} \otimes (\otimes_{k=1}^m \rho_{B_{k+1}^j}^{\lambda_k^j}))) \otimes (\otimes_{j=1}^m \otimes_{k=1}^m \rho_{C_k^j}^{\lambda_k^j}).$$

它是 $1 + m + m^2$ 体系统(7.2.16) 上的完全可分的态，因此，对于任何 M_{ABC}，有

$$\mathrm{tr}[M_{a|x,b|y,c|z}\tilde{\Gamma}_{3-m}] = \sum_{\lambda\in D,\mu_1\in F_1,\cdots,\mu_m\in F_m} p(\lambda,\mu_1,\cdots,\mu_m)P_A(a\mid x,\lambda)$$
$$\times\prod_{j=1}^{m}P_{B^j}(b_j\mid y_j,\lambda_j,\mu_j)\times\prod_{j,k=1}^{m}P_{C_k^j}(c_{j,k}\mid z_{j,k},\lambda_k^j).$$

其中，$p(\lambda,\mu_1,\cdots,\mu_m)=\Pi_{j=1}^{m}\Pi_{j,k=1}^{m}q_{\lambda_j}r_{\lambda_k^j}$，且

$$\lambda=(\lambda_1,\lambda_2,\cdots,\lambda_m)\in D,\mu_j=(\lambda_1^j,\lambda_2^j,\cdots,\lambda_m^j)\in F_j(j=1,2,\cdots,m),$$
$$D=\Pi_{j=1}^{m}[d_j],F_j=\Pi_{k=1}^{m}[d_k^j],P_A(a\mid x,\lambda)=\mathrm{tr}[M_{a|x}(\otimes_{j=1}^{m}\rho_{A_j}^{\lambda_j})],$$
$$P_{B^j}(b_j\mid y_j,\lambda_j,\mu_j)=\mathrm{tr}[N_{b_j|y_j}^{j}(\rho_{B_1^j}^{\lambda_j}\otimes(\otimes_{k=1}^{m}\rho_{B_{k+1}^j}^{\lambda_k^j}))],$$
$$P_{C_k^j}(c_{j,k}\mid z_{j,k},\lambda_k^j)=\mathrm{tr}[L_{c_{j,k}|z_{j,k}}^{j,k}\rho_{C_k^j}^{\lambda_k^j}].$$

因为概率分布 p 满足式(7.2.14)，所以 SQN$(3,m)$ 是强局域的.

7.3　局域性与强局域性的判据

当 M_{ABC}(7.2.4)满足

$$|m(A)|=|m(B^j)|=|m(C_k^j)|=2,\ |\Delta(A)|=|\Delta(B^j)|=|\Delta(C_k^j)|=2$$

时，称它为(2,2)型 MA.

设 $X_{i_1},Y_{i_{2j}}^{j},Z_{z_{j,k}}^{j,k}(i_1,i_{2j},z_{j,k}\in\{0,1\},j,k=1,2,3,\cdots,m)$ 分别为 $H_A,H_{B^j},H_{C_k^j}$ 上的$\{+1,-1\}$值的可观测量，令

$$Y_{i_{21}i_{22}\cdots i_{2m}}=Y_{i_{21}}^{1}\otimes\cdots\otimes Y_{i_{2m}}^{m},Z_{z_{j,1}z_{j,2}\cdots z_{j,m}}=\otimes_{k=1}^{m}Z_{z_{j,k}}^{j,k},$$

且定义

$$\begin{aligned}&I_{i_1,i_{21},\cdots,i_{2m}}\\&=\frac{1}{2^{m^2}}\sum_{z_{j,k}=0,1}\langle X_{i_1}\otimes Y_{i_{21}\cdots i_{2m}}\otimes(\otimes_{j=1}^{m}Z_{z_{j,1}\cdots z_{j,m}})\rangle_{\tilde{\Gamma}_{3-m}}\\&=\frac{1}{2^{m^2}}\sum_{z_{j,k}=0,1}\langle U^{\dagger}(X_{i_1}\otimes Y_{i_{21}\cdots i_{2m}}\otimes(\otimes_{j=1}^{m}Z_{z_{j,1}\cdots z_{j,m}}))U\rangle_{\Gamma_{3-m}}.\end{aligned}\tag{7.3.1}$$

$$\begin{aligned}&J_{j_1,j_{21},\cdots,j_{2m}}\\&=\frac{1}{2^{m^2}}\sum_{z_{j,k}=0,1}(-1)^{\sum_{j,k}z_{j,k}}\langle X_{j_1}\otimes Y_{j_{21}\cdots j_{2m}}\otimes(\otimes_{j=1}^{m}Z_{z_{j,1}\cdots z_{j,m}})\rangle_{\tilde{\Gamma}_{3-m}}\\&=\frac{1}{2^{m^2}}\sum_{z_{j,k}=0,1}(-1)^{\sum_{j,k}z_{j,k}}\langle U^{\dagger}(X_{j_1}\otimes Y_{j_{21}\cdots j_{2m}}\otimes(\otimes_{j=1}^{m}Z_{z_{j,1}\cdots z_{j,m}}))U\rangle_{\Gamma_{3-m}}.\end{aligned}\tag{7.3.2}$$

通过探索可得到下面的局域性与强局域性的判据.

定理 7.3.1　若量子态为 Γ_{3-m} 的 3 级 m 星量子网络 SQN$(3,m)$ 对于任何(2,2)型 MAM_{ABC} 是局域的，则对于所有的 $i_1,i_{21},\cdots,i_{2m},j_1,j_{21},\cdots,j_{2m}=0,1$ 都有

$$|I_{i_1,i_{21},\cdots,i_{2m}}|+|J_{j_1,j_{21},\cdots,j_{2m}}|\leqslant 1\tag{7.3.3}$$

证明　因为 $X_{i_1},Y_{i_{2j}}^{i},Z_{z_{j,k}}^{j,k}$ 分别是 $H_A,H_{B^j},H_{C_k^j}$ 上的$\{+1,-1\}$值可观测量，所以有下面的谱分解：

$$\begin{cases} X_{i_1} = M_{+|i_1} - M_{-|i_1} = \sum_{a=\pm1} aM_{a|i_1}, \\ Y^j_{i_{2j}} = N^j_{+|i_{2j}} - N^j_{-|i_{2j}} = \sum_{b_j=\pm1} b_j N^j_{b_j|i_{2j}}, \\ Z^{j,k}_{z_{j,k}} = L^{j,k}_{+|z_{j,k}} - L^{j,k}_{-|z_{j,k}} = \sum_{c_{j,k}=\pm1} c_{j,k} L^{j,k}_{c_{j,k}|z_{j,k}}, \end{cases} \tag{7.3.4}$$

可得 $H_A, H_{B^j}, H_{C^j_k}$ 上的 POVM：

$$M(i_1) = \{M_{+|i_1}, M_{-|i_1}\}, N(i_{2j}) = \{N^j_{+|i_{2j}}, N^j_{-|i_{2j}}\}, L(z_{j,k}) = \{L^{j,k}_{+|z_{j,k}}, L^{j,k}_{-|z_{j,k}}\}.$$

于是，得到了一个(2,2)型 MAM_{ABC}，其测量算子为

$$M_{a|i_1} \otimes (\otimes^m_{j=1} N^j_{b_j|i_{2j}}) \otimes (\otimes^m_{j=1} \otimes^m_{k=1} L^{j,k}_{c_{j,k}|z_{j,k}}). \tag{7.3.5}$$

其中，$i_{2j}, z_{j,k} = 0,1, a, b_j, c_{j,k} = \pm1$. 由式(7.3.4)可得

$$\begin{aligned} & X_{i_i} \otimes Y_{i_{21}\cdots i_{2m}} \otimes (\otimes^m_{j=1} Z_{z_{j,1}\cdots z_{j,m}}) \\ = & \sum_{a, b_j, c_{j,k}=\pm1} ab_1 b_2 \cdots b_m (\prod_{j=1}^m c_{j,1} \cdots c_{j,m}) \\ & \times M_{a|i_1} \otimes (\otimes^m_{j=1} N^j_{b_j|i_{2j}}) \otimes (\otimes^m_{j=1} \otimes^m_{k=1} L^{j,k}_{c_{j,k}|z_{j,k}}). \end{aligned} \tag{7.3.6}$$

假设量子态为 Γ_{3-m} 的3级 m 星量子网络 SQN$(3,m)$ 对于任何(2,2)型 MAM_{ABC} 是局域的，则它对测量算子为(7.3.5)的 MAM_{ABC} 也是局域的. 从而，由定义7.2.1可得：存在一个概率分布 $p = \{p(\lambda, \mu_1, \cdots, \mu_m)\}_{\lambda, \mu_1, \cdots, \mu_m}$ 使得对于所有的 $i_1, i_{2j}, z_{j,k} = 0,1, a, b_j, c_{j,k} = \pm1$ 有

$$\begin{aligned} & \mathrm{tr}[(M_{a|i_1} \otimes (\otimes^m_{j=1} N^j_{b_j|i_{2j}}) \otimes (\otimes^m_{j=1} \otimes^m_{k=1} L^{j,k}_{c_{j,k}|z_{j,k}}))\widetilde{\Gamma}_{3-m}] \\ = & \sum_{\lambda\in D, \mu_1\in F_1, \cdots, \mu_m\in F_m} p(\lambda, \mu_1, \cdots, \mu_m) P_A(a \mid i_1, \lambda) \\ & \times \prod_{i=1}^m P_{B^j}(b_j \mid i_{2j}, \lambda_j, \mu_j) \times \prod_{j,k=1}^m P_{C^j_k}(c_{j,k} \mid z_{j,k}, \lambda^j_k). \end{aligned} \tag{7.3.7}$$

其中，$P_A(a \mid i_1, \lambda), P_{B^j}(b_j \mid i_{2j}, \lambda_j, \mu_j), P_{C^j_k}(c_{j,k} \mid z_{j,k}, \lambda^j_k)$ 分别是 $a, b_j, c_{j,k}$ 的概率分布. 因此，由式(7.3.6)和式(7.3.7)可得

$$\begin{aligned} & \langle X_{i_1} \otimes Y_{i_{21}\cdots i_{2m}} \otimes (\otimes^m_{j=1} Z_{z_{j,1}\cdots z_{j,m}}) \rangle_{\widetilde{\Gamma}_{3-m}} \\ = & \sum_{\lambda\in D, \mu_1\in F_1, \cdots, \mu_m\in F_m} p(\lambda, \mu_1, \cdots, \mu_m) \sum_{a, b_j, c_{j,k}=\pm1} ab_1 b_2 \cdots b_m P_A(a \mid i_1, \lambda) \\ & \prod_{j=1}^m c_{j,1} \cdots c_{j,m} \times \prod_{i=1}^m P_{B^j}(b_j \mid i_{2j}, \lambda_j, \mu_j) \times \prod_{j,k=1}^m P_{C^j_k}(c_{j,k} \mid z_{j,k}, \lambda^j_k) \\ = & \sum_{\lambda\in D, \mu_1\in F_1, \cdots, \mu_m\in F_m} p(\lambda, \mu_1, \cdots, \mu_m) \langle X_{i_1} \rangle_\lambda \prod_{j=1}^m \langle Y^j_{i_{2j}} \rangle_{\lambda_j, \mu_j} \times \prod_{j,k=1}^m \langle Z^{j,k}_{z_{j,k}} \rangle_{\lambda^k}. \end{aligned}$$

其中，

$$\langle X_{i_1} \rangle_\lambda = \sum_{a=\pm1} aP_A(a \mid i_1, \lambda), \langle Y^j_{i_{2j}} \rangle_{\lambda_j, \mu_j} = \sum_{b_j=\pm1} b_j P_{B^j}(b_j \mid i_{2j}, \lambda_j, \mu_j)$$

$$\langle Z^{j,k}_{z_{j,k}} \rangle_{\lambda^j_k} = \sum_{c_{j,k}=\pm1} c_{j,k} P_{C^j_k}(c_{j,k} \mid z_{j,k}, \lambda^j_k).$$

因为 $|\langle X_{i_1} \rangle_\lambda| \leqslant 1$，$|\langle Y^j_{i_{2j}} \rangle_{\lambda_j, \mu_j}| \leqslant 1$，所以

$$
\begin{aligned}
&|I_{i_1,i_{21},\cdots i_{2m}}| \\
&=\frac{1}{2^{m^2}}\Big|\sum_{z_{j,k}=0,1}\langle X_{i_1}\otimes Y_{i_{21}\cdots i_{2m}}\otimes(\otimes_{j=1}^m Z_{z_{j,1}\cdots z_{j,m}})\rangle_{\widetilde{\Gamma}_{3-m}}\Big| \\
&\leqslant\sum_{\lambda\in D,\mu_1\in F_1,\cdots,\mu_m\in F_m}p(\lambda,\mu_1,\cdots,\mu_m)\Big|\sum_{z_{j,k}=0,1}\Big(\prod_{j,k=1}^m\frac{1}{2}\langle Z_{z_{j,k}}^{j,k}\rangle_{\lambda_k^j}\Big)\Big| \\
&=\sum_{\lambda\in D,\mu_1\in F_1,\cdots,\mu_m\in F_m}p(\lambda,\mu_1,\cdots,\mu_m)\Big|\prod_{j,k=1}^m\frac{1}{2}\sum_{z_{j,k}=0,1}\langle Z_{z_{j,k}}^{j,k}\rangle_{\lambda_k^j}\Big| \\
&=\sum_{\lambda\in D,\mu_1\in F_1,\cdots,\mu_m\in F_m}p(\lambda,\mu_1,\cdots,\mu_m)\prod_{j,k=1}^m\frac{1}{2}\Big|\sum_{z_{j,k}=0,1}\langle Z_{z_{j,k}}^{j,k}\rangle_{\lambda_k^j}\Big|.
\end{aligned}
$$

类似地,可得

$$
\begin{aligned}
&|J_{j_1,j_{21},\cdots j_{2m}}| \\
&\leqslant\sum_{\lambda\in D,\mu_1\in F_1,\cdots,\mu_m\in F_m}p(\lambda,\mu_1,\cdots,\mu_m)\prod_{j,k=1}^m\frac{1}{2}\Big|\sum_{z_{j,k}=0,1}(-1)^{z_{j,k}}\langle Z_{z_{j,k}}^{j,k}\rangle_{\lambda_k^j}\Big|.
\end{aligned}
$$

使用不等式

$$
\prod_{j,k=1}^m A_{j,k}+\prod_{j,k=1}^m B_{j,k}\leqslant\prod_{j,k=1}^m(A_{j,k}+B_{j,k})(\forall A_{j,k},B_{j,k}\geqslant 0)
$$

和

$$
|\langle Z_0^{j,k}\rangle_{\lambda_k^j}+\langle Z_1^{j,k}\rangle_{\lambda_k^j}|+|\langle Z_0^{j,k}\rangle_{\lambda_k^j}-\langle Z_1^{j,k}\rangle_{\lambda_k^j}|=2\max\{|\langle Z_0^{j,k}\rangle_{\lambda_k^j}|,|\langle Z_1^{j,k}\rangle_{\lambda_k^j}|\}\leqslant 2,
$$

可得

$$
\begin{aligned}
&|I_{i_1,i_{21},\cdots i_{2m}}|+|J_{j_1,j_{21},\cdots j_{2m}}| \\
&\leqslant\sum_{\lambda\in D,\mu_1\in F_1,\cdots,\mu_m\in F_m}p(\lambda,\mu_1,\cdots,\mu_m)\Big(\prod_{j,k=1}^m\frac{1}{2}\Big|\sum_{z_{j,k}=0,1}\langle Z_{z_{j,k}}^{j,k}\rangle_{\lambda_k^j}\Big|+\prod_{j,k=1}^m\frac{1}{2}\Big|\sum_{z_{j,k}=0,1}(-1)^{z_{j,k}}\langle Z_{z_{j,k}}^{j,k}\rangle_{\lambda_k^j}\Big|\Big) \\
&\leqslant\sum_{\lambda\in D,\mu_1\in F_1,\cdots,\mu_m\in F_m}p(\lambda,\mu_1,\cdots,\mu_m)\times\prod_{j,k=1}^m\Big(\frac{1}{2}\Big|\sum_{z_{j,k}=0,1}\langle Z_{z_{j,k}}^{j,k}\rangle_{\lambda_k^j}\Big|+\frac{1}{2}\Big|\sum_{z_{j,k}=0,1}(-1)^{z_{j,k}}\langle Z_{z_{j,k}}^{j,k}\rangle_{\lambda_k^j}\Big|\Big) \\
&\leqslant 1.
\end{aligned}
$$

由定理 7.3.1 可知:如果存在$\{+1,-1\}$值的可观测量

$$
X_{i_1},X_{j_1},Y_{i_{2s}}^s,Y_{j_{2s}}^s,Z_{z_{j,k}}^{j,k}(s,j,k=1,\cdots,m)\tag{7.3.8}
$$

使得对于某些 $i_1,i_{21},\cdots,i_{2m},j_1,j_{21},\cdots,j_{2m}\in\{0,1\}$ 不等式(7.3.3)不成立,那么 SQN$(3,m)$ 是非局域的.因此,不等式(7.3.3)称为$(3,m)$局域性不等式.

关于强局域性,有下面的结论.

定理 7.3.2　若量子态为 Γ_{3-m} 的 3 级 m 星量子网络 SQN$(3,m)$ 对于任何$(2,2)$型 MAM_{ABC} 是强局域的,则对于所有的 $i_1,i_{21},\cdots,i_{2m},j_1,j_{21},\cdots,j_{2m}=0,1$ 都有

$$
|I_{i_1,i_{21},\cdots,i_{2m}}|^{\frac{1}{m^2}}+j_{j_1,j_{21},\cdots,j_{2m}}|^{\frac{1}{m^2}}\leqslant 1.\tag{7.3.9}
$$

证明　假设量子态为 Γ_{3-m} 的 3 级 m 星量子网络 $SQN(3,m)$ 对于任何$(2,2)$型 MAM_{ABC} 是强局域的,则它对测量算子为(7.3.5)的 MAM_{ABC} 也是强局域的.从而,由定义 7.2.2 可得:存在一个概率分布(7.2.14),使得对于所有的 $i_1,i_{2j},z_{j,k}=0,1,a,b_j,c_{j,k}=\pm 1$ 有

$$\begin{aligned}
&\operatorname{tr}[(M_{a|i_1}\otimes(\otimes_{j=1}^m N^j_{b_j|i_{2j}})\otimes(\otimes_{j=1}^m\otimes_{k=1}^m L^{j,k}_{c_{j,k}|z_{j,k}}))\widetilde{\Gamma}_{3-m}]\\
&=\sum_{\lambda\in D,\mu_1\in F_1,\cdots,\mu_m\in F_m}\prod_{j=1}^m p_j(\lambda_j)\times\prod_{j,k=1}^m p_{j,k}(\lambda^j_k)P_A(a\mid i_1,\lambda)\\
&\quad\times\prod_{i=1}^m P_{B^j}(b_j\mid i_{2j},\lambda_j,\mu_j)\times\prod_{j,k=1}^m P_{C^j_k}(c_{j,k}\mid z_{j,k},\lambda^j_k).
\end{aligned}\tag{7.3.10}$$

其中，$\{P_A(a\mid i_1,\lambda)\}$，$\{P_{B^j}(b_j\mid i_{2j},\lambda_j,\mu_j)\}$，$\{P_{C^j_k}(c_{j,k}\mid z_{j,k},\lambda^j_k)\}$分别是$a,b_j,c_{j,k}$的概率分布.因此，由式(7.3.6)和式(7.3.10)可得

$$\begin{aligned}
&\langle X_{i_1}\otimes Y_{i_{21}i_{22}\cdots i_{2m}}\otimes(\otimes_{j=1}^m Z_{z_{j,1}z_{j,2}\cdots z_{j,m}})\rangle_{\widetilde{\Gamma}_{3-m}}\\
&=\sum_{\lambda\in D,\mu_1\in F_1,\cdots,\mu_m\in F_m}\prod_{j=1}^m p_j(\lambda_j)\times\prod_{j,k=1}^m p_{j,k}(\lambda^j_k)\\
&\quad\times\sum_{a,b_j,c_{j,k}=\pm1}ab_1b_2\cdots b_m\Big(\prod_{j=1}^m c_{j,1}c_{j,2}\cdots c_{j,m}\Big)\\
&\quad\times P_A(a\mid i_1,\lambda)\prod_{i=1}^m P_{B^j}(b_j\mid i_{2j},\lambda_j,\mu_j)\times\prod_{j,k=1}^m P_{C^j_k}(c_{j,k}\mid z_{j,k},\lambda^j_k)\\
&=\sum_{\lambda\in D,\mu_1\in F_1,\cdots,\mu_m\in F_m}\prod_{j=1}^m p_j(\lambda_j)\times\prod_{j,k=1}^m p_{j,k}(\lambda^j_k)\langle X_{i_1}\rangle_\lambda\\
&\quad\times\Big(\prod_{j=1}^m\langle Y^j_{i_{2j}}\rangle_{\lambda_j,\mu_j}\Big)\Big(\prod_{j,k=1}^m\langle Z^{j,k}_{z_{j,k}}\rangle_{\lambda^j_k}\Big).
\end{aligned}$$

其中，

$$\begin{aligned}
\langle X_{i_1}\rangle_\lambda&=\sum_{a=\pm1}aP_A(a\mid i_1,\lambda),\\
\langle Y^j_{i_{2j}}\rangle_{\lambda_j,\mu_j}&=\sum_{b_j=\pm1}b_jP_{B^j}(b_j\mid i_{2j},\lambda_j,\mu_j),\\
\langle Z^{j,k}_{z_{j,k}}\rangle_{\lambda^j_k}&=\sum_{c_{j,k}=\pm1}c_{j,k}P_{C^j_k}(c_{j,k}\mid z_{j,k},\lambda^j_k).
\end{aligned}$$

因为$|\langle X_{i_1}\rangle_\lambda|\leqslant1$，$|\langle Y^j_{i_{2j}}\rangle_{\lambda_j,\mu_j}|\leqslant1$，所以

$$\begin{aligned}
&|I_{i_1,i_{21},\cdots,i_{2m}}|\\
&=\frac{1}{2^{m^2}}\Big|\sum_{z_{j,k}=0,1}\langle X_{i_1}\otimes Y_{i_{21}i_{22}\cdots i_{2m}}\otimes(\otimes_{j=1}^m Z_{z_{j,1}z_{j,2}\cdots z_{j,m}})\rangle_{\widetilde{\Gamma}_{3-m}}\Big|\\
&\leqslant\sum_{\lambda\in D,\mu_1\in F_1,\cdots,\mu_m\in F_m}\prod_{j=1}^m p_j(\lambda_j)\times\prod_{j,k=1}^m p_{j,k}(\lambda^j_k)\times\Big|\sum_{z_{j,k}=0,1}\Big(\prod_{j,k=1}^m\frac{1}{2}\langle Z^{j,k}_{z_{j,k}}\rangle_{\lambda^j_k}\Big)\Big|\\
&=\sum_{\mu_1\in F_1,\cdots,\mu_m\in F_m}\prod_{j,k=1}^m p_{j,k}(\lambda^j_k)\times\Big|\prod_{j,k=1}^m\frac{1}{2}\sum_{z_{j,k}=0,1}\langle Z^{j,k}_{z_{j,k}}\rangle_{\lambda^j_k}\Big|\\
&=\prod_{j,k=1}^m\sum_{\lambda^j_k\in F_k(j)}\frac{1}{2}p_{j,k}(\lambda^j_k)\Big|\sum_{z_{j,k}=0,1}\langle Z^{j,k}_{z_{j,k}}\rangle_{\lambda^j_k}\Big|\\
&=\prod_{j,k=1}^m A_{k,j},
\end{aligned}$$

其中，

$$A_{k,j}=\sum_{\lambda_k^j\in F_k(j)}\frac{1}{2}p_{j,k}(\lambda_k^j)\Big|\sum_{z_{j,k}=0,1}\langle Z_{z_{j,k}}^{j,k}\rangle_{\lambda_k^j}\Big|.$$

类似地，可得

$$|J_{j_1,j_{21},\cdots,j_{2m}}|\leqslant\prod_{j,k=1}^{m}B_{k,j}.$$

其中，

$$B_{k,j}=\sum_{\lambda_k^j\in F_k(j)}\frac{1}{2}p_{j,k}(\lambda_k^j)\Big|\sum_{z_{j,k}=0,1}(-1)^{z_{j,k}}\langle Z_{z_{j,k}}^{j,k}\rangle_{\lambda_k^j}\Big|.$$

使用不等式[162]

$$\sum_{k=1}^{N}\Big(\prod_{i=1}^{n}x_{ik}\Big)^{\frac{1}{n}}\leqslant\prod_{i=1}^{n}(x_{i1}+x_{i2}+\cdots+x_{iN})^{\frac{1}{n}}\ (\forall x_{ik}\geqslant 0)$$

可得

$$\Big(\prod_{j,k=1}^{m}A_{k,j}\Big)^{\frac{1}{m^2}}+\Big(\prod_{j,k=1}^{m}B_{k,j}\Big)^{\frac{1}{m^2}}\leqslant\Big(\prod_{j,k=1}^{m}(A_{k,j}+B_{k,j})\Big)^{\frac{1}{m^2}}.$$

因此，

$$\begin{aligned}
&|I_{i_1,i_{21},\cdots i_{2m}}|^{\frac{1}{m^2}}+|J_{j_1,j_{21},\cdots j_{2m}}|^{\frac{1}{m^2}}\\
\leqslant&\Big(\prod_{j,k=1}^{m}A_{k,j}\Big)^{\frac{1}{m^2}}+\Big(\prod_{j,k=1}^{m}B_{k,j}\Big)^{\frac{1}{m^2}}\\
\leqslant&\prod_{j,k=1}^{m}(A_{k,j}+B_{k,j})^{\frac{1}{m^2}}\\
=&\prod_{j,k=1}^{m}\Big[\sum_{\lambda_k^j\in F_k(j)}p_{j,k}(\lambda_k^j)\frac{1}{2}\Big(\Big|\sum_{z_{j,k}=0,1}\langle Z_{z_{j,k}}^{j,k}\rangle_{\lambda_k^j}\Big|\\
&+\Big|\sum_{z_{j,k}=0,1}(-1)^{z_{j,k}}\langle Z_{z_{j,k}}^{j,k}\rangle_{\lambda_k^j}\Big|\Big)\Big]^{\frac{1}{m^2}}\\
\leqslant&\prod_{j,k=1}^{m}\Big[\sum_{\lambda_k^j\in F_k(j)}p_{j,k}(\lambda_k^j)\Big]^{\frac{1}{m^2}}\\
=&1.
\end{aligned}$$

由定理7.3.2可知：如果存在$\{+1,-1\}$值的可观测量(7.3.8)，使得对于某些$i_1,i_{21},\cdots,i_{2m},j_1,j_{21},\cdots,j_{2m}\in\{0,1\}$不等式(7.3.9)不成立，那么SQN$(3,m)$不是强局域的. 因此，不等式(7.3.9)称为$(3,m)$强局域性不等式.

特别地，当$m=1$时，可得下列结论.

定理7.3.3　量子态为$\Gamma_{3-1}=\rho_{A_1B_1^1}\otimes\rho_{B_2^1C_1^1}$的3级1星量子网络SQN(3,1)对于任何(2,2)型MAM_{ABC}是强局域的，则

$$\sqrt{|I_{00}+I_{10}|}+\sqrt{|J_{01}-J_{11}|}\leqslant\sqrt{2}\tag{7.3.11}$$

证明　假设量子态为$\Gamma_{3-1}=\rho_{A_1B_1^1}\otimes\rho_{B_2^1C_1^1}$的3级1星量子网络SQN(3,1)对于任何(2,2)型MAM_{ABC}是强局域的. 此时，$A=A_1,B=B^1=B_1^1B_2^1,C=C_1^1$且$\tilde{\Gamma}_{3-1}=\Gamma_{3-1}$，则对于由

(7.3.4) 给出的 MA,存在一个概率分布 $p=\{p_1(\lambda_1)p_{1,1}(\lambda_1^1)\}_{\lambda_1\in D_1,\lambda_1^1\in F_1(1)}$ 使得对于所有的 $i_1,i_{21},z_{1,1}=0,1,a,b_1,c_{1,1}=\pm1$ 有

$$\begin{aligned}&\mathrm{tr}[(M_{a|i_1}\otimes N^1_{b_1|i_{21}}\otimes L^{1,1}_{c_{1,1}|z_{1,1}})\widetilde{\Gamma}_{3-1}]\\=&\sum_{\lambda_1\in D_1,\lambda_1^1\in F_1(1)}p_1(\lambda_1)p_{1,1}(\lambda_1^1)P_A(a\mid i_1,\lambda_1)\times P_{B^1}(b_1\mid i_{21},\lambda_1,\lambda_1^1)P_{C_1^1}(c_{1,1}\mid z_{1,1},\lambda_1^1).\end{aligned}\tag{7.3.12}$$

其中,$\{P_A(a\mid i_1,\lambda_1)\}$,$\{P_{B^1}(b_1\mid i_{21},\lambda_1,\lambda_1^1)\}$,$\{P_{C_1^1}(c_{1,1}\mid z_{1,1},\lambda_1^1)\}$ 分别是 $a,b_1,c_{1,1}$ 的概率分布. 因此,由式(7.3.6) 和式(7.3.12) 可得

$$\begin{aligned}&\langle X_{i_1}\otimes Y^1_{i_{21}}\otimes Z^{1,1}_{z_{1,1}}\rangle_{\widetilde{\Gamma}_{3-1}}\\&=\sum_{\lambda_1\in D_1;\lambda_1^1\in F_1(1)}p_1(\lambda_1)p_{1,1}(\lambda_1^1)\Big(\sum_{a,b_1,c_{1,1}=\pm1}ab_1c_{1,1}\Big)P_A(a\mid i_1,\lambda_1)\\&\quad\times P_{B^1}(b_1\mid i_{21},\lambda_1,\lambda_1^1)P_{C_1^1}(c_{1,1}\mid z_{1,1},\lambda_1^1)\\&=\sum_{\lambda_1\in D_1;\lambda_1^1\in F_1(1)}p_1(\lambda_1)p_{1,1}(\lambda_1^1)\langle X_{i_1}\rangle_{\lambda_1}\cdot\langle Y^1_{i_{21}}\rangle_{\lambda_1,\lambda_1^1}\langle Z^{1,1}_{z_{1,1}}\rangle_{\lambda_1^1}.\end{aligned}$$

其中,

$$\begin{aligned}\langle X_{i_1}\rangle_{\lambda_1}&=\sum_{a=\pm1}aP_A(a\mid i_1,\lambda_1),\\\langle Y^j_{i_{21}}\rangle_{\lambda_1,\lambda_1^1}&=\sum_{b_1=\pm1}b_1P_{B^1}(b_1\mid i_{21},\lambda_1,\lambda_1^1),\\\langle Z^{1,1}_{z_{1,1}}\rangle_{\lambda_1^1}&=\sum_{c_{1,1}=\pm1}c_{1,1}P_{C_1^1}(c_{1,1}\mid z_{1,1},\lambda_1^1).\end{aligned}$$

由式(7.3.1) 可得

$$\begin{aligned}i_{i_1,i_{21}}&=\frac{1}{2}\sum_{z_{1,1}=0,1}\langle X_{i_1}\otimes Y_{i_{21}}\otimes Z^{1,1}_{z_{1,1}}\rangle_{\widetilde{\Gamma}_{3-1}}\\&=\frac{1}{2}\sum_{\lambda_1\in D_1,\lambda_1^1\in F_1(1)}p_1(\lambda_1)p_{1,1}(\lambda_1^1)\langle X_{i_1}\rangle_{\lambda_1}\langle Y^1_{i_{21}}\rangle_{\lambda_1,\lambda_1^1}\sum_{z_{1,1}=0,1}\langle Z^{1,1}_{z_{1,1}}\rangle_{\lambda_1^1},\end{aligned}$$

因此,

$$\begin{aligned}&I_{00}+I_{10}\\&=\frac{1}{2}\sum_{\lambda_1\in D_1;\lambda_1^1\in F_1(1)}p_1(\lambda_1)p_{1,1}(\lambda_1^1)\Big(\sum_{i_1=0,1}\langle X_{i_1}\rangle_{\lambda_1}\Big)\langle Y^1_0\rangle_{\lambda_1,\lambda_1^1}\Big(\sum_{z_{1,1}=0,1}\langle Z^{1,1}_{z_{1,1}}\rangle_{\lambda_1^1}\Big).\end{aligned}$$

因为 $|\langle Y^j_0\rangle_{\lambda_1,\lambda_1^1}|\leqslant1$,所以

$$\begin{aligned}&|I_{00}+I_{10}|\\&\leqslant\frac{1}{2}\sum_{\lambda_1\in D_1;\lambda_1^1\in F_1(1)}p_1(\lambda_1)p_{1,1}(\lambda_1^1)\Big|\sum_{i_1=0,1}\langle X_{i_1}\rangle_{\lambda_1}\Big|\times\Big|\sum_{z_{1,1}=0,1}\langle Z^{1,1}_{z_{1,1}}\rangle_{\lambda_1^1}\Big|\\&=\frac{1}{2}\Big(\sum_{\lambda_1\in D_1}p_1(\lambda_1)\Big|\sum_{i_1=0,1}\langle X_{i_1}\rangle_{\lambda_1}\Big|\Big)\times\Big(\sum_{\lambda_1^1\in F_1(1)}p_{1,1}(\lambda_1^1)\Big|\sum_{z_{1,1}=0,1}\langle Z^{1,1}_{z_{1,1}}\rangle_{\lambda_1^1}\Big|\Big).\end{aligned}$$

类似地,可得

$$\begin{aligned}|J_{01}-J_{11}|\leqslant&\frac{1}{2}\Big(\sum_{\lambda_1\in D_1}p_1(\lambda_1)\Big|\sum_{i_1=0,1}(-1)^{i_1}\langle X_{i_1}\rangle_{\lambda_1}\Big|\Big)\\&\times\Big(\sum_{\lambda_1^1\in F_1(1)}p_{1,1}(\lambda_1^1)\Big|\sum_{z_{1,1}=0,1}(-1)^{z_{1,1}}\langle Z^{1,1}_{z_{1,1}}\rangle_{\lambda_1^1}\Big|\Big).\end{aligned}$$

使用不等式$\sqrt{x}\sqrt{a}+\sqrt{y}\sqrt{b}\leqslant\sqrt{x+y}\sqrt{a+b}(\forall x,y,a,b\geqslant 0)$，可得

$$
\begin{aligned}
&\sqrt{|I_{00}+I_{10}|}+\sqrt{|J_{01}-J_{11}|}\\
\leqslant&\frac{1}{\sqrt{2}}\Big(\sum_{\lambda_1\in D_1}p_1(\lambda_1)\Big|\sum_{i_1=0,1}\langle X_{i_1}\rangle_{\lambda_1}\Big|\Big)^{\frac{1}{2}}\Big(\sum_{\lambda_1^1\in F_1(1)}p_{1,1}(\lambda_1^1)\Big|\sum_{z_{1,1}=0,1}\langle Z_{z_{1,1}}^{1,1}\rangle_{\lambda_1^1}\Big|\Big)^{\frac{1}{2}}\\
&+\frac{1}{\sqrt{2}}\Big(\sum_{\lambda_1\in D_1}p_1(\lambda_1)\Big|\sum_{i_1=0,1}(-1)^{i_1}\langle X_{i_1}\rangle_{\lambda_1}\Big|\Big)^{\frac{1}{2}}\\
&\times\Big(\sum_{\lambda_1^1\in F_1(1)}p_{1,1}(\lambda_1^1)\Big|\sum_{z_{1,1}=0,1}(-1)^{z_{1,1}}\langle Z_{z_{1,1}}^{1,1}\rangle_{\lambda_1^1}\Big|\Big)^{\frac{1}{2}}\\
\leqslant&\frac{1}{\sqrt{2}}\Big(\sum_{\lambda_1\in D_1}p_1(\lambda_1)\Big(\Big|\sum_{i_1=0,1}\langle X_{i_1}\rangle_{\lambda_1}\Big|+\Big|\sum_{i_1=0,1}(-1)^{i_1}\langle X_{i_1}\rangle_{\lambda_1}\Big|\Big)\Big)^{\frac{1}{2}}\\
&\times\Big(\sum_{\lambda_1^1\in F_1(1)}p_{1,1}(\lambda_1^1)\Big(\Big|\sum_{z_{1,1}=0,1}\langle Z_{z_{1,1}}^{1,1}\rangle_{\lambda_1^1}\Big|+\Big|\sum_{z_{1,1}=0,1}(-1)^{z_{1,1}}\langle Z_{z_{1,1}}^{1,1}\rangle_{\lambda_1^1}\Big|\Big)\Big)^{\frac{1}{2}}\\
\leqslant&\frac{1}{\sqrt{2}}\Big(2\sum_{\lambda_1\in D_1}p_1(\lambda_1)\Big)^{\frac{1}{2}}\times\Big(2\sum_{\lambda_1^1\in F_1(1)}p_{1,1}(\lambda_1^1)\Big)^{\frac{1}{2}}=\sqrt{2}.
\end{aligned}
$$

显然，当$m=1$和$\rho_{A_1B_1^1}=\rho_{AB},\rho_{B_2^1C_1^1}=\rho_{BC},\lambda_1=\lambda,\lambda_1^1=\mu$时，图7.2中的量子网络SQN(3,1)刚好是文献[156,157]中讨论的场景(如图7.3所示)．

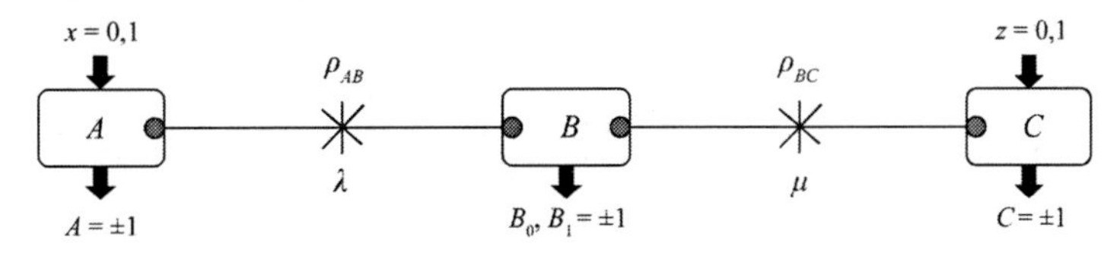

图7.3　双局域场景，两个独立的来源在三个遥远的观察者Alice，Bob和Charlie之间分发纠缠态

文献[157]证明了当量子网络(图7.3)是双局域时，等价地，当$\rho_{A_1B_1^1}=\rho_{AB},\rho_{B_2^1C_1^1}=\rho_{BC}$的3级1星量子网络SQN(3,1)对于任何(2,2)型MAM_{ABC}是强局域的时，对于系统A,B,C上的±1值可观测量X_0,X_1,Y_0,Y_1,Z_0,Z_1，下列不等式成立：

$$\sqrt{I}+\sqrt{J}\leqslant 2. \tag{7.3.13}$$

其中，

$$I=\langle(X_0+X_1)\otimes Y_0\otimes(Z_0+Z_1)\rangle_{\Gamma_{3-1}}=\sum_{i,k=0}^{1}\langle X_i\otimes Y_0\otimes Z_k\rangle_{\Gamma_{3-1}},$$

$$J=\langle(X_0-X_1)\otimes Y_1\otimes(Z_0-Z_1)\rangle_{\Gamma_{3-1}}=\sum_{i,k=0}^{1}(-1)^{i+k}\langle X_i\otimes Y_1\otimes Z_k\rangle_{\Gamma_{3-1}}.$$

由于$\Gamma_{3-1}=\rho_{AB}\otimes\rho_{BC}=\widetilde{\Gamma}_{3-1}$，由式(7.3.1)和式(7.3.2)可得

$$I=2(I_{00}+I_{10}),J=2(J_{01}-J_{11}).$$

因此，

$$\sqrt{I}+\sqrt{J}=\sqrt{2}\left(\sqrt{|I_{00}+I_{10}|}+\sqrt{|J_{01}-J_{11}|}\right). \tag{7.3.14}$$

这表明不等式(7.3.11)等价于双局域不等式(7.3.13)．

下面举例阐明判据的有效性与实用性.

例 7.3.1 设 $H_{A_j}=H_{B_k^j}=H_{C_k^j}=\mathbf{C}^2, j,k\in[m]$ 且 SQN(3,m) 中的态为

$$\rho_{A_jB_1^j}=\rho(v_j), \rho_{B_{k+1}^jC_k^j}=\rho(v_k^j)(j,k=1,2,\cdots,m). \tag{7.3.15}$$

其中,

$$\rho(v_j)=v_j\mid\phi^+\rangle\langle\phi^+\mid+\frac{1}{4}(1-v_j)I_4(v_j\in(0,1]),$$

$$\rho(v_k^j)=v_k^j\mid\phi^+\rangle\langle\phi^+\mid+\frac{1}{4}(1-v_k^j)I_4(v_k^j\in(0,1]).$$

此时,

$$\Gamma_{3-m}=(\bigotimes_{j=1}^m\rho(v_j))\otimes(\bigotimes_{j=1}^m\bigotimes_{k=1}^m\rho(v_k^j)).$$

令

$$\begin{cases}X_0=\sigma_x^{\otimes m},\\X_1=\sigma_z^{\otimes m};\end{cases}\begin{cases}Y_0^j=\sigma_x^{\otimes m+1},\\Y_1^j=\sigma_z^{\otimes m+1};\end{cases}\begin{cases}Z_0^{j,k}=\dfrac{1}{\sqrt{2}}(\sigma_x+\sigma_z),\\Z_1^{j,k}=\dfrac{1}{\sqrt{2}}(\sigma_x-\sigma_z).\end{cases} \tag{7.3.16}$$

其中,$j,k=1,2,\cdots,m$.

由式(7.3.1)可得

$$\begin{aligned}
&I_{0,0,\cdots,0}\\
&=\frac{1}{2^{m^2}}\sum_{z_{j,k}=0,1}\langle X_0\otimes Y_{00\cdots0}\otimes(\bigotimes_{j=1}^m Z_{z_{j,1}z_{j,2}\cdots z_{j,m}})\rangle_{\widetilde{\Gamma}_{3-m}}\\
&=\frac{1}{2^{m^2}}\sum_{z_{j,k}=0,1}\Big\langle\underbrace{\sigma_x\otimes\sigma_x\otimes\cdots\otimes\sigma_x}_{m(m+2)}\otimes(\bigotimes_{j=1}^m\bigotimes_{k=1}^m Z_{z_{j,k}}^{j,k})\Big\rangle_{\widetilde{\Gamma}_{3-m}}\\
&=\frac{1}{2^{m^2}}\sum_{z_{j,k}=0,1}\Big\langle(\bigotimes_{j=1}^m(\sigma_x\otimes\sigma_x))\otimes(\bigotimes_{j=1}^m\bigotimes_{k=1}^m(\sigma_x\otimes Z_{z_{j,k}}^{j,k}))\Big\rangle_{\Gamma_{3-m}}\\
&=\frac{1}{2^{m^2}}\prod_{j=1}^m(\langle\sigma_x\otimes\sigma_x\rangle_{\rho(v_j)})\sum_{z_{j,k}=0,1}\prod_{j,k=1}^m\langle\sigma_x\otimes Z_{z_{j,k}}^{j,k}\rangle_{\rho(v_k^j)}\\
&=\frac{1}{2^{m^2}}(\prod_{j=1}^m v_j)\prod_{j,k=1}^m\Big\langle\sigma_x\otimes\sum_{z_{j,k}=0,1}Z_{z_{j,k}}^{j,k}\Big\rangle_{\rho(v_k^j)}\\
&=\frac{1}{2^{m^2}}(\prod_{j=1}^m v_j)\prod_{j,k=1}^m\langle\sigma_x\otimes\sqrt{2}\sigma_x\rangle_{\rho(v_k^j)}\\
&=2^{-\frac{m^2}{2}}V.
\end{aligned}$$

其中,$V=(\Pi_{j=1}^m v_j)(\Pi_{j,k=1}^m v_k^j)$.

类似地,由式(7.3.2)可得

$$\begin{aligned}
J_{1,1,\cdots,1}&=\frac{1}{2^{m^2}}\sum_{z_{j,k}=0,1}(-1)^{\sum_{j,k=1}^m z_{j,k}}\langle X_1\otimes Y_{11\cdots1}\otimes(\bigotimes_{j=1}^m Z_{z_{j,1}z_{j,2}\cdots z_{j,m}})\rangle_{\widetilde{\Gamma}_{3-m}}\\
&=\frac{1}{2^{m^2}}\sum_{z_{j,k}=0,1}(-1)^{\sum_{j,k=1}^m z_{j,k}}\langle\sigma_z^{\otimes(m(m+2))}\otimes(\bigotimes_{j=1}^m\bigotimes_{k=1}^m Z_{z_{j,k}}^{j,k})\rangle_{\widetilde{\Gamma}_{3-m}}\\
&=2^{-\frac{m^2}{2}}V.
\end{aligned}$$

从而

$$|I_{0,0,\cdots,0}|^{\frac{1}{m^2}}+|I_{1,1,\cdots,1}|^{\frac{1}{m^2}}=\sqrt{2}V^{\frac{1}{m^2}},$$

$$|I_{0,0,\cdots,0}|+|I_{1,1,\cdots,1}|=2^{1-\frac{m^2}{2}}V.$$

因此，$|I_{0,0,\cdots,0}|+|I_{1,1,\cdots,1}|>1$ 当且仅当 $m=1$ 且$\frac{\sqrt{2}}{2}<V\leqslant 1$. 此时，由定理 7.3.1 知：SQN(3,$m$) 是非局域的.

当 $V>V_c:=\frac{1}{\sqrt{2^{m^2}}}$ 时，由定理 7.3.2 知 SQN(3,m) 是非强局域的.

特别地，当 $v_j=x, v_k^j=y\in[0,1](j,k=1,2,\cdots,m)$ 时，量子态为

$$\rho_{A_jB_1^j}=x|\phi^+\rangle\langle\phi^+|+\frac{1}{4}(1-x)I_4,$$

$$\rho_{B_{k+1}^jC_k^j}=y|\phi^+\rangle\langle\phi^+|+\frac{1}{4}(1-y)I_4.$$

其中，$j,k=1,2,\cdots,m$，且 $V=x^my^{m^2}$ 和 $V_c=2^{-\frac{1}{2}m^2}$. SQN(3,m) 是非强局域的点 (x,y) 的全体构成的区域为

$$G_m:=\{(x,y)\in(0,1]:x^my^{m^2}>2^{-\frac{1}{2}m^2}\}.$$

因为 $x^my^{m^2}>2^{-\frac{1}{2}m^2}$ 当且仅当 $(\sqrt{2})^mxy^m>1$，于是，

$$G_m=\{(x,y)\in(0,1]:(\sqrt{2})^mxy^m>1\}\subset(0,1]\times(2^{-\frac{1}{2}},1].$$

易知 $G_m\subset G_{m+1}(m=1,2,3,\cdots)$，$\bigcup_{m=1}^{\infty}G_m=(0,1]\times(2^{-\frac{1}{2}},1]$. 当 $m=2,3,4,25,30$ 时，曲线 $xy^m-\frac{1}{\sqrt{2^m}}=0$，如图 7.4 所示.

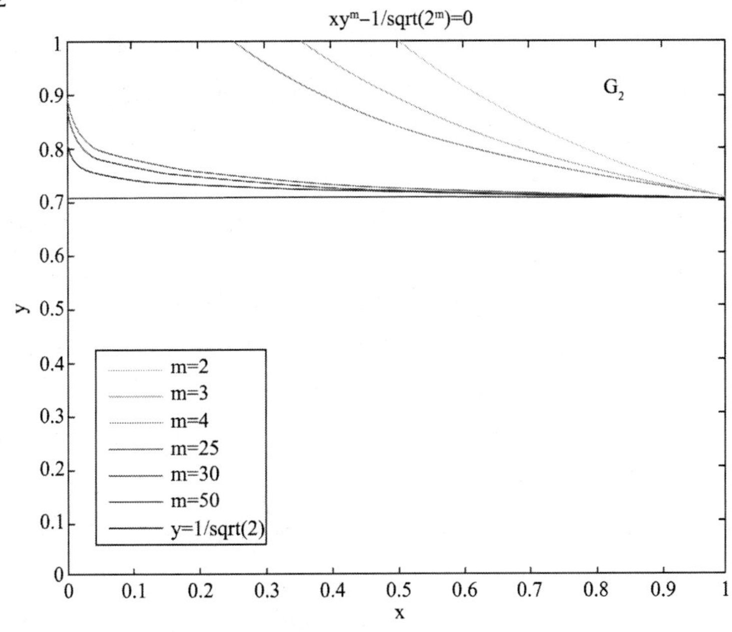

图 7.4　当 $m=2,3,4,25,30$ 时，$xy^m-\frac{1}{\sqrt{2^m}}=0$ 的图像. 容易看出：m 越大，区域 G_m 越大

更特别地,当 $\upsilon_j = \upsilon_k^j = \upsilon > \upsilon_c := 2^{-\frac{m}{2(m+1)}}$ ($\forall j,k \in [m]$) 时,SQN$(3,m)$ 是非强局域的.
当 $\upsilon_j = 1, \upsilon_k^j = \upsilon > \upsilon_c = \frac{1}{\sqrt{2}}$ $(j,k = 1,2,\cdots,m)$ 时,可得

$$| I_{0,0,\cdots,0} |^{\frac{1}{m^2}} + | I_{1,1,\cdots,1} |^{\frac{1}{m^2}} = \sqrt{2}\upsilon > 1.$$

因此,SQN$(3,m)$ 也是非强局域的.

第 8 章　神经网络量子态及其可分性

近年来,机器学习是最活跃和应用最广泛的跨学科领域之一[178,179]. 机器学习技术被引入重力波分析[180,181]、黑洞探测[182]和材料设计[183]等领域. 这些技术已被用于改进传统系统相变研究中的数值方法[184-189]. 此外,机器学习技术也被用于研究量子多体问题. 量子多体问题是高能物理、凝聚态物理等领域的前沿热点课题. 由于直接刻画量子波函数所需要的参数会随着粒子数的增加呈指数增长,即便是使用超级计算机,也很难对其进行模拟,因而量子多体问题成了各个领域中的难点问题,其难点在于如何用尽可能少的参数来描述量子多体系统中存在的复杂关联和量子纠缠. 而神经网络模型具有表示复杂多变量函数关联的能力. 一个自然的想法就是利用神经网络模型来表示量子多体波函数中的关联和纠缠. 因此,利用神经网络研究量子多体问题,构建有效的量子多体态的神经网络表示对于解决量子多体问题具有重要意义.

神经网络结构的逼近能力已被许多学者所研究, 如 Cybenko[190], Funahashi[191], Hornik[192], Roux[193], Hornik[194], Kolmogorov[195]. 然而,由于所需的经典资源规模未知,任意量子态的神经网络表示是一个公开的问题. Carleo 和 Troyer 提出了描述量子多体态的人工神经网络表示,展示了强化学习方法在计算基态或模拟具有强相互作用的复杂量子系统的幺正时间演化方面的显著能力[196]. 他们利用一种应用广泛的随机人工神经网络 —— 受限玻尔兹曼机(RBM)[197,198]来描述多体波函数. Deng 等人利用进一步限制的受限玻尔兹曼机(FRRBM)方法说明这种表示可以用来描述拓扑态,甚至可以用于描述具有长距离纠缠的拓扑态[199]. Glasser 等人指出 RBM 形式的神经网络量子态与任意维的某些张量网络态之间存在着很强的联系[202]. 尽管有了这样令人兴奋的发展,但是对于凝聚态物理[203-207]中至关重要的图态能否被神经网络有效地表达还不清楚,更别提一般量子态的神经网络表示问题. 同时,值得指出的是,虽然这些结果严格地证明了某些态具有精确和有效的 FRRBM 表示,但仍然需要大量的工作来得到一般态 RBM 表示的必要和充分条件. 这些都是将机器学习技术应用于量子物理的基本问题. 对这些问题的进一步研究将有助于机器学习技术在量子物理中的应用. 相反,这类研究也可能为理解某些机器学习算法为何如此强大提供有价值的见解.

本章探讨神经网络量子态及其可分性. 首先介绍具有一般输入可观测量的神经网络量子态(NNQS),并探讨相关的性质,如张量积、局部酉运算等. 其次,尝试构造给定图态的神经网络表示,并且寻找一般图态能用 NNQS 表示的充要条件. 随后,探索给定有向图态的神经网络表示,尝试给出一般的构造方法. 然后,研究一般量子纯态的神经网络表示,为了量化给定纯态 $|\psi\rangle$ 由规范化 NNQS 逼近的程度,定义 $|\psi\rangle$ 由规范化 NNQS 逼近的最佳逼近度,给出一般纯态能被 NNQS 表示的充要条件. 最后,探讨神经网络量子态的可分性与纠缠性.

本章具体安排如下:在 8.1 节中,介绍了神经网络量子态以及相关性质. 在 8.2 节中,讨论了图态的神经网络表示. 在 8.3 节中,讨论了有向图态的神经网络表示. 在 8.4 节中,探讨了一些 N 比特态的神经网络表示. 在 8.5 节中,探讨了神经网络量子态的可分性.

8.1 神经网络量子态的概念

设 $Q_1,Q_2,\cdots,Q_N$ 为 N 个量子系统，它们的态空间分别为 $H_1,H_2,\cdots,H_N$，维数分别为 $d_1,d_2,\cdots,d_N$. 我们考虑 $Q_1,Q_2,\cdots,Q_N$ 的复合系统 Q，其态空间为 $H:=H_1\otimes H_2\otimes\cdots\otimes H_N$.

对于系统 $Q_1,Q_2,\cdots,Q_N$ 的非退化可观测量 $S_1,S_2,\cdots,S_N$，我们得到复合系统 Q 的一个可观测量 $S=S_1\otimes S_2\otimes\cdots\otimes S_N$，它是 Hilbert 空间上的自伴算子. 用 $\{|\psi_{k_j}\rangle\}_{k_j=0}^{d_j-1}$ 表示自伴算子 S_j 的特征基，对应的特征值记为 $\{\lambda_{k_j}\}_{k_j=0}^{d_j-1}$，则

$$S_j|\psi_{k_j}\rangle=\lambda_{k_j}|\psi_{k_j}\rangle(k_j=0,1,\cdots,d_j-1).\tag{8.1.1}$$

易知 $S=S_1\otimes S_2\otimes\cdots\otimes S_N$ 的特征值与特征基分别为

$$\lambda_{k_1}\lambda_{k_2}\cdots\lambda_{k_N},\ |\psi_{k_1}\rangle\otimes|\psi_{k_2}\rangle\otimes\cdots\otimes|\psi_{k_N}\rangle(k_j=0,1,\cdots,d_j-1).\tag{8.1.2}$$

记

$$V(S)=\{\Lambda_{k_1k_2\cdots k_N}\equiv(\lambda_{k_1},\lambda_{k_2},\cdots,\lambda_{k_N})^T:k_j=0,1,\cdots,d_j-1\}$$

称为输入空间. 对于参数

$$a=(a_1,a_2,\cdots,a_N)^T\in\mathbf{C}^N,b=(b_1,b_2,\cdots,b_M)^T\in\mathbf{C}^M,$$
$$W=[W_{ij}]\in\mathbf{C}^{M\times N},$$

记 $\Omega=(a,b,W)$ 并定义

$$\begin{aligned}&\Psi_{S,\Omega}(\lambda_{k_1},\lambda_{k_2},\cdots,\lambda_{k_N})\\&=\sum_{h_i=\pm1}\exp\Big(\sum_{j=1}^{N}a_j\lambda_{k_j}+\sum_{i=1}^{M}b_ih_i+\sum_{i=1}^{M}\sum_{j=1}^{N}W_{ij}h_i\lambda_{k_j}\Big).\end{aligned}\tag{8.1.3}$$

于是得到了一个输入变量为 $\Lambda_{k_1k_2\cdots k_N}$ 的复值函数 $\Psi_{S,\Omega}(\lambda_{k_1},\lambda_{k_2},\cdots,\lambda_{k_N})$，称为神经网络量子波函数(NNQWF). 它可能恒为 0. 在下文中，假定这种情况不会发生，即假定对某些输入变量 $\Lambda_{k_1k_2\cdots k_N}$，$\Psi_{S,\Omega}(\lambda_{k_1},\lambda_{k_2},\cdots,\lambda_{k_N})\neq0$. 进而定义

$$|\Psi_{S,\Omega}\rangle=\sum_{\Lambda_{k_1k_2\cdots k_N}\in V(S)}\Psi_{S,\Omega}(\lambda_{k_1},\cdots,\lambda_{k_N})|\psi_{k_1}\rangle\otimes\cdots\otimes|\psi_{k_N}\rangle.\tag{8.1.4}$$

它是 Hilbert 空间 H 中的一个非零向量(未必归一化). 我们称它为由参数 $\Omega=(a,b,W)$ 和输入可观测量 $S=S_1\otimes S_2\otimes\cdots\otimes S_N$ 诱导的神经网络量子态(NNQS)[222-225]，如图 8.1 所示. 它是一个受限制的玻尔兹曼机，具有 N 个可视人工神经元(蓝色圆盘)和 M 个隐藏神经元(黄色圆盘). 对于输入可观测量 S 的每一个值 $\Lambda_{k_1k_2\cdots k_N}$，神经网络计算出 $\Psi_{S,\Omega}(\lambda_{k_1},\lambda_{k_2},\cdots,\lambda_{k_N})$ 的值.

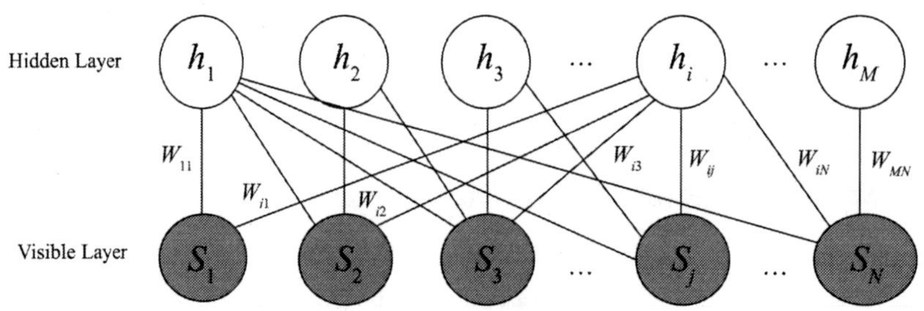

图 8.1　NNQS 相匹配的人工神经网络

下式用内积可以表示为

$$\sum_{j=1}^{N} a_j \lambda_{k_j} + \sum_{i=1}^{M} b_i h_i + \sum_{i=1}^{M} \sum_{j=1}^{N} W_{ij} h_i \lambda_{k_j} = \langle \Lambda_{k_1 \cdots k_N}, a \rangle + \langle h, b + W\Lambda_{k_1 \cdots k_N} \rangle.$$

其中,$h = (h_1, h_2, \cdots, h_M)^T$. 于是,NNQWF(8.1.3) 有下列紧凑的形式:

$$\Psi_{S,\Omega}(\lambda_{k_1}, \lambda_{k_2}, \cdots, \lambda_{k_N}) = \mathrm{e}^{\langle \Lambda_{k_1 k_2 \cdots k_N}, a \rangle} \cdot \sum_{h_i = \pm 1} \mathrm{e}^{\langle h, b + W\Lambda_{k_1 k_2 \cdots k_N} \rangle}. \tag{8.1.5}$$

接下来,推导出 NNQWF 的另一种形式. 首先,计算可得

$$\mathrm{e}^{\langle \Lambda_{k_1 k_2 \cdots k_N}, a \rangle} = \mathrm{e}^{\sum_{j=1}^{N} a_j \lambda_{k_j}} = \prod_{j=1}^{N} \mathrm{e}^{a_j \lambda_{k_j}}.$$

令 $x_i = b_i + \sum_{j=1}^{N} W_{ij} \lambda_{k_j}$,则

$$\begin{aligned} \sum_{h_i = \pm 1} \mathrm{e}^{\langle h, b + W\Lambda_{k_1 k_2 \cdots k_N} \rangle} &= \sum_{h_i = \pm 1} \mathrm{e}^{\sum_{i=1}^{m} h_i \left[b_i + \sum_{j=1}^{N} W_{ij} \lambda_{k_j} \right]} \\ &= \sum_{h_i = \pm 1} \prod_{i=1}^{M} \mathrm{e}^{x_i h_i} \\ &= \prod_{i=1}^{M} 2\cos h(x_i). \end{aligned}$$

于是 NNQWF 可以简化为

$$\Psi_{S,\Omega}(\lambda_{k_1}, \lambda_{k_2}, \cdots, \lambda_{k_N}) = \prod_{j=1}^{N} \mathrm{e}^{a_j \lambda_{k_j}} \cdot \prod_{i=1}^{M} 2\cos h\left(b_i + \sum_{j=1}^{N} W_{ij} \lambda_{k_j}\right). \tag{8.1.6}$$

它可以用下面的“量子人工神经网络”来描述,如图 8.2 所示. 其中,$a = 0$,$2\cos h(z) = \mathrm{e}^z + \mathrm{e}^{-z}$ 和 $\sum_{b_i}$,Π 为函数,且满足

$$\sum\nolimits_{b_i}(x_1, x_2, \cdots, x_N) = b_i + \sum\nolimits_{j=1}^{N} x_j, \Pi(y_1, y_2, \cdots, y_M) = \Pi_{i=1}^{M} y_i,$$

且最终结果 $\Psi_{S,\Omega}(\lambda_{k_1}, \lambda_{k_2}, \cdots, \lambda_{k_N})$ 由式(8.1.6) 给出.

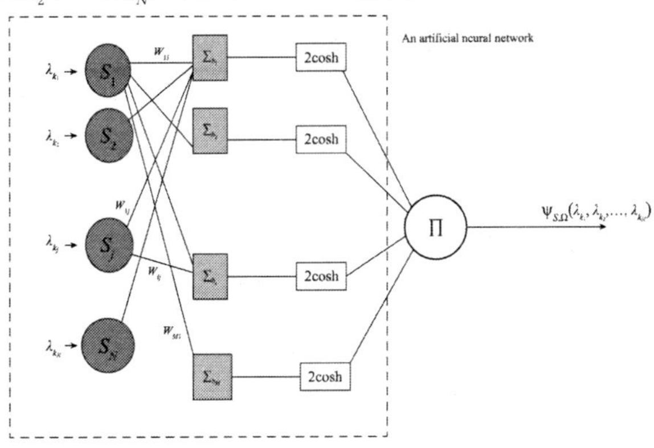

图 8.2　含参数 $\Omega = (0, b, W)$ 的量子人工神经网络

称这个网络为量子人工神经网络,因为它输入的是量子可观测量的特征值和结果是 NNQWF 的值,而它的网络结构与通常的人工神经网络相似.

注 8.1.1　当 $M > N$ 时,对给定参数 $\Omega = (a, b, W)$ 且 $a \in \mathbf{C}^N$,$b \in \mathbf{C}^N$,$W \in \mathbf{C}^{N \times N}$,定义

$$b''=\begin{pmatrix}\frac{\pi \mathrm{i}}{3}\\ \frac{\pi \mathrm{i}}{3}\\ \vdots\\ \frac{\pi \mathrm{i}}{3}\end{pmatrix}\in \mathbf{C}^{M-N}, b'=\begin{pmatrix}b\\ b''\end{pmatrix}\in \mathbf{C}^{M}, W'=\begin{pmatrix}W\\ 0\end{pmatrix}=[W'_{ij}]\in \mathbf{C}^{M\times N}.$$

于是,我们得到一个新的参数 $\Omega'=(a,b',W')$ 满足

$$b'_i=b_i(i=1,2,\cdots,N), b'_i=\frac{\pi \mathrm{i}}{3}(i=N+1,N+2,\cdots,M),$$

$$W'_{ij}=W_{ij}(1\leqslant i\leqslant N, 1\leqslant j\leqslant N),$$

$$W'_{ij}=0(i=N+1,N+2,\cdots,M, j=1,2,\cdots,N).$$

容易看出:当 $i=N+1,N+2,\cdots,M$ 时,成立

$$2\cosh\left(b'_i+\sum_{j=1}^{N}W'_{ij}\lambda_{k_j}\right)=2\cosh\frac{\pi \mathrm{i}}{3}=2\cos\frac{\pi}{3}=1.$$

从而

$$\prod_{i=1}^{M}2\cosh\left(b'_i+\sum_{j=1}^{N}W'_{ij}\lambda_{k_j}\right)=\prod_{i=1}^{N}2\cosh\left(b_i+\sum_{j=1}^{N}W_{ij}\lambda_{k_j}\right),$$

这表明

$$\Psi_{S,\Omega'}(\lambda_{k_1},\lambda_{k_2},\cdots,\lambda_{k_N})=\Psi_{S,\Omega}(\lambda_{k_1},\lambda_{k_2},\cdots,\lambda_{k_N}), \forall \Lambda_{k_1k_2\cdots k_N}.$$

于是,参数 Ω' 和 Ω 定义了相同的 NNQS: $|\Psi_{S,\Omega'}\rangle=|\Psi_{S,\Omega}\rangle$.

接下来,考虑两个 NNQS 的张量积.

假设 $|\Psi'_{S',\Omega'}\rangle$ 和 $|\Psi''_{S'',\Omega''}\rangle$ 都是 NNQS,其参数分别为

$$S'=S'_1\otimes\cdots\otimes S'_{N'}, S''=S''_1\otimes\cdots\otimes S''_{N''},$$

$$\Omega'=(a',b',W'), \Omega''=(a'',b'',W'').$$

于是

$$|\Psi'_{S',\Omega'}\rangle=\sum_{(\lambda_{k_1},\lambda_{k_2},\cdots,\lambda_{k_{N'}})^T\in V(S')}\Psi'_{S',\Omega'}(\lambda_{k_1},\lambda_{k_2},\cdots,\lambda_{k_{N'}})|\psi_{k_1}\rangle\otimes|\psi_{k_2}\rangle\otimes\cdots\otimes|\psi_{k_{N'}}\rangle,$$

$$|\Psi''_{S'',\Omega''}\rangle=\sum_{(\mu_{m_1},\cdots,\mu_{m_{N''}})^T\in V(S'')}\Psi''_{S'',\Omega''}(\mu_{m_1},\mu_{m_2},\cdots,\mu_{m_{N''}})|\phi_{m_1}\rangle\otimes|\phi_{m_2}\rangle\otimes\cdots\otimes|\phi_{m_{N''}}\rangle.$$

计算可得

$$\begin{aligned}&\Psi'_{S',\Omega'}(\lambda_{k_1},\lambda_{k_2},\cdots,\lambda_{k_{N'}})\cdot\Psi''_{S'',\Omega''}(\mu_{m_1},\mu_{m_2},\cdots,\mu_{m_{N''}})\\&=\left(\prod_{j=1}^{N'}\mathrm{e}^{a'_j\lambda_{k_j}}\right)\cdot\left(\prod_{j=1}^{N''}\mathrm{e}^{a''_j\mu_{m_j}}\right)\cdot\left(\prod_{i=1}^{M'}2\cosh\left(b'_i+\sum_{j=1}^{N'}W'_{ij}\lambda_{k_j}\right)\right)\\&\quad\cdot\left(\prod_{i=1}^{M''}2\cosh\left(b''_i+\sum_{j=1}^{N''}W''_{ij}\mu_{m_j}\right)\right)\end{aligned}$$

$$= \left(\prod_{j=1}^{N} e^{a_j \xi_{l_j}}\right) \cdot \left(\prod_{i=1}^{M} 2\cosh\left(b_i + \sum_{j=1}^{N} W_{ij}\xi_{l_j}\right)\right)$$
$$= \Psi_{S,\Omega}(\xi_{l_1}, \xi_{l_2}, \cdots, \xi_{l_N}).$$

其中，

$$S = S' \otimes S'', N = N' + N'', M = M' + M'',$$
$$a = \begin{pmatrix} a' \\ a'' \end{pmatrix}, b = \begin{pmatrix} b' \\ b'' \end{pmatrix},$$
$$W = [W_{ij}] = \begin{pmatrix} W'_{M' \times N'} & 0 \\ 0 & W''_{M'' \times N''} \end{pmatrix}, \Omega = (a, b, W),$$
$$(\xi_{l_1}, \xi_{l_2}, \cdots, \xi_{l_N}) = (\lambda_{k_1}, \lambda_{k_2}, \cdots, \lambda_{k_{N'}}, \mu_{m_1}, \mu_{m_2}, \cdots, \mu_{m_{N''}}).$$

令

$$|\varphi_{l_i}\rangle = \begin{cases} |\psi_{k_i}\rangle, & i \in \{1, 2, \cdots, N'\}, \\ |\phi_{m_{i-N'}}\rangle, & i \in \{N'+1, N'+2, \cdots, N\}, \end{cases}$$

可得

$$|\Psi'_{S',\Omega'}\rangle \otimes |\Psi''_{S'',\Omega''}\rangle$$
$$= \sum_{(\lambda_{k_1}, \lambda_{k_2}, \cdots, \lambda_{k_{N'}})^T \in V(S')} \sum_{(\mu_{m_1}, \mu_{m_2}, \cdots, \mu_{m_{N''}})^T \in V(S'')} \Psi'_{S',\Omega'}(\lambda_{k_1}, \lambda_{k_2}, \cdots, \lambda_{k_{N'}})$$
$$\cdot \Psi''_{S'',\Omega''}(\mu_{m_1}, \mu_{m_2}, \cdots, \mu_{m_{N''}}) \cdot |\psi_{k_1}\rangle \otimes |\psi_{k_2}\rangle \otimes \cdots \otimes |\psi_{k_{N'}}\rangle$$
$$\otimes |\phi_{m_1}\rangle \otimes |\phi_{m_2}\rangle \otimes \cdots \otimes |\phi_{m_{N''}}\rangle$$
$$= \sum_{(\xi_{l_1}, \xi_{l_2}, \cdots, \xi_{l_N})^T \in V(S)} \Psi_{S,\Omega}(\xi_{l_1}, \xi_{l_2}, \cdots, \xi_{l_N}) |\varphi_{l_1}\rangle \otimes \cdots \otimes |\varphi_{l_N}\rangle$$
$$= |\Phi_{S,\Omega}\rangle.$$

这说明两个 NNQS 的张量积也是一个 NNQS,证明了下面的结论.

命题 8.1.1　如果 $|\Psi'_{S',\Omega'}\rangle$ 和 $|\Psi''_{S'',\Omega''}\rangle$ 都是 NNQS,其参数分别为

$$S' = S'_1 \otimes \cdots \otimes S'_{N'}, S'' = S''_1 \otimes \cdots \otimes S''_{N''},$$
$$\Omega' = (a', b', W'), \Omega'' = (a'', b'', W'').$$

那么 $|\Psi'_{S',\Omega'}\rangle \otimes |\Psi''_{S'',\Omega''}\rangle$ 也是一个 NNQS $|\Phi_{S,\Omega}\rangle$,其参数为

$$S = S' \otimes S'', \Omega = (a, b, W), N = N' + N'', M = M' + M'',$$
$$a = \begin{pmatrix} a' \\ a'' \end{pmatrix}, b = \begin{pmatrix} b' \\ b'' \end{pmatrix}, W = [W_{ij}] = \begin{pmatrix} W'_{M' \times N'} & 0 \\ 0 & W''_{M'' \times N''} \end{pmatrix}.$$

现在,讨论局部酉操作对 NNQS 的影响.

令

$$|\Psi_{S,\Omega}\rangle = \sum_{\Lambda_{k_1 k_2 \cdots k_N} \in V(S)} \Psi_{S,\Omega}(\lambda_{k_1}, \lambda_{k_2}, \cdots, \lambda_{k_N}) |\psi_{k_1}\rangle \otimes |\psi_{k_2}\rangle \otimes \cdots \otimes |\psi_{k_N}\rangle$$

是一个 NNQS,$U = U_1 \otimes U_2 \otimes \cdots \otimes U_N$ 是 H 上的局域酉算子. 计算可得

$$U\mid\Psi_{S,\Omega}\rangle=\sum_{\Lambda_{k_1\cdots k_N}\in V(S)}\Psi_{S,\Omega}(\lambda_{k_1},\cdots,\lambda_{k_N})\mid U_1\psi_{k_1}\rangle\otimes\cdots\otimes\mid U_N\psi_{k_N}\rangle$$
$$=\sum_{\Lambda_{k_1\cdots k_N}\in V(USU^\dagger)}\Psi_{USU^\dagger,\Omega}(\lambda_{k_1},\cdots,\lambda_{k_N})\mid\phi_{k_1}\rangle\otimes\cdots\otimes\mid\phi_{k_N}\rangle$$
$$=\mid\Psi_{USU^\dagger,\Omega}\rangle.$$

其中，$\mid\phi_{k_i}\rangle=\mid U_i\psi_{k_i}\rangle(i=1,2,\cdots,N)$，它是$U_iS_iU_i^\dagger$对应于特征值$\lambda_{k_i}$的特征态，因为

$$U_iS_iU_i^\dagger\mid\phi_{k_i}\rangle=U_iS_iU_i^\dagger\mid U_i\psi_{k_i}\rangle=U_iS_i\mid\psi_{k_i}\rangle=U_i(\lambda_{k_i}\mid\psi_{k_i}\rangle)=\lambda_{k_i}\mid\phi_{k_i}\rangle.$$

这说明$U\mid\Psi_{S,\Omega}\rangle$也是一个NNQS，其输入可观测量为$USU^\dagger$和参数为$\Omega$，且与$\mid\Psi_{S,\Omega}\rangle$有相同的波函数. 结论如下.

命题 8.1.2 如果$\mid\Psi_{S,\Omega}\rangle$是一个NNQS，$U=U_1\otimes U_2\otimes\cdots\otimes U_N$是$H$上的局域酉算子. 那么$U\mid\Psi_{S,\Omega}\rangle=\mid\Psi_{USU^\dagger,\Omega}\rangle$，它也是一个NNQS，其输入可观测量为$USU^\dagger$和参数为$\Omega$，且与$\mid\Psi_{S,\Omega}\rangle$有相同的波函数.

注 8.1.2 由命题8.1.2可以看出：如果两个纯态是局域酉等价的，并且很容易给出其中一个态的NNQS表示，那么另一个态的NNQS表示可以由前者得到.

根据定义，可以很容易地检验下列结论.

命题 8.1.3 如果$\mid\Psi_{S,\Omega}\rangle$是一个NNQS，其参数为$S=S_1\otimes\cdots\otimes S_N$，$\Omega=(a,b,W)$. 那么当$c_1,c_2,\cdots,c_N$为非零实数时，$\mid\Psi_{S',\Omega}\rangle=\mid\Psi_{S,\Omega'}\rangle$成立，其中$S'=c_1S_1\otimes\cdots\otimes c_NS_N$，$\Omega'=([c_ja_j],b,[c_jW_{ij}])$.

命题 8.1.4 设$\Psi_{S,\Omega'}(\lambda_{k_1},\lambda_{k_2},\cdots,\lambda_{k_N})$和$\Psi_{S,\Omega''}(\lambda_{k_1},\lambda_{k_2},\cdots,\lambda_{k_N})$是两个NNQWF，输入可观测量均为$S=S_1\otimes S_2\otimes\cdots\otimes S_N$，网络参数分别为$\Omega'=(a',b',W')$，$\Omega''=(a'',b'',W'')$，则

$$\Psi_{S,\Omega'}(\lambda_{k_1},\lambda_{k_2},\cdots,\lambda_{k_N})\cdot\Psi_{S,\Omega''}(\lambda_{k_1},\lambda_{k_2},\cdots,\lambda_{k_N})=\Psi_{S,\Omega}(\lambda_{k_1},\lambda_{k_2},\cdots,\lambda_{k_N}).$$

其中，

$$\Omega=(a,b,W),a=a'+a'',$$
$$b=\begin{pmatrix}b'\\b''\end{pmatrix}\in\mathbf{C}^{M'+M''},W=\begin{pmatrix}W'\\W''\end{pmatrix}\in\mathbf{C}^{(M'+M'')\times N}.$$

在本节的最后，将讨论两类特殊的NNQS.

（情形 1）当$S=\sigma_1^z\otimes\sigma_2^z\otimes\cdots\otimes\sigma_N^z$时，有

$$\lambda_{k_j}=\begin{cases}1, & k_j=0,\\-1, & k_j=1;\end{cases}\quad\mid\psi_{k_j}\rangle=\begin{cases}\mid0\rangle, & k_j=0,\\\mid1\rangle, & k_j=1;\end{cases}\quad 1\leqslant j\leqslant N,\tag{8.1.7}$$

和$V(S)=\{1,-1\}^N$.

在这种情形下，NNQS(8.1.4)变为

$$\mid\Psi_{S,\Omega}\rangle=\sum_{\Lambda_{k_1k_2\cdots k_N}\in\{1,-1\}^N}\Psi_{S,\Omega}(\lambda_{k_1},\lambda_{k_2},\cdots,\lambda_{k_N})\mid\psi_{k_1}\rangle\otimes\cdots\otimes\mid\psi_{k_N}\rangle.\tag{8.1.8}$$

这就是文献[196]中提到并在文献[199]中讨论的NNQS. 把这种NNQS称为自旋zNNQS.

（情形 2）特别地，选择下列的参数

$$a_j = 0, b_i = \mathrm{i}b, W_{ij} = \begin{cases} \mathrm{i}\omega_{i-j}, & |i-j| \leqslant 1, \\ 0, & |i-j| > 1. \end{cases} \tag{8.1.9}$$

其中，b 和 $\omega_k (k = -1, 0, 1)$ 均为实参数且 $\cos b \neq 0 (M > N+1)$.

在这种情况下，利用 $\cos h(\mathrm{i}x) = \cos x (\forall x \in \mathbf{R})$，NNQWF(8.1.3) 简化为

$$\Psi_{S,\Omega}(\lambda_{k_1}, \lambda_{k_2}, \cdots, \lambda_{k_N}) = \prod_{i=1}^{M} (2\Lambda_i). \tag{8.1.10}$$

其中，

$$\Lambda_i = \cos(b + \omega_1 \lambda_{k_{i-1}} + \omega_0 \lambda_{k_i} + \omega_{-1} \lambda_{k_{i+1}}) (i = 1, 2, \cdots, M), \tag{8.1.11}$$

它与 $\lambda_{k_{i-1}}, \lambda_{k_i}$ 和 $\lambda_{k_{i+1}}$ 有关，且 $\lambda_{k_0} = 0, \lambda_{k_j} = 0 (j > N)$. 如

$$\Lambda_1 = \cos(b + \omega_0 \lambda_{k_1} + \omega_{-1} \lambda_{k_2}).$$

当 $M \geqslant N$，有

$$\Lambda_N = \cos(b + \omega_1 \lambda_{k_{N-1}} + \omega_0 \lambda_{k_N}),$$
$$\Lambda_{N+1} = \cos(b + \omega_1 \lambda_{k_N}),$$
$$\Lambda_j = \cos b \quad \forall j > N+1.$$

此时，NNQS(8.1.4) 变为

$$|\Psi_{S,\Omega}\rangle = \sum_{\Lambda_{k_1 k_2 \cdots k_N} \in V(S)} \left(\prod_{i=1}^{M} 2\Lambda_i\right) |\psi_{k_1}\rangle \otimes |\psi_{k_2}\rangle \otimes \cdots \otimes |\psi_{k_N}\rangle. \tag{8.1.12}$$

由于权矩阵的特殊结构，把这样的 NNQS 叫作 3 对角 NNQS，如图 8.3 所示.

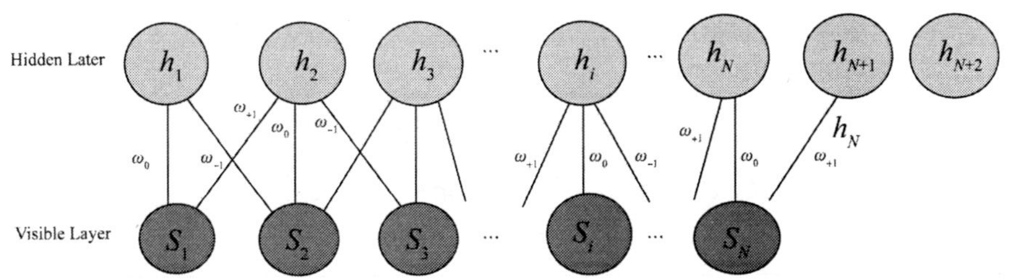

图 8.3　3 对角 NNQS 相匹配的人工神经网络，其参数 Ω 由式(8.1.9) 给出

特别地，当 $S = \sigma_1^z \otimes \sigma_2^z \otimes \cdots \otimes \sigma_N^z$ 时，NNQS 变为

$$|\Psi_{S,\Omega}\rangle = \sum_{\Lambda_{k_1 k_2 \cdots k_N} \in \{-1,1\}^N} \left(\prod_{i=1}^{M} 2\Lambda_i\right) |\psi_{k_1}\rangle \otimes |\psi_{k_2}\rangle \otimes \cdots \otimes |\psi_{k_N}\rangle. \tag{8.1.13}$$

把这样的 NNQS 叫作 3 对角自旋 zNNQS.

8.2　图态的神经网络表示

首先，给出图与图态的定义.

定义 8.2.1[219,226,227]　设 $V = \{1, 2, \cdots, N\}$，E 为 V 的一些二元素子集构成的非空集合，一个图是由集合 $V = \{1, 2, \cdots, N\}$ 和集合 E 组成的一个序对 $G = (V, E)$，其中 V 称为图 $G = (V, E)$ 的顶点集，V 中的元素称为图 $G = (V, E)$ 的顶点，E 称为图 $G = (V, E)$ 的边集. 当

$e=(i_1,i_2)\in E$ 时，称 e 为图 $G=(V,E)$ 的顶点 i_1 与顶点 i_2 相连的边.

定义 8.2.2[135,219,226,227] 给定一个图 $G=(V,E)$，由它可以诱导出 $(\mathbf{C}^2)^{\otimes N}$ 中的一个态 $|G\rangle$，满足

$$H_q|G\rangle=|G\rangle(q=1,2,\cdots,N). \tag{8.2.1}$$

其中，

$$H_q=\sigma_q^x(\bigotimes_{p\in N(q)}\sigma_p^z)(q=1,2,\cdots,N),$$

$|G\rangle$ 称为图 G 所对应的图态，H_q 称为图 G 的稳定化算子. $p\in N(q)$ 当且仅当 p 与 q 之间有连接，i. e.，$(p,q)\in E$.

接下来，借助图态的稳定化子形式的定义，试图构造一个给定图态 $|G\rangle$ 的神经网络表示(NNR)，即寻找一个 NNQS $|\Psi_{S,\Omega}\rangle$，使得对某个规范化常数 z 满足 $|G\rangle=z|\Psi_{S,\Omega}\rangle$.

假定 $S=\sigma_1^z\otimes\sigma_2^z\otimes\cdots\otimes\sigma_N^z$ 和图态 $|G\rangle$ 可以由自旋 z 的 NNQS(8.1.8) 表示，即

$$|G\rangle=z\sum_{\Lambda_{k_1k_2\cdots k_N}\in\{1,-1\}^N}\Psi_{S,\Omega}(\lambda_{k_1},\cdots,\lambda_{k_N})|\psi_{k_1}\rangle\otimes\cdots\otimes|\psi_{k_N}\rangle. \tag{8.2.2}$$

其中，z 为满足下式的规范化常数：

$$\sum_{\Lambda_{k_1k_2\cdots k_N}\in\{1,-1\}^N}|z\Psi_{S,\Omega}(\lambda_{k_1},\lambda_{k_2},\cdots,\lambda_{k_N})|^2=1. \tag{8.2.3}$$

容易计算

$$H_q|\psi_{k_1}\rangle\otimes|\psi_{k_2}\rangle\otimes\cdots\otimes|\psi_{k_N}\rangle=(\prod_{p\in N(q)}\lambda_{k_p})|\psi_{k_1}\rangle\otimes\cdots\otimes|\bar{\psi}_{k_q}\rangle\otimes\cdots\otimes|\psi_{k_N}\rangle.$$

其中，

$$|\bar{\psi}_{k_q}\rangle=\sigma^x|\psi_{k_q}\rangle=\begin{cases}|1\rangle, & |\psi_{k_q}\rangle=|0\rangle,\\ |0\rangle, & |\psi_{k_q}\rangle=|1\rangle.\end{cases}$$

利用式(8.2.2)，方程(8.2.1) 变为

$$(\prod_{p\in N(q)}\lambda_{k_p})\Psi_{S,\Omega}(\lambda_{k_1},\lambda_{k_2},\cdots,\lambda_{k_N})=\Psi_{S,\Omega}\left(\Lambda_{k_1k_2\cdots k_N}^{(q)}\right). \tag{8.2.4}$$

其中，

$$\Lambda_{k_1k_2\cdots k_N}^{(q)}=(\lambda_{k_1},\cdots,\lambda_{k_{q-1}},-\lambda_{k_q},\lambda_{k_{q+1}},\cdots,\lambda_{k_N})^T=(q=1,2,\cdots,N).$$

因为

$$\Psi_{S,\Omega}(\lambda_{k_1},\lambda_{k_2},\cdots,\lambda_{k_N})=(\prod_{j=1}^{N}\mathrm{e}^{a_j\lambda_{k_j}})(\prod_{i=1}^{M}2\cosh(b_i+\sum_{j=1}^{N}W_{ij}\lambda_{k_j})),$$

方程(8.2.4) 能表示为

$$\begin{aligned}&\mathrm{e}^{2a_q\lambda_{k_q}}(\prod_{p\in N(q)}\lambda_{k_p})(\prod_{i=1}^{M}2\cosh(b_i+\sum_{j=1}^{N}W_{ij}\lambda_{k_j}))\\ &=\prod_{i=1}^{M}2\cosh(b_i+\sum_{j=1,j\neq q}^{N}W_{ij}\lambda_{k_j}-W_{iq}\lambda_{k_q}).\end{aligned} \tag{8.2.5}$$

其中，$q=1,2,\cdots,N$.

相反，当方程(8.2.5) 和方程(8.2.3) 都满足时，很容易看出规范化 NNQS$z|\Psi_{S,\Omega}\rangle$ 满足条件(8.2.1)，于是它恰好就等于图态 $|G\rangle$.

因此,得到了下列结论.

定理 8.2.1　图态能被规范化的自旋 zNNQS(8.1.8) 表示当且仅当方程(8.2.5) 和(8.2.3) 成立.

因此,一个图态 $|G\rangle$ 的精确神经网络表示需要满足方程(8.2.5) 和方程(8.2.3). 由于方程(8.2.5) 是一个非线性方程组,一般情况下很难直接求解. 因此,让我们考虑一个特殊的 NNQS,其中参数由式(8.1.9) 给出,即

$$a_k = 0, b_k = ib, W_{kj} = \begin{cases} i\omega_{k-j}, & |k-j| \leqslant 1, \\ 0, & |k-j| > 1. \end{cases}$$

其中,b 和 $w_k(k = -1, 0, 1)$ 均为实参数且 $\cos b = 0 (M > N+1)$. 此时,NNQWF 能简化为方程(8.1.10). 令 $\Lambda_i (i = 1, 2, \cdots, M)$ 由方程(8.1.11) 给出,且定义 $\Lambda_i^{(q)}$ 为

$$\Lambda_{q-1}^{(q)} = \cos(b + \omega_1 \lambda_{k_{q-2}} + \omega_0 \lambda_{k_{q-1}} - \omega_{-1} \lambda_{k_q}), \tag{8.2.6}$$

$$\Lambda_q^{(q)} = \cos(b + \omega_1 \lambda_{k_{q-1}} - \omega_0 \lambda_{k_q} + \omega_{-1} \lambda_{k_{q+1}}), \tag{8.2.7}$$

$$\Lambda_{q+1}^{(q)} = \cos(b - \omega_1 \lambda_{k_q} + \omega_0 \lambda_{k_{q+1}} + \omega_{-1} \lambda_{k_{q+2}}) \tag{8.2.8}$$

且当 $i \neq q-1, q, q+1$ 时,$\Lambda_i^{(q)} = \Lambda_i$. 因此,根据 M 和 N 之间的关系,表示条件(8.2.5) 变为以下两种情况:

(1) 当 $M \geqslant N+1$ 时,

$$\left(\prod_{p \in N(q)} \lambda_{k_p}\right)\left(\prod_{i=1}^{N+1} \Lambda_i\right) = \left(\prod_{i=1}^{N+1} \Lambda_i^{(q)}\right). \tag{8.2.9}$$

因为 $\Pi_{i=N+2}^{M} \cos b \neq 0$.

(2) 当 $M \leqslant N$ 时,

$$\left(\prod_{p \in N(q)} \lambda_{k_p}\right)\left(\prod_{i=1}^{M} \Lambda_i\right) = \left(\prod_{i=1}^{M} \Lambda_i^{(q)}\right). \tag{8.2.10}$$

由于

$$\Lambda_i^{(q)} = \Lambda_i (i = 1, 2, \cdots, q-2, q+2, \cdots, M),$$

表示条件(8.2.5) 变为

$$\begin{aligned} &\left(\prod_{p \in N(q)} \lambda_{k_p}\right) \Lambda_{q-1} \Lambda_q \Lambda_{q+1} \left(\prod_{i \neq q-1, q, q+1} \Lambda_i\right) \\ &= \Lambda_{q-1}^{(q)} \Lambda_q^{(q)} \Lambda_{q+1}^{(q)} \left(\prod_{i \neq q-1, q, q+1} \Lambda_i\right). \end{aligned} \tag{8.2.11}$$

其中,$q = 1, 2, \cdots, N$.

从上面的讨论中,得到了以下结论.

推论 8.2.1　如果 $|G\rangle$ 是一个图态. 那么它能被规范化的 3 对角自旋 zNNQS(8.1.13) 表示,即

$$|G\rangle = z \sum_{\Lambda_{k_1 k_2 \cdots k_N} \in \{1,-1\}^N} \left(\prod_{i=1}^{M} 2\Lambda_i\right) |\psi_{k_1}\rangle \otimes |\psi_{k_2}\rangle \otimes \cdots \otimes |\psi_{k_N}\rangle, \tag{8.2.12}$$

当且仅当方程(8.2.11) 和

$$\sum_{\Lambda_{k_1 k_2 \cdots k_N} \in \{1,-1\}^N} \left| z \prod_{i=1}^{M} 2\Lambda_i \right|^2 = 1. \tag{8.2.13}$$

推论 8.2.2 假设

$$|G\rangle = \sum_{\Lambda_{k_1k_2\cdots k_N}\in\{1,-1\}^N} g_{k_1k_2\cdots k_N}|\psi_{k_1}\rangle\otimes|\psi_{k_2}\rangle\otimes\cdots\otimes|\psi_{k_N}\rangle$$

是一个图态，且对所有的 $k_1k_2\cdots k_N, g_{k_1k_2\cdots k_N}\neq 0$. 那么它能被规范化的 3 对角自旋 zNNQS(8.1.13) 表示，即

$$|G\rangle = z\sum_{\Lambda_{k_1k_2\cdots k_N}\in\{1,-1\}^N}\left(\prod_{i=1}^{M}2\Lambda_i\right)|\psi_{k_1}\rangle\otimes|\psi_{k_2}\rangle\otimes\cdots\otimes|\psi_{k_N}\rangle, \tag{8.2.14}$$

当且仅当满足以下两个方程：

$$\left(\prod_{p\in N(q)}\lambda_{k_p}\right)\Lambda_{q-1}\Lambda_q\Lambda_{q+1} = \Lambda_{q-1}^{(q)}\Lambda_q^{(q)}\Lambda_{q+1}^{(q)}(q=1,2,\cdots,N), \tag{8.2.15}$$

$$\sum_{\Lambda_{k_1k_2\cdots k_N}\in\{1,-1\}^N}\left|z\prod_{i=1}^{M}2\Lambda_i\right|^2 = 1. \tag{8.2.16}$$

接下来，考虑团簇态的神经网络表示. 由于具有 N 个顶点的团簇态 $|C_N\rangle$ 是一种特殊的图态，其中顶点的邻域如下：

$$N(1)=\{2\}, N(N)=\{N-1\}, N(q)=\{q-1,q+1\}(q=2,\cdots,N-1).$$

此时，$|C_N\rangle$ 能表示为一个自旋 z 的 NNQS(8.1.8) 的条件(8.2.5) 变为

$$e^{2a_q\lambda_{k_q}}\lambda_{k_{q-1}}\lambda_{k_{q+1}}A_{k_1k_2\cdots k_N} = A_{k_1k_2\cdots k_N}^{(q)}(q=1,2,\cdots,N). \tag{8.2.17}$$

其中，$\lambda_{k_0}=\lambda_{k_{n+1}}=1$ 且

$$A_{k_1k_2\cdots k_N} = \prod_{i=1}^{M}2\cosh\left(b_i+\sum_{j=1}^{N}W_{ij}\lambda_{k_j}\right),$$

$$A_{k_1k_2\cdots k_N}^{(q)} = \prod_{i=1}^{M}2\cosh\left(b_i+\sum_{j=1,j\neq q}^{N}W_{ij}\lambda_{k_j}-W_{iq}\lambda_{k_q}\right).$$

$|C_N\rangle$ 能表示为一个 NNQS(8.1.13) 的条件(8.2.11) 变为

$$\begin{aligned}&\lambda_{k_{q-1}}\lambda_{k_{q+1}}\Lambda_{q-1}\Lambda_q\Lambda_{q+1}\left(\prod_{i\neq q-1,q,q+1}\Lambda_i\right)\\ &=\Lambda_{q-1}^{(q)}\Lambda_q^{(q)}\Lambda_{q+1}^{(q)}\left(\prod_{i\neq q-1,q,q+1}\Lambda_i\right)(q=1,2,\cdots,N).\end{aligned} \tag{8.2.18}$$

其中，$\lambda_{k_0}=\lambda_{k_{N+1}}=1$ 和 $\Lambda_0=\Lambda_i=1(i>M)$.

基于以上讨论，得到下列结论.

推论 8.2.3 团簇态 $|C_N\rangle$ 能被一个规范化的自旋 zNNQS(8.1.8) 表示当且仅当方程(8.2.17) 和(8.2.3) 成立.

推论 8.2.4 如果 $|C_N\rangle$ 是一个团簇态，那么它能被一个规范化的 3 对角自旋 zNNQS(8.1.13) 表示，即

$$|C_N\rangle = z\sum_{\Lambda_{k_1k_2\cdots k_N}\in\{1,-1\}^N}\left(\prod_{i=1}^{M}2\Lambda_i\right)|\psi_{k_1}\rangle\otimes|\psi_{k_2}\rangle\otimes\cdots\otimes|\psi_{k_N}\rangle, \tag{8.2.19}$$

当且仅当(8.2.18) 和(8.2.13) 成立.

例 8.2.1 考虑图态 $|G_0\rangle$ 的神经网络表示，其中 $|G_0\rangle$ 为具有两个顶点的空图(没有边的图) 所确定的图态. 事实上，

$$|G_0\rangle = \frac{1}{2}(|00\rangle + |01\rangle + |10\rangle + |11\rangle).$$

当 $M = N = 2$ 时，方程(8.2.11) 变为

$$\begin{cases} \Lambda_1\Lambda_2 = \Lambda_1^{(1)}\Lambda_2^{(1)}, \\ \Lambda_1\Lambda_2 = \Lambda_1^{(2)}\Lambda_2^{(2)}. \end{cases} \tag{8.2.20}$$

其中，

$$\Lambda_1 = \cos(b + \omega_0\lambda_{k_1} + \omega_{-1}\lambda_{k_2}),$$
$$\Lambda_2 = \cos(b + \omega_1\lambda_{k_1} + \omega_0\lambda_{k_2}).$$

即

$$\begin{cases} \cos(b+\omega_0+\omega_{-1})\cdot\cos(b+\omega_1+\omega_0) = \cos(b-\omega_0+\omega_{-1})\cdot\cos(b-\omega_1+\omega_0), \\ \cos(b+\omega_0-\omega_{-1})\cdot\cos(b+\omega_1-\omega_0) = \cos(b-\omega_0-\omega_{-1})\cdot\cos(b-\omega_1-\omega_0), \\ \cos(b+\omega_0+\omega_{-1})\cdot\cos(b+\omega_1+\omega_0) = \cos(b+\omega_0-\omega_{-1})\cdot\cos(b+\omega_1-\omega_0), \\ \cos(b-\omega_0+\omega_{-1})\cdot\cos(b-\omega_1+\omega_0) = \cos(b-\omega_0-\omega_{-1})\cdot\cos(b-\omega_1-\omega_0). \end{cases}$$

从而

$$\begin{aligned} &\cos(b+\omega_0+\omega_{-1})\cdot\cos(b+\omega_1+\omega_0) \\ =\ &\cos(b-\omega_0+\omega_{-1})\cdot\cos(b-\omega_1+\omega_0) \\ =\ &\cos(b+\omega_0-\omega_{-1})\cdot\cos(b+\omega_1-\omega_0) \\ =\ &\cos(b-\omega_0-\omega_{-1})\cdot\cos(b-\omega_1-\omega_0). \end{aligned} \tag{8.2.21}$$

容易得到 $z \in \mathbf{R}$，从而(8.2.13) 变为

$$\begin{aligned} &(\cos(b+\omega_0+\omega_{-1})\cdot\cos(b+\omega_1+\omega_0))^2 \\ &+ (\cos(b+\omega_0-\omega_{-1})\cdot\cos(b+\omega_1-\omega_0))^2 \\ &+ (\cos(b-\omega_0+\omega_{-1})\cdot\cos(b-\omega_1+\omega_0))^2 \\ &+ (\cos(b-\omega_0-\omega_{-1})\cdot\cos(b-\omega_1-\omega_0))^2 \\ =\ &\frac{1}{16z^2}. \end{aligned} \tag{8.2.22}$$

式(8.2.21) 和式(8.2.22) 等价于

$$\begin{aligned} &\cos(b+\omega_0+\omega_{-1})\cdot\cos(b+\omega_1+\omega_0) \\ =\ &\cos(b-\omega_0+\omega_{-1})\cdot\cos(b-\omega_1+\omega_0) \\ =\ &\cos(b+\omega_0-\omega_{-1})\cdot\cos(b+\omega_1-\omega_0) \\ =\ &\cos(b-\omega_0-\omega_{-1})\cdot\cos(b-\omega_1-\omega_0) \\ =\ &\frac{1}{8z}. \end{aligned} \tag{8.2.23}$$

因此，由推论 8.2.1 可知：图态 $|G_0\rangle$ 能用 3 对角自旋 zNNQS 表示，即

$$\begin{aligned} |G_0\rangle = z \sum_{\Lambda_{k_1k_2}\in\{1,-1\}^2} & 4\cos(b+\omega_0\lambda_{k_1}+\omega_{-1}\lambda_{k_2})\cos(b+\omega_1\lambda_{k_1}+\omega_0\lambda_{k_2}) \\ & |\psi_{k_1}\rangle \otimes |\psi_{k_2}\rangle, \end{aligned} \tag{8.2.24}$$

当且仅当 $z, b, \omega_0, \omega_1, \omega_{-1}$ 满足方程组(8.2.23)．可以验证上述方程组(8.2.23) 有下列解：

$$z=\frac{1}{4},b=\frac{\pi}{4},\omega_{-1}=\frac{\pi}{4}+k\pi,\omega_0=\frac{\pi}{4},\omega_1=\frac{\pi}{4}+k\pi(k\in\mathbf{Z}).$$

因此,图态 $|G_0\rangle$ 能由含上述参数的规范化的 3 对角自旋 z 的 NNQSz $|\Psi_{S,\Omega}\rangle$ 表示,即式(8.2.24) 成立.

例 8.2.2 由推论 8.2.4 知,团簇态

$$|G_2\rangle=\frac{1}{2}(|00\rangle+|01\rangle+|10\rangle-|11\rangle)$$

能由规范化的 3 对角自旋 z 的 NNQSz $|\Psi_{S,\Omega}\rangle$ 表示,即式(8.2.19) 成立,当且仅当式(8.2.18) 和式(8.2.13) 成立.

当 $M=N=2$ 时,式(8.2.18) 变为

$$\begin{cases}\lambda_{k_2}\Lambda_1\Lambda_2=\Lambda_1^{(1)}\Lambda_2^{(1)},\\ \lambda_{k_1}\Lambda_1\Lambda_2=\Lambda_1^{(2)}\Lambda_2^{(2)}.\end{cases}\tag{8.2.25}$$

其中,

$$\Lambda_1=\cos(b+\omega_0\lambda_{k_1}+\omega_{-1}\lambda_{k_2}),$$
$$\Lambda_2=\cos(b+\omega_1\lambda_{k_1}+\omega_0\lambda_{k_2}).$$

即

$$\begin{cases}\cos(b+\omega_0+\omega_{-1})\cdot\cos(b+\omega_1+\omega_0)=\cos(b-\omega_0+\omega_{-1})\cdot\cos(b-\omega_1+\omega_0),\\ -\cos(b+\omega_0-\omega_{-1})\cdot\cos(b+\omega_1-\omega_0)=\cos(b-\omega_0-\omega_{-1})\cdot\cos(b-\omega_1-\omega_0),\\ \cos(b+\omega_0+\omega_{-1})\cdot\cos(b+\omega_1+\omega_0)=\cos(b+\omega_0-\omega_{-1})\cdot\cos(b+\omega_1-\omega_0),\\ -\cos(b-\omega_0+\omega_{-1})\cdot\cos(b-\omega_1+\omega_0)=\cos(b-\omega_0-\omega_{-1})\cdot\cos(b-\omega_1-\omega_0).\end{cases}$$

从而

$$\begin{aligned}&\cos(b+\omega_0+\omega_{-1})\cdot\cos(b+\omega_1+\omega_0)\\=&\cos(b-\omega_0+\omega_{-1})\cdot\cos(b-\omega_1+\omega_0)\\=&\cos(b+\omega_0-\omega_{-1})\cdot\cos(b+\omega_1-\omega_0)\\=&-\cos(b-\omega_0-\omega_{-1})\cdot\cos(b-\omega_1-\omega_0).\end{aligned}\tag{8.2.26}$$

容易得到 $z\in\mathbf{R}$,从而式(8.2.13) 变为

$$\begin{aligned}&(\cos(b+\omega_0+\omega_{-1})\cdot\cos(b+\omega_1+\omega_0))^2\\&+(\cos(b+\omega_0-\omega_{-1})\cdot\cos(b+\omega_1-\omega_0))^2\\&+(\cos(b-\omega_0+\omega_{-1})\cdot\cos(b-\omega_1+\omega_0))^2\\&+(\cos(b-\omega_0-\omega_{-1})\cdot\cos(b-\omega_1-\omega_0))^2\\=&\frac{1}{16z^2}.\end{aligned}\tag{8.2.27}$$

式(8.2.26) 和式(8.2.27) 等价于

$$\begin{aligned}&\cos(b+\omega_0+\omega_{-1})\cdot\cos(b+\omega_1+\omega_0)\\=&\cos(b-\omega_0+\omega_{-1})\cdot\cos(b-\omega_1+\omega_0)\\=&\cos(b+\omega_0-\omega_{-1})\cdot\cos(b+\omega_1-\omega_0)\\=&-\cos(b-\omega_0-\omega_{-1})\cdot\cos(b-\omega_1-\omega_0)\end{aligned}$$

$$= \frac{1}{8z}. \tag{8.2.28}$$

因此，一个团簇态 $|C_2\rangle$ 能被规范化的 3 对角自旋 z 的 NNQS$z|\Psi_{S,\Omega}\rangle$ 表示，即

$$|C_2\rangle = z \sum_{\Lambda_{k_1k_2} \in \{1,-1\}^2} 4\cos(b+\omega_0\lambda_{k_1}+\omega_{-1}\lambda_{k_2})\cos(b+\omega_1\lambda_{k_1}+\omega_0\lambda_{k_2}) |\psi_{k_1}\rangle \otimes |\psi_{k_2}\rangle, \tag{8.2.29}$$

当且仅当 $b,\omega_0,\omega_1,\omega_{-1},z$ 满足式(8.2.28).

直接求解非线性方程(8.2.28)似乎比较困难.但可以把它看成一个优化问题.令

$$b = x_1, \omega_0 = x_2, \omega_1 = x_3, \omega_{-1} = x_4, z = x_5.$$

定义函数

$$\begin{aligned} f_1(x_1,x_2,x_3,x_4,x_5) = & \left| x_5 \cdot \cos(x_1+x_2+x_4) \cdot \cos(x_1+x_3+x_2) - \frac{1}{8} \right|^2 \\ & + \left| x_5 \cdot \cos(x_1-x_2+x_4) \cdot \cos(x_1-x_3+x_2) - \frac{1}{8} \right|^2 \\ & + \left| x_5 \cdot \cos(x_1+x_2-x_4) \cdot \cos(x_1+x_3-x_2) - \frac{1}{8} \right|^2 \\ & + \left| x_5 \cdot \cos(x_1-x_2-x_4) \cdot \cos(x_1-x_3-x_2) + \frac{1}{8} \right|^2, \end{aligned}$$

然后求 f_1 关于实变量 x_1,x_2,x_3,x_4,x_5 的最小值，如图 8.4 所示.

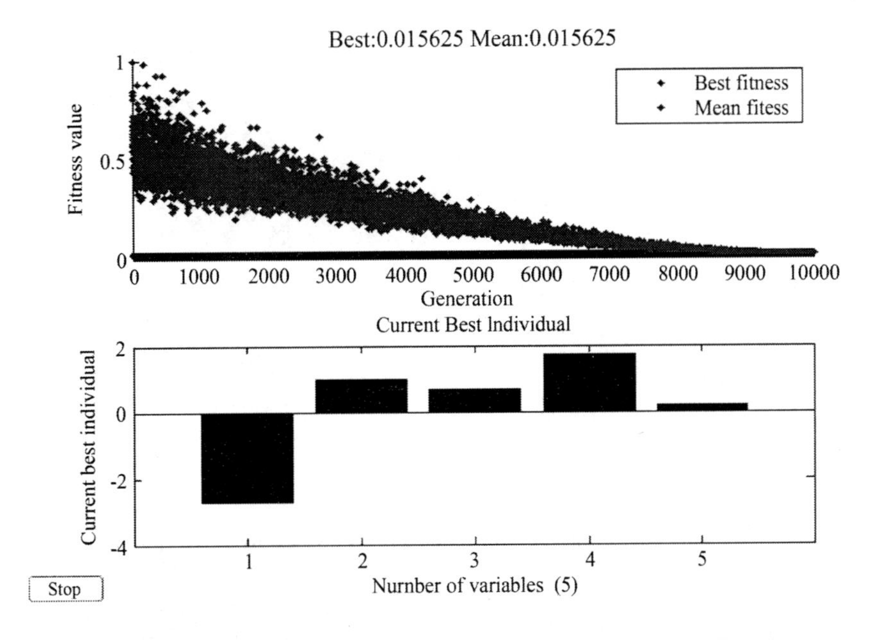

图 8.4　通过优化求解 f_1 关于实变量 x_1,x_2,x_3,x_4,x_5 的最小值

显然，f_1 的零点对应于方程(8.2.28)的根.但是通过 Matlab 求解，发现

$$\begin{aligned} \min_{x_i} f_1(x_1,x_2,x_3,x_4,x_5) &= f_1(-2.765, 0.979, 0.666, 1.717, 0.196) \\ &= 0.015\,625 > 0. \end{aligned}$$

这说明函数 f_1 没有零点，因此方程(8.2.28)没有解.换句话说，$|C_2\rangle$ 不能由3对角自旋 z 的NNQS(8.2.12)表示.

此外，还能计算出 $|C_2\rangle$ 到所有规范化的3对角自旋 z 的NNQS($N=M=2$)的距离为

$$\epsilon_1=\min_{z,\Omega}\|\ |C_2\rangle - z|\Psi_{S,\Omega}\rangle\|=4\sqrt{f_1}\approx 0.5.$$

它是 $|C_2\rangle$ 由所有规范化的3对角线自旋 zNNQS($N=M=2$)逼近的最佳逼近度.换句话说，当我们用如此的NNQS逼近(或学习)它时，其误差不小于0.5.文献[199](Eq.(8))中提到团簇态 $|C_2\rangle$ 能由一个3对角NNQS表示，其参数 $b,\omega_{-1},\omega_0,\omega_1$ 为

$$b=\frac{1}{4}\pi,\omega_{-1}=\frac{1}{4}\pi,\omega_0=\frac{3}{4}\pi,\omega_1=\frac{2}{4}\pi.$$

然而，我们注意到这组参数不满足方程(8.2.28).事实上，这些参数对应的NNQS为

$$|\Psi_{S,\Omega}\rangle=-\frac{\sqrt{2}}{2}(|01\rangle-|11\rangle)\neq|C_2\rangle.$$

上面是借助图态的稳定化子形式的定义，探讨给定图态 $|G\rangle$ 的神经网络表示，下面将从图态的另一种形式的定义出发，探讨它的神经网络表示.

定义8.2.3[226]　给定一个图 $G=(V,E)$，图态 $|G\rangle$ 定义为

$$|G\rangle=\prod_{(i,j)\in E}U^{(i,j)}\underbrace{|+\rangle|+\rangle\cdots|+\rangle}_{N}. \tag{8.2.30}$$

其中，

$$U^{(i,j)}=P_{Z,+}^{(i)}+P_{Z,-}^{(i)}Z^{(i)},P_{Z,\pm}^{(i)}=\frac{I\pm Z^{(i)}}{2},|+\rangle=\frac{1}{\sqrt{2}}(|0\rangle+|1\rangle),$$

I 为 $2^N\times 2^N$ 单位阵，$Z^{(i)}=\otimes_{k=1}^N T_k$ 且 $T_i=Z,T_k=I_2(k\neq i)$，I_2 为 2×2 单位阵.

计算可知，对于所有的 $k_1,k_2,\cdots,k_N=0,1$，有

$$U^{(i,j)}|k_1k_2\cdots k_N\rangle=\begin{cases}-|k_1k_2\cdots k_N\rangle, & k_i=k_j=1,\\ |k_1k_2\cdots k_N\rangle, & \text{其他}.\end{cases}$$

于是，对于所有的 $k_1,k_2,\cdots,k_N=0,1$，有

$$U^{(i,j)}|k_1k_2\cdots k_N\rangle=(-1)^{k_ik_j}|k_1k_2\cdots k_N\rangle. \tag{8.2.31}$$

进一步地，容易验证对于每一个 $(i,j)\in E$，$U^{(i,j)}$ 都是自伴酉算子，且任意两个算子 $U^{(i,j)}$ 和 $U^{(s,t)}$ 都是可交换的，即

$$U^{(i,j)}U^{(s,t)}=U^{(s,t)}U^{(i,j)}.$$

因此，式(8.2.30)是合理的.

下面，借助定义8.2.3，试图从另外一个角度出发构造一个给定图态 $|G\rangle$ 的神经网络表示，即寻找一个NNQS $|\Psi_{S,\Omega}\rangle$，使得对某个规范化常数 z 满足 $|G\rangle=z|\Psi_{S,\Omega}\rangle$.

首先，通过下面的方法来简化图态的表达式(8.2.30).

因为

$$|+\rangle^{\otimes N}=\underbrace{|+\rangle|+\rangle\cdots|+\rangle}_{N}=\frac{1}{(\sqrt{2})^N}\sum_{k_1,k_2,\cdots,k_N=0,1}|k_1k_2\cdots k_N\rangle,$$

由式(8.2.31)可得

$$
\begin{aligned}
|G\rangle &= \prod_{(i,j)\in E} U^{(i,j)} \underbrace{|+\rangle\,|+\rangle\cdots\,|+\rangle}_{N} \\
&= \sum_{k_1,k_2,\cdots,k_N=0,1} \frac{1}{(\sqrt{2})^N} \prod_{(i,j)\in E} U^{(i,j)}\,|k_1k_2\cdots k_N\rangle \\
&= \sum_{k_1,k_2,\cdots,k_N=0,1} \frac{1}{(\sqrt{2})^N} \prod_{(i,j)\in E} (-1)^{k_ik_j}\,|k_1k_2\cdots k_N\rangle.
\end{aligned}
$$

又因为

$$
(-1)^{k_ik_j} = (-1)^{\frac{(1-\lambda_{k_i})(1-\lambda_{k_i})}{4}},
$$

可得

$$
|G\rangle = \sum_{\Lambda_{k_1\cdots k_N}\in\{1,-1\}^N} \Psi_G(\lambda_{k_1},\cdots,\lambda_{k_N})\,|\psi_{k_1}\rangle\otimes\cdots\otimes|\psi_{k_N}\rangle. \tag{8.2.32}
$$

其中,

$$
\Psi_G(\lambda_{k_1},\cdots,\lambda_{k_N}) = \frac{1}{(\sqrt{2})^N}\prod_{(i,j)\in E}(-1)^{\frac{(1-\lambda_{k_i})(1-\lambda_{k_i})}{4}}, \tag{8.2.33}
$$

$\lambda_{k_1},\cdots,\lambda_{k_N},|\psi_{k_1}\rangle,\cdots,|\psi_{k_N}\rangle$ 见式(8.1.7).容易看出简化后的表达式(8.2.32)非常简单,并且便于使用.给定一个图,很容易使用这个表达式快速地得到它所对应的图态.例如,

1 —— 2 $\longrightarrow$ $|C_2\rangle = \frac{1}{2}(|00\rangle+|01\rangle+|10\rangle-|11\rangle)$.

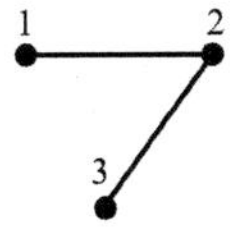

1 —— 2, 2 —— 3 $\longrightarrow$ $|C_3\rangle = \frac{1}{2\sqrt{2}}(|000\rangle+|001\rangle+|010\rangle-|011\rangle$
$+|100\rangle+|101\rangle-|110\rangle+|111\rangle)$.

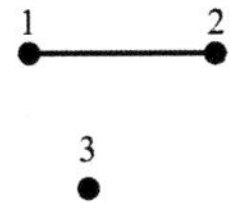

1 —— 2, 3 $\longrightarrow$ $|C\rangle = \frac{1}{2\sqrt{2}}(|000\rangle+|001\rangle+|010\rangle+|011\rangle$
$+|100\rangle+|101\rangle-|110\rangle-|111\rangle)$.

另外,简化后的图态的表达式(8.2.32)与自旋 zNNQS(8.1.8)形式上非常类似,这为后续工作做好了准备.

此外,容易看出:图态 $|G\rangle$ 的波函数为式(8.2.33).

下面我们试图构造一个 NNQWF$\Psi_{S,\Omega}(\lambda_{k_1},\lambda_{k_2},\cdots,\lambda_{k_N})$,使得对于某个规范化常数 z 满足

$$
\Psi_G(\lambda_{k_1},\lambda_{k_2},\cdots,\lambda_{k_N}) = z\Psi_{S,\Omega}(\lambda_{k_1},\lambda_{k_2},\cdots,\lambda_{k_N}). \tag{8.2.34}
$$

其中,

$$
\begin{aligned}
&\Psi_{S,\Omega}(\lambda_{k_1},\lambda_{k_2},\cdots,\lambda_{k_N}) \\
&= \sum_{h_p=\pm1}\exp\Big(\sum_{q=1}^{N}a_q\lambda_{k_q} + \sum_{p=1}^{M}b_ph_p + \sum_{p=1}^{M}\sum_{q=1}^{N}W_{pq}h_p\lambda_{k_q}\Big) \\
&= \prod_{q=1}^{N}e^{a_q\lambda_{k_q}}\cdot\prod_{p=1}^{M}2\cosh\Big(b_p+\sum_{q=1}^{N}W_{pq}\lambda_{k_q}\Big).
\end{aligned}
$$

令 $z=\frac{1}{(\sqrt{2})^{N+|E|}}$ 只需要构造 NNQWF$\Psi_{S,\Omega}(\lambda_{k_1},\lambda_{k_2},\cdots,\lambda_{k_N})$ 满足

$$\Psi_{S,\Omega}(\lambda_{k_1},\lambda_{k_2},\cdots,\lambda_{k_N})=\prod_{(i,j)\in E}\sqrt{2}\cdot(-1)^{\frac{(1-\lambda_{k_i})(1-\lambda_{k_j})}{4}}.$$

直接构造 NNQWF$\Psi_{S,\Omega}(\lambda_{k_1},\lambda_{k_2},\cdots,\lambda_{k_N})$ 非常困难. 因此,对于每一个$(i,j)\in E$,首先把函数

$$\sqrt{2}\cdot(-1)^{\frac{(1-\lambda_{k_i})(1-\lambda_{k_j})}{4}}$$

表示为一些小的 NNQWF,然后再构造需要的 NNQWF.

对于每一个$(i,j)\in E$,令

$$\Omega_{(i,j)}=(a_{(i,j)},b_{(i,j)},W_{(i,j)}),a_{(i,j)}=0,b_{(i,j)}=\frac{\pi\mathrm{i}}{4},$$

$$W_{(i,j)}=[W_{(i,j)i}W_{(i,j)j}]=\begin{bmatrix}-\frac{\pi\mathrm{i}}{4} & -\frac{\pi\mathrm{i}}{4}\end{bmatrix}\in\mathbf{C}^{1\times 2},$$

则由这些参数生成的 NNQWF$\Psi_{S,\Omega_{(i,j)}}(\lambda_{k_i},\lambda_{k_j})$ 为

$$\begin{aligned}\Psi_{S,\Omega_{(i,j)}}(\lambda_{k_i},\lambda_{k_j})&=\sum_{h_{(i,j)}=\pm 1}\exp\left(\frac{\pi\mathrm{i}}{4}h_{(i,j)}-\frac{\pi\mathrm{i}}{4}h_{(i,j)}\lambda_{k_i}-\frac{\pi\mathrm{i}}{4}h_{(i,j)}\lambda_{k_j}\right)\\&=\sqrt{2}\cdot(-1)^{\frac{(1-\lambda_{k_i})(1-\lambda_{k_i})}{4}}.\end{aligned}$$

这意味着对于任意的$(i,j)\in E$,函数$\sqrt{2}\cdot(-1)^{\frac{(1-\lambda_{k_i})(1-\lambda_{k_i})}{4}}$可以由 NNQWF$\Psi_{S,\Omega_{(i,j)}}(\lambda_{k_i},\lambda_{k_j})$实现,它是拥有一个隐层神经元$h_{(i,j)}$的神经网络,这个过程如图 8.5 所示. 图 8.5 的左边是由顶点 i 与顶点 j 连接的图,容易得到这个图所对应的图态的波函数是$\sqrt{2}\cdot(-1)^{\frac{(1-\lambda_{k_i})(1-\lambda_{k_j})}{4}}$的常数倍,它可以由图 8.5 右边的神经网络来实现.

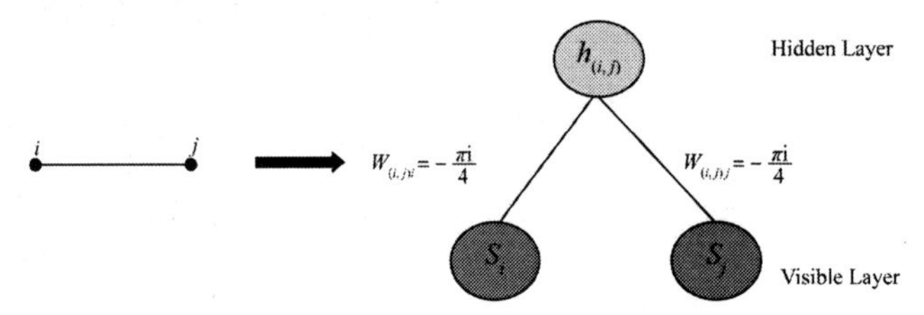

图 8.5 由顶点 i 与顶点 j 连接的图所对应的图态的神经网络表示,$S_i=\sigma_i^z,S_j=\sigma_j^z$

因此,

$$\begin{aligned}&\Psi_G(\lambda_{k_1},\lambda_{k_2},\cdots,\lambda_{k_N})\\&=\frac{1}{(\sqrt{2})^{N+|E|}}\prod_{(i,j)\in E}\Psi_{S,\Omega_{(i,j)}}(\lambda_{k_i},\lambda_{k_j})\\&=\frac{1}{(\sqrt{2})^{N+|E|}}\prod_{(i,j)\in E}\sum_{h_{(i,j)}=\pm 1}\exp\left(\frac{\pi\mathrm{i}}{4}h_{(i,j)}-\frac{\pi\mathrm{i}}{4}h_{(i,j)}\lambda_{k_i}-\frac{\pi\mathrm{i}}{4}h_{(i,j)\lambda_{k_j}}\right)\\&=\frac{1}{(\sqrt{2})^{N+|E|}}\sum_{h_{(i,j)}=\pm 1,(i,j)\in E}\exp\sum_{(i,j)\in E}\left(\frac{\pi\mathrm{i}}{4}h_{(i,j)}-\frac{\pi\mathrm{i}}{4}h_{(i,j)}\lambda_{k_i}-\frac{\pi\mathrm{i}}{4}h_{(i,j)}\lambda_{k_j}\right)\\&=\frac{1}{(\sqrt{2})^{N+|E|}}\sum_{h_{(i,j)}=\pm 1,(i,j)\in E}\exp\left(\sum_{(i,j)\in E}\frac{\pi\mathrm{i}}{4}h_{(i,j)}+\sum_{(i,j)\in E}\sum_{s=1}^{N}h_{(i,j)}W_{(i,j)_s}\lambda_{k_s}\right).\end{aligned}$$

其中，

$$W_{(i,j)s}=\begin{cases}-\dfrac{\pi \mathrm{i}}{4}, & s=i,s=j,\\ 0, & \text{其他}.\end{cases}$$

令 $E=\{e_1,e_2,\cdots,e_{|E|}\}$，当 $e_t=(i,j)$ 时，令 $W_{ts}=W_{(i,j)s}$，可得 $W=[W_{ts}]\in \mathbf{C}^{|E|\times N}$. 再令

$$a=\vec{0}\in \mathbf{C}^N, b=\left(\frac{\pi \mathrm{i}}{4},\cdots,\frac{\pi \mathrm{i}}{4}\right)^{\mathrm{T}}\in \mathbf{C}^{|E|}, \Omega=(a,b,W),$$

可得

$$\begin{aligned}&\Psi_G(\lambda_{k_1},\lambda_{k_2},\cdots,\lambda_{k_N})\\ =&\frac{1}{(\sqrt{2})^{N+|E|}}\sum_{h_t=\pm 1(\forall t)}\exp\left(\sum_{s=1}^{N}a_s\lambda_{k_s}+\sum_{t=1}^{M}b_th_t+\sum_{t=1}^{M}\sum_{s=1}^{N}h_tW_{ts}\lambda_{k_s}\right)\\ =&\frac{1}{(\sqrt{2})^{N+|E|}}\Psi_{S,\Omega}(\lambda_{k_1},\lambda_{k_2},\cdots,\lambda_{k_N}).\end{aligned}$$

现在，已经构造了一个 NNQWF$\Psi_{S,\Omega}(\lambda_{k_1},\lambda_{k_2},\cdots,\lambda_{k_N})$ 满足式(8.2.34). 于是，可得下面的结论.

定理 8.2.2　任何图态 $|G\rangle$ 都能被一个$\{1,-1\}$值输入的自旋 zNNQS(8.1.8) 表示.

例 8.2.3　考虑图 $G=(V,E)$，其中顶点集为 $V=\{1,2,\cdots,8\}$，边集为 $E=\{(1,2),(1,3),(3,4),(4,6),(4,7),(5,7),(6,8)\}$，如图 8.6 所示的左边. 此时，图态 $|G\rangle$ 的波函数为

$$\Psi_G(\lambda_{k_1},\cdots,\lambda_{k_8})=\frac{1}{(\sqrt{2})^8}\prod_{(i,j)\in E}(-1)^{\frac{(1-\lambda_{k_i})(1-\lambda_{k_j})}{4}}.$$

在图 8.6 的中间，展示了构造图态 $|G\rangle$ 的神经网络表示的思想. 生成 $\Psi_G(\lambda_{k_1},\cdots,\lambda_{k_8})$ 的神经网络如图 8.6 所示的右边.

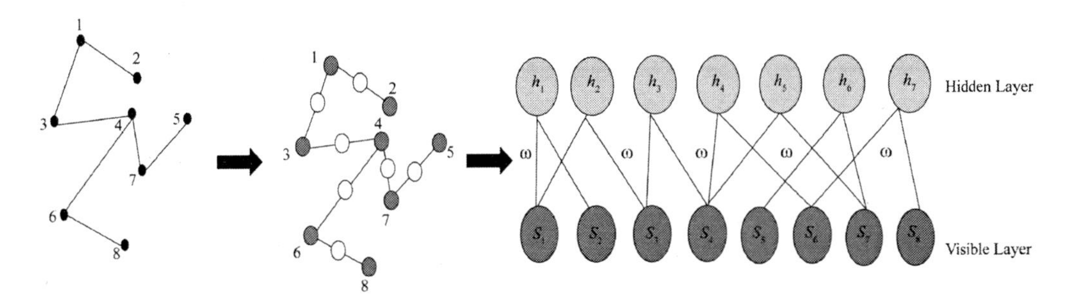

图 8.6　图态的神经网络表示. 第一个图是一个图态的图表示，第二个图是构造思路，第三个图是图态的神经网络表示，其中 $\omega=-\pi \mathrm{i}/4, S_i=\sigma_i^z, i=1,\cdots,8$

此时，参数为

$$a=\vec{0}\in \mathbf{C}^8,$$

$$b=\left(\frac{\pi \mathrm{i}}{4},\frac{\pi \mathrm{i}}{4},\frac{\pi \mathrm{i}}{4},\frac{\pi \mathrm{i}}{4},\frac{\pi \mathrm{i}}{4},\frac{\pi \mathrm{i}}{4},\frac{\pi \mathrm{i}}{4}\right)^{\mathrm{T}}\in \mathbf{C}^7,$$

$$W=\begin{pmatrix} -\pi i/4 & -\pi i/4 & 0 & 0 & 0 & 0 & 0 & 0 \\ -\pi i/4 & 0 & -\pi i/4 & 0 & 0 & 0 & 0 & 0 \\ 0 & 0 & -\pi i/4 & -\pi i/4 & 0 & 0 & 0 & 0 \\ 0 & 0 & 0 & -\pi i/4 & 0 & -\pi i/4 & 0 & 0 \\ 0 & 0 & 0 & -\pi i/4 & 0 & 0 & -\pi i/4 & 0 \\ 0 & 0 & 0 & 0 & -\pi i/4 & 0 & -\pi i/4 & 0 \\ 0 & 0 & 0 & 0 & 0 & -\pi i/4 & 0 & -\pi i/4 \end{pmatrix}.$$

注 8.2.1 由例 8.2.3 可以看出：显层神经元的个数等于图的顶点数，隐层神经元的个数等于边数，每个隐层神经元只与两个显层神经元连接，这是图态神经网络表示的一个一般规则，并且这里给出的方法就有构造性，得到的是精确表示.

8.3 有向图态的神经网络表示

受图态神经网络表示的启发，探讨有向图态的神经网络表示. 下面先给出有向图的定义.

定义 8.3.1[228] 设 $V=\{1,2,\cdots,N\}$，$\vec{E}$ 为 $V\times V$ 的非空子集，一个有向图是由集合 $V=\{1,2,\cdots,N\}$ 和集合 $\vec{E}$ 组成的一个序对 $\vec{G}=(V,\vec{E})$，其中 V 称为有向图 $\vec{G}=(V,\vec{E})$ 的顶点集，$\vec{E}$ 称为有向图 $\vec{G}=(V,\vec{E})$ 的边集. 当 $\mathrm{e}=(i_1,i_2)\in\vec{E}$ 时，称 e 为有向图 $\vec{G}$ 从顶点 i_1 到顶点 i_2 的边.

定义 8.3.2 设 $\vec{G}=(V,\vec{E})$ 为有向图，称 $\overleftarrow{G}=(V,\overleftarrow{E})$ 为有向图 $\vec{G}=(V,\vec{E})$ 的逆图，其中

$$\overleftarrow{E}=\{(j,i)\mid (i,j)\in\vec{E}\}.$$

例如，当 $\vec{E}=\{(1,2),(2,1),(1,3),(4,3),(3,5),(5,3),(4,5)\}$ 时，可得

$$\overleftarrow{E}=\{(2,1),(1,2),(3,1),(3,4),(5,3),(3,5),(5,4)\}.$$

有向图如图 8.7 和图 8.8 所示.

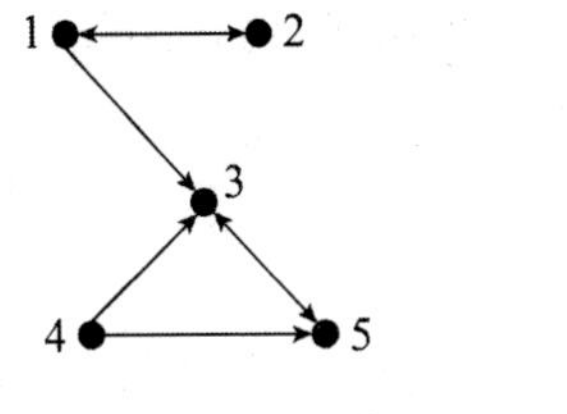

图 8.7 有向图 $\vec{G}$

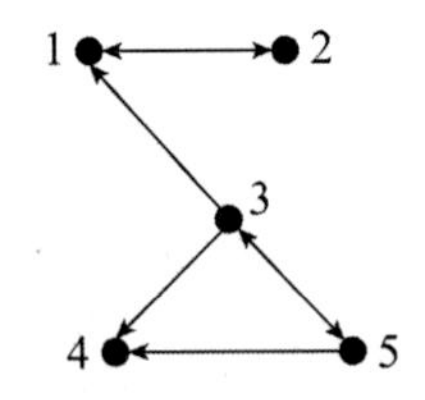

图 8.8 有向图 $\vec{G}$ 的逆图

给定一个有向图 $\vec{G}=(V,\vec{E})$，对于每一条边 $(i,j)\in\vec{E}$，定义 N 比特系统 $(\mathbb{C}^2)^{\otimes N}$ 上的一个算子：

$$U^{(i,j)}=\begin{cases} P_{Z,+}^{(i)}+P_{Z,-}^{(i)}Z^{(j)}, & i\leqslant j, \\ P_{Z,-}^{(i)}+P_{Z,+}^{(i)}Z^{(j)}, & i>j. \end{cases}$$

其中，

$$P_{Z,\pm}^{(i)} = \frac{I \pm Z^{(i)}}{2},\ |+\rangle = \frac{1}{\sqrt{2}}(|0\rangle + |1\rangle),$$

I 为 $2^N \times 2^N$ 单位阵，$Z^{(i)} = \bigotimes_{k=1}^{N} T_k$ 且 $T_i = Z = \sigma_z$，$T_k = I_2 (k \neq i)$，I_2 为 2×2 单位阵.

容易验证对于每一个 $(i,j) \in \vec{E}$，$U^{(i,j)}$ 为自伴算子且有下面的性质.

(1) 当 $i = j$ 时，对于所有的 $k_1, k_2, \cdots, k_N = 0, 1$，有

$$U^{(i,i)} \mid k_1 k_2 \cdots k_N \rangle = (-1)^{k_i} \mid k_1 k_2 \cdots k_N \rangle. \tag{8.3.1}$$

(2) 当 $i < j$ 时，对于所有的 $k_1, k_2, \cdots, k_N = 0, 1$，有

$$U^{(i,j)} \mid k_1 k_2 \cdots k_N \rangle = \begin{cases} -\mid k_1 k_2 \cdots k_N \rangle, & k_i = k_j = 1, \\ \mid k_1 k_2 \cdots k_N \rangle, & \text{其他}. \end{cases}$$

于是，对于所有的 $k_1, k_2, \cdots, k_N = 0, 1$，有

$$U^{(i,j)} \mid k_1 k_2 \cdots k_N \rangle = (-1)^{k_i k_j} \mid k_1 k_2 \cdots k_N \rangle. \tag{8.3.2}$$

(3) 当 $i > j$ 时，对于所有的 $k_1, k_2, \cdots, k_N = 0, 1$，有

$$U^{(i,j)} \mid k_1 k_2 \cdots k_N \rangle = \begin{cases} -\mid k_1 k_2 \cdots k_N \rangle, & k_j = 1, k_i = 0, \\ \mid k_1 k_2 \cdots k_N \rangle, & \text{其他}. \end{cases}$$

于是，对于所有的 $k_1, k_2, \cdots, k_N = 0, 1$，有

$$U^{(i,j)} \mid k_1 k_2 \cdots k_N \rangle = (-1)^{(k_i+1)k_j} \mid k_1 k_2 \cdots k_N \rangle. \tag{8.3.3}$$

由上面的性质可得下面的命题.

命题 8.3.1　当 $i \neq j$ 时，有

$$U^{(j,i)} = Z^{(\min\{i,j\})} U^{(i,j)} = U^{(i,j)} Z^{(\min\{i,j\})}, \tag{8.3.4}$$

$$U^{(i,j)} U^{(i,j)} = U^{(j,i)} U^{(j,i)} = I, \tag{8.3.5}$$

$$U^{(j,i)} U^{(i,j)} = U^{(i,j)} U^{(j,i)} = Z^{(\min\{i,j\})}. \tag{8.3.6}$$

证明　当 $i \neq j$ 时，不失一般性，不妨设 $i < j$. 由式(8.3.2) 和式(8.3.3) 可得，对于所有的 $k_1, k_2, \cdots, k_N = 0, 1$，有

$$U^{(i,j)} \mid k_1 k_2 \cdots k_N \rangle = (-1)^{k_i k_j} \mid k_1 k_2 \cdots k_N \rangle,$$

$$U^{(j,i)} \mid k_1 k_2 \cdots k_N \rangle = (-1)^{(k_j+1)k_i} \mid k_1 k_2 \cdots k_N \rangle.$$

于是，对于所有的 $k_1, k_2, \cdots, k_N = 0, 1$，有

$$U^{(j,i)} \mid k_1 k_2 \cdots k_N \rangle = (-1)^{k_i} U^{(i,j)} \mid k_1 k_2 \cdots k_N \rangle = Z^{(i)} U^{(i,j)} \mid k_1 k_2 \cdots k_N \rangle$$

或

$$U^{(j,i)} \mid k_1 k_2 \cdots k_N \rangle = (-1)^{k_i} U^{(i,j)} \mid k_1 k_2 \cdots k_N \rangle = U^{(i,j)} Z^{(i)} \mid k_1 k_2 \cdots k_N \rangle.$$

因此，

$$U^{(j,i)} = Z^{(i)} U^{(i,j)} = U^{(i,j)} Z^{(i)}.$$

从而，当 $i \neq j$ 时，可得

$$U^{(j,i)} = Z^{(\min\{i,j\})} U^{(i,j)} = U^{(i,j)} Z^{(\min\{i,j\})}.$$

由式(8.3.2) 和式(8.3.3) 可得

$$U^{(i,j)} U^{(i,j)} = U^{(j,i)} U^{(j,i)} = I.$$

分别在式(8.3.4) 左边和右边同乘以 $U^{(i,j)}$，可得

$$U^{(j,i)} U^{(i,j)} = U^{(i,j)} U^{(j,i)} = Z^{(\min\{i,j\})}.$$

由式(8.3.5)可知,对于每一个$(i,j)\in\vec{E}$,$U^{(i,j)}$都是酉算子.于是可以定义一个N比特纯态:

$$|\vec{G}\rangle=\Big(\prod_{(i,j)\in\vec{E}}U^{(i,j)}\Big)\underbrace{|+\rangle\ |+\rangle\cdots\ |+\rangle}_{N}\tag{8.3.7}$$

称$|\vec{G}\rangle$为有向图$\vec{G}=(V,\vec{E})$所对应的有向图态.

命题 8.3.2 有向图态$|\vec{G}\rangle$和$|\overleftarrow{G}\rangle$的关系为

$$|\overleftarrow{G}\rangle=\Big(\prod_{(j,i)\in\vec{E},i\neq j}Z^{(\min\{i,j\})}\Big)|\vec{G}\rangle.$$

证明 由式(8.3.4)和式(8.3.7)可得

$$\begin{aligned}|\overleftarrow{G}\rangle&=\prod_{(i,j)\in\overleftarrow{E}}U^{(i,j)}\underbrace{|+\rangle\ |+\rangle\cdots\ |+\rangle}_{N}\\&=\Big(\prod_{(i,i)\in\overleftarrow{E}}U^{(i,i)}\Big)\Big(\prod_{(i,j)\in\overleftarrow{E},i\neq j}U^{(i,j)}\Big)\underbrace{|+\rangle\ |+\rangle\cdots\ |+\rangle}_{N}\\&=\Big(\prod_{(i,i)\in\vec{E}}U^{(i,i)}\Big)\Big(\prod_{(j,i)\in\vec{E},i\neq j}U^{(j,i)}Z^{(\min\{i,j\})}\Big)\underbrace{|+\rangle\ |+\rangle\cdots\ |+\rangle}_{N}\\&=\Big(\prod_{(j,i)\in\vec{E},i\neq j}Z^{(\min\{i,j\})}\Big)\Big(\prod_{(i,i)\in\vec{E}}U^{(i,i)}\Big)\Big(\prod_{(j,i)\in\vec{E},i\neq j}U^{(j,i)}\Big)\underbrace{|+\rangle\ |+\rangle\cdots\ |+\rangle}_{N}\\&=\Big(\prod_{(j,i)\in\vec{E},i\neq j}Z^{(\min\{i,j\})}\Big)\Big(\prod_{(i,j)\in\vec{E}}U^{(i,j)}\Big)\underbrace{|+\rangle\ |+\rangle\cdots\ |+\rangle}_{N}\\&=\Big(\prod_{(j,i)\in\vec{E},i\neq j}Z^{(\min\{i,j\})}\Big)|\vec{G}\rangle.\end{aligned}$$

接下来,通过下面的方法简化有向图态的表达式(8.3.7).令

$$\begin{aligned}E_0&=\{(i,j)\mid(i,j)\in\vec{E},i=j\},\\E_1&=\{(i,j)\mid(i,j)\in\vec{E},i<j\},\\E_2&=\{(i,j)\mid(i,j)\in\vec{E},i>j\},\\E_3&=\{(i,j)\mid(i,j)\in\vec{E},(j,i)\in\vec{E},i\neq j\}.\end{aligned}$$

因为$|+\rangle^{\otimes N}=\underbrace{|+\rangle\ |+\rangle\cdots\ |+\rangle}_{N}=\frac{1}{(\sqrt{2})^N}\sum_{k_1,k_2,\cdots,k_N=0,1}|k_1k_2\cdots k_N\rangle$,由式(8.3.1)~式(8.3.3)和式(8.3.6)可得

$$\begin{aligned}|\vec{G}\rangle&=\prod_{(i,j)\in\vec{E}}U^{(i,j)}\underbrace{|+\rangle\ |+\rangle\cdots\ |+\rangle}_{N}\\&=\sum_{k_1,\cdots,k_N=0,1}\frac{1}{(\sqrt{2})^N}\prod_{(i,j)\in\vec{E}}U^{(i,j)}|k_1k_2\cdots k_N\rangle\\&=\sum_{k_1,\cdots,k_N=0,1}\frac{1}{(\sqrt{2})^N}\Big(\prod_{(i,j)\in E_2}U^{(i,j)}\Big)\Big(\prod_{(i,j)\in E_1}U^{(i,j)}\Big)\Big(\prod_{(i,j)\in E_0}U^{(i,j)}\Big)|k_1k_2\cdots k_N\rangle\\&=\sum_{k_1,\cdots,k_N=0,1}\frac{1}{(\sqrt{2})^N}\Big(\prod_{(i,j)\in E_2\setminus E_3}U^{(i,j)}\Big)\Big(\prod_{(i,j)\in E_2\cap E_3}U^{(i,j)}\Big)\end{aligned}$$

$$
\begin{aligned}
&\times\Big(\prod_{(i,j)\in E_1\setminus E_3}U^{(i,j)}\Big)\Big(\prod_{(i,j)\in E_1\cap E_3}U^{(i,j)}\Big)\Big(\prod_{(i,i)\in E_0}U^{(i,i)}\Big)|k_1\cdots k_N\rangle\\
&=\sum_{k_1,\cdots,k_N=0,1}\frac{1}{(\sqrt{2})^N}\Big(\prod_{(i,j)\in E_2\setminus E_3}U^{(i,j)}\Big)\Big(\prod_{(i,j)\in E_1\setminus E_3}U^{(i,j)}\Big)\\
&\quad\times\Big(\prod_{(i,i)\in E_0}U^{(i,i)}\Big)\Big(\prod_{(i,j)\in E_2\cap E_3}Z^{(j)}\Big)|k_1k_2\cdots k_N\rangle\\
&=\sum_{k_1,\cdots,k_N=0,1}\frac{1}{(\sqrt{2})^N}\Big(\prod_{(i,j)\in E_2\setminus E_3}(-1)^{(k_i+1)k_j}\Big)\Big(\prod_{(i,j)\in E_1\setminus E_3}(-1)^{k_ik_j}\Big)\\
&\quad\times\Big(\prod_{(i,i)\in E_0}(-1)^{k_i}\Big)\Big(\prod_{(i,j)\in E_2\cap E_3}(-1)^{k_j}\Big)|k_1k_2\cdots k_N\rangle\\
&=\sum_{k_1,\cdots,k_N=0,1}\frac{1}{(\sqrt{2})^N}\Big(\prod_{(i,j)\in E_2\setminus E_3}(-1)^{k_ik_j}\Big)\Big(\prod_{(i,j)\in E_1\setminus E_3}(-1)^{k_ik_j}\Big)\\
&\quad\times\Big(\prod_{(i,i)\in E_0}(-1)^{k_i}\Big)\Big(\prod_{(i,j)\in E_2}(-1)^{k_j}\Big)|k_1k_2\cdots k_N\rangle.
\end{aligned}
$$

又因为

$$
\begin{aligned}
&(-1)^{k_ik_j}=(-1)^{\frac{(1-\lambda_{k_i})(1-\lambda_{k_j})}{4}},\forall(i,j)\in(E_2\setminus E_3)\cup(E_1\setminus E_3),\\
&(-1)^{k_i}=(-1)^{\frac{(1-\lambda_{k_i})}{2}},\forall(i,i)\in E_0,\\
&(-1)^{k_j}=(-1)^{\frac{(1-\lambda_{k_j})}{2}},\forall(i,j)\in E_2,
\end{aligned}
$$

可得

$$
|\vec{G}\rangle=\sum_{\Lambda_{k_1\cdots k_N}\in\{1,-1\}^N}\Psi_{\vec{G}}(\lambda_{k_1},\cdots,\lambda_{k_N})\cdot|\psi_{k_1}\rangle\otimes\cdots\otimes|\psi_{k_N}\rangle. \tag{8.3.8}
$$

其中，

$$
\begin{aligned}
\Psi_{\vec{G}}(\lambda_{k_1},\cdots,\lambda_{k_N})=&\frac{1}{(\sqrt{2})^N}\Big(\prod_{(i,j)\in E_2\setminus E_3}(-1)^{\frac{(1-\lambda_{k_i})(1-\lambda_{k_j})}{4}}\Big)\Big(\prod_{(i,j)\in E_1\setminus E_3}(-1)^{\frac{(1-\lambda_{k_i})(1-\lambda_{k_j})}{4}}\Big)\\
&\times\Big(\prod_{(i,i)\in E_0}(-1)^{\frac{1-\lambda_{k_i}}{2}}\Big)\Big(\prod_{(i,j)\in E_2}(-1)^{\frac{1-\lambda_{k_j}}{2}}\Big),
\end{aligned}\tag{8.3.9}
$$

$\lambda_{k_1},\cdots,\lambda_{k_N}$，$|\psi_{k_1}\rangle,\cdots,|\psi_{k_N}\rangle$ 见式(8.1.7). 容易看出简化后的表达式(8.3.8) 非常简单，并且便于使用. 给定一个有向图，很容易使用这个表达式快速地得到它所对应的有向图态.

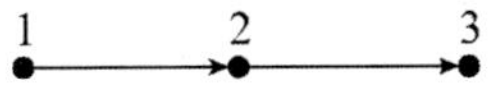

1 → 2 → 3

图 8.9　有向图 $\vec{C}_3$，$E_0=E_2=E_3=\varnothing$，$E_1=\{(1,2),(2,3)\}$

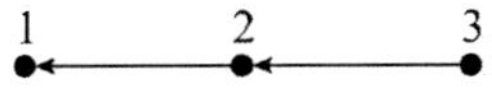

1 ← 2 ← 3

图 8.10　有向图 $\vec{C}_3$ 的逆图，$E_0=E_1=E_3=\varnothing$，$E_2=\{(3,2),(2,1)\}$

例如，有向图$\vec{C}_3$(图 8.9) 所对应的有向图态 $|\vec{C}_3\rangle$ 为

$$
\begin{aligned}
|\vec{C}_3\rangle&=\frac{1}{(\sqrt{2})^3}\sum_{\Lambda_{k_1k_2k_3}\in\{1,-1\}^3}\prod_{(i,j)\in E_1}(-1)^{\frac{(1-\lambda_{k_i})(1-\lambda_{k_j})}{4}}\cdot|\psi_{k_1}\psi_{k_2}\psi_{k_3}\rangle\\
&=\frac{1}{2\sqrt{2}}(|000\rangle+|001\rangle+|010\rangle-|011\rangle+|100\rangle+|101\rangle-|110\rangle+|111\rangle).
\end{aligned}
$$

和有向图$\overrightarrow{C_3}$的逆图(图 8.10)所对应的有向图态$|\overleftarrow{C_3}\rangle$为

$$|\overleftarrow{C_3}\rangle = \frac{1}{(\sqrt{2})^3}\sum_{\lambda_{k_1k_2k_3}\in\{1,-1\}^3}\prod_{(i,j)\in E_2}(-1)^{\frac{(1-\lambda_{k_i})(1-\lambda_{k_j})}{4}}\cdot\left(\prod_{(i,j)\in E_2}(-1)^{\frac{1-\lambda_{k_j}}{2}}\right)\cdot|\psi_{k_1}\psi_{k_2}\psi_{k_3}\rangle$$

$$= \frac{1}{2\sqrt{2}}(|000\rangle+|001\rangle-|010\rangle+|011\rangle-|100\rangle-|101\rangle-|110\rangle+|111\rangle).$$

如果将每一个无向图 $G=(V,E)$ 看作一个有向图 $\vec{G}=(V,\vec{E})$,其中 $\vec{E}=\{(i,j):(i,j)\in E(i<j)\}$,那么有向图态 $|\vec{G}\rangle$ 等于图态 $|G\rangle$. 于是,有向图态可以看作是图态的一种推广,然而它们并不相同.

接下来,使用$\{1,-1\}$值输入的 NNQS 来构造有向图态 $|\vec{G}\rangle$ 的神经网络表示,即寻找一个 NNQS $|\Psi_{S,\Omega}\rangle$,使得对某个规范化常数 z 满足 $|\vec{G}\rangle = z|\Psi_{S,\Omega}\rangle$,即

$$\Psi_{\vec{G}}(\lambda_{k_1},\lambda_{k_2},\cdots,\lambda_{k_N}) = z\Psi_{S,\Omega}(\lambda_{k_1},\lambda_{k_2},\cdots,\lambda_{k_N}), \tag{8.3.10}$$

$$\forall(\lambda_{k_1},\cdots,\lambda_{k_N})\in\{-1,1\}^N. \tag{8.3.11}$$

直接构造 NNQWF $\Psi_{S,\Omega}(\lambda_{k_1},\lambda_{k_2},\cdots,\lambda_{k_N})$ 非常困难,首先将式(8.3.9)中的四个因子表示为一些小的 NNQWF,然后再构造需要的 NNQWF.

对于每一个$(i,j)\in E_2\backslash E_3$ 或者$(i,j)\in E_1\backslash E_3$,令

$$\Omega_{(i,j)} = (a_{(i,j)},b_{(i,j)},W_{(i,j)}),a_{(i,j)}=\vec{0}\in\mathbb{C}^N,b_{(i,j)}=\frac{\pi i}{4},$$

$$W_{(i,j)}=[W_{(i,j)s}]\in\mathbb{C}^{1\times N},W_{(i,j)s}=\begin{cases}-\dfrac{\pi i}{4}, & s=i\text{ 或 }s=j,\\ 0, & \text{其他}.\end{cases}$$

那么由这些参数生成的 NNQWF $\Psi_{S,\Omega_{(i,j)}}(\lambda_{k_1},\cdots,\lambda_{k_N})$ 为

$$\Psi_{S,\Omega_{(i,j)}}(\lambda_{k_1},\cdots,\lambda_{k_N}) = \sum_{h_{(i,j)}=\pm1}\exp\left(\frac{\pi i}{4}h_{(i,j)}-\frac{\pi i}{4}h_{(i,j)}\lambda_{k_i}-\frac{\pi i}{4}h_{(i,j)}\lambda_{k_j}\right)$$

$$=\sqrt{2}\cdot(-1)^{\frac{(1-\lambda_{k_i})(1-\lambda_{k_j})}{4}}.$$

这意味着函数$\sqrt{2}\cdot(-1)^{\frac{(1-\lambda_{k_i})(1-\lambda_{k_j})}{4}}$可以由 NNQWF $\Psi_{S,\Omega_{(i,j)}}(\lambda_{k_1},\cdots,\lambda_{k_N})$ 实现,它是拥有一个隐层神经元 $h_{(i,j)}$ 的神经网络. 这个过程如图 8.11 所示.

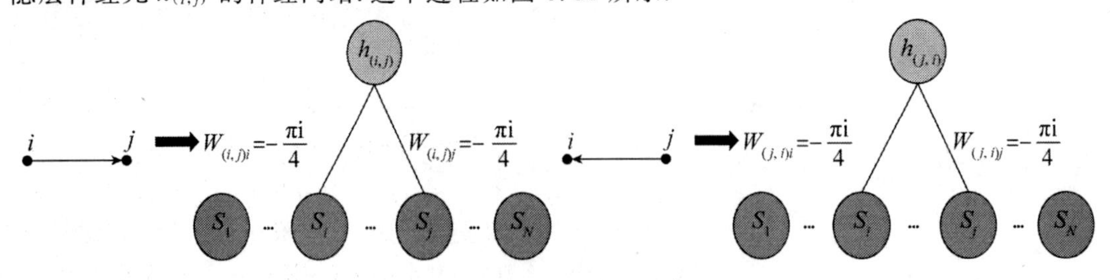

图 8.11 当$(i,j)\in E_1\backslash E_3$ 时或者当$(j,i)\in E_2\backslash E_3$ 时,函数$\sqrt{2}\cdot(-1)^{\frac{(1-\lambda_{k_i})(1-\lambda_{k_j})}{4}}$的神经网络表示

对于每一个$(i,i)\in E_0$,令

$$\Omega_{(i,i)} = (a_{(i,i)},b_{(i,i)},W_{(i,i)}),a_{(i,i)}=\vec{0}\in\mathbb{C}^N,b_{(i,i)}=\frac{\pi i}{2},$$

$$W_{(i,i)}=[W_{(i,i)s}]\in\mathbb{C}^{1\times N},W_{(i,i)s}=\begin{cases}-\dfrac{\pi\mathrm{i}}{4}, & s=i,\\ 0, & s\neq i.\end{cases}$$

那么由这些参数生成的 NNQWF $\Psi_{S,\Omega_{(i,i)}}(\lambda_{k_1},\cdots,\lambda_{k_N})$ 为

$$\Psi_{S,\Omega_{(i,i)}}(\lambda_{k_1},\cdots,\lambda_{k_N})=\sum_{h_{(i,i)}=\pm 1}\exp\left(\frac{\pi\mathrm{i}}{2}h_{(i,i)}-\frac{\pi\mathrm{i}}{4}h_{(i,i)}\lambda_{k_i}\right)=\sqrt{2}\cdot(-1)^{\frac{1-\lambda_{k_i}}{2}}.$$

这意味着函数$\sqrt{2}\cdot(-1)^{\frac{1-\lambda_{k_i}}{2}}$,$(i,i)\in E_0$ 可以由 NNQWF $\Psi_{S,\Omega_{(i,i)}}(\lambda_{k_1},\cdots,\lambda_{k_N})$ 实现,它是拥有一个隐层神经元 $h_{(i,i)}$ 的神经网络. 这个过程如图 8.12 所示.

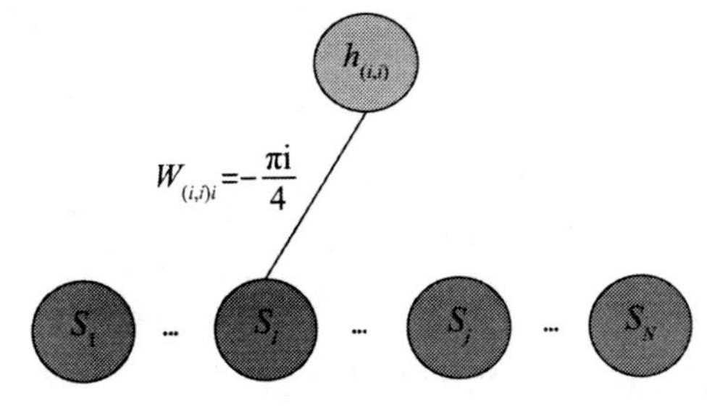

图 8.12　当$(i,i)\in E_0$ 时,函数$\sqrt{2}\cdot(-1)^{\frac{1-\lambda_{k_i}}{2}}$ 的神经网络

对于每一个$(i,j)\in E_2$,令

$$\Omega_{(i,j)}=(a_{(i,j)},b_{(i,j)},W_{(i,j)}),a_{(i,j)}=\vec{0}\in\mathbb{C}^N,b_{(i,j)}=\frac{\pi\mathrm{i}}{2},$$

$$W_{(i,j)}=[W_{(i,j)s}]\in\mathbb{C}^{1\times N},W_{(i,j)s}=\begin{cases}-\dfrac{\pi\mathrm{i}}{4}, & s=j,\\ 0, & s\neq j.\end{cases}$$

那么由这些参数生成的 NNQWF $\Psi_{S,\Omega_{(i,j)}}(\lambda_{k_1},\cdots,\lambda_{k_N})$ 为

$$\Psi_{S,\Omega_{(i,j)}}(\lambda_{k_1},\cdots,\lambda_{k_N})=\sum_{h_{(i,j)}=\pm 1}\exp\left(\frac{\pi\mathrm{i}}{2}h_{(i,j)}-\frac{\pi\mathrm{i}}{4}h_{(i,j)}\lambda_{k_j}\right)=\sqrt{2}\cdot(-1)^{\frac{1-\lambda_{k_j}}{2}}.$$

这意味着函数$\sqrt{2}\cdot(-1)^{\frac{1-\lambda_{k_j}}{2}}$ 可以由 NNQWF $\Psi_{S,\Omega_{(i,j)}}(\lambda_{k_1},\cdots,\lambda_{k_N})$ 实现,它是拥有一个隐层神经元 $h_{(i,j)}$ 的神经网络. 这个过程如图 8.13 所示.

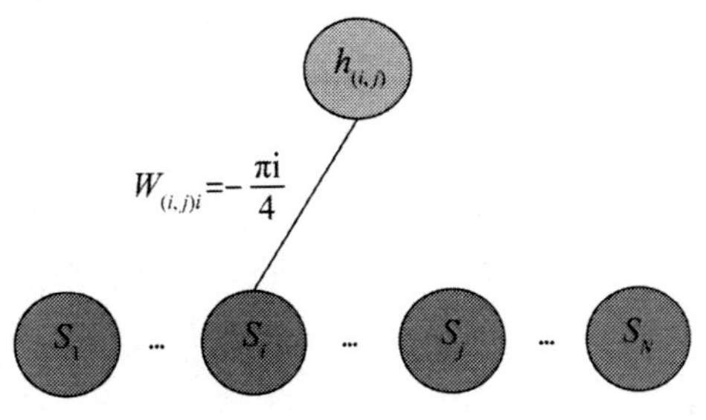

图 8.13　当$(i,j)\in E_2$ 时,函数$\sqrt{2}\cdot(-1)^{\frac{1-\lambda_{k_j}}{2}}$ 的神经网络表示

由式(8.3.9) 和命题 8.1.4 可得

$$
\begin{aligned}
&\Psi_{\vec{G}}(\lambda_{k_1},\lambda_{k_2},\cdots,\lambda_{k_N})\\
&=\frac{1}{(\sqrt{2})^{N+|E|}}\Big(\prod_{(i,j)\in E_2\backslash E_3}\Psi_{S,\Omega_{(i,j)}}(\lambda_{k_1},\cdots,\lambda_{k_N})\Big)\Big(\prod_{(i,j)\in E_1\backslash E_3}\Psi_{S,\Omega_{(i,j)}}(\lambda_{k_1},\cdots,\lambda_{k_N})\Big)\\
&\quad\Big(\prod_{(i,i)\in E_0}\Psi_{S,\Omega_{(i,i)}}(\lambda_{k_1},\cdots,\lambda_{k_N})\Big)\Big(\prod_{(i,j)\in E_2}\Psi_{S,\Omega_{(i,j)}}(\lambda_{k_1},\cdots,\lambda_{k_N})\Big)\\
&=\frac{1}{(\sqrt{2})^{N+|E|}}\Psi_{S,\Omega}(\lambda_{k_1},\lambda_{k_2},\cdots,\lambda_{k_N}).
\end{aligned}
$$

其中，$(\lambda_{k_1},\lambda_{k_2},\cdots,\lambda_{k_N})\in\{-1,1\}^N$.

于是，已经构造了一个 NNQWF $\Psi_{S,\Omega}(\lambda_{k_1},\lambda_{k_2},\cdots,\lambda_{k_N})$ 满足式(8.3.10).因此，可得下面的结论.

定理 8.3.1 任何有向图态 $|\vec{G}\rangle$ 都能被一个$\{1,-1\}$值输入的自旋 z NNQS(8.1.8)表示，隐层神经元个数为 $|E|+|E_2\backslash E_3|$.

如果我们将无向图 $G=(V,E)$ 视为一个有向图 $\vec{G}=(V,\vec{E})$，其中 $\vec{E}=\{(i,j):(i,j)\in E\}$，那么 $|G\rangle$ 和 $|\vec{G}\rangle$ 是相等的，且 $|E_2\backslash E_3|=0$. 于是，可得下面的结论.

推论 8.3.1 任何图态 $|G\rangle$ 都能被一个$\{1,-1\}$值输入的自旋 z NNQS(8.1.8)表示，隐层神经元个数为 $|E|$.

例 8.3.1 考虑有向图 $\vec{G}=(V,\vec{E})$，其中顶点集为 $V=\{1,2,\cdots,8\}$，边集为 $\vec{E}=\{(1,2),(1,3),(3,1),(3,4),(4,6),(7,4),(7,5),(6,8),(8,6)\}$，如图 8.14 所示的左边. 此时，有向图态 $|\vec{G}\rangle$ 的波函数为

$$
\begin{aligned}
&\Psi_{\vec{G}}(\lambda_{k_1},\cdots,\lambda_{k_8})\\
&=\frac{1}{(\sqrt{2})^8}\Big(\prod_{(i,j)\in E_2\backslash E_3}(-1)^{\frac{(1-\lambda_{k_i})(1-\lambda_{k_j})}{4}}\Big)\Big(\prod_{(i,j)\in E_1\backslash E_3}(-1)^{\frac{(1-\lambda_{k_i})(1-\lambda_{k_j})}{4}}\Big)\times\Big(\prod_{(i,j)\in E_2}(-1)^{\frac{1-\lambda_{k_j}}{2}}\Big).
\end{aligned}
$$

其中，

$$
\begin{gathered}
E_1=\{(1,2),(1,3),(3,4),(4,6),(6,8)\},E_2=\{(3,1),(7,4),(7,5),(8,6)\},\\
E_3=\{((1,3),(3,1),(6,8),(8,6)\},E_1\backslash E_3=\{(1,2),(3,4),(4,6)\},\\
E_2\backslash E_3=\{(7,4),(7,5)\}.
\end{gathered}
$$

在图 8.14 的中间，展示了构造有向图态 $|\vec{G}\rangle$ 的神经网络表示的思想. 生成 $\Psi_{\vec{G}}(\lambda_{k_1},\cdots,\lambda_{k_8})$ 的神经网络如图 8.14 所示的右边.

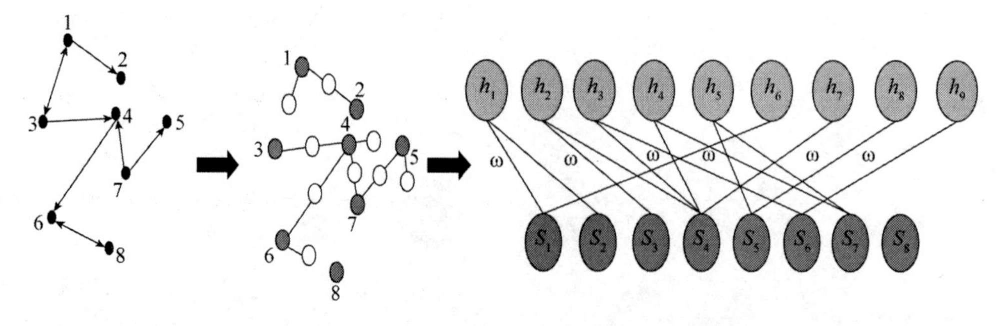

图 8.14 有向图态的神经网络表示. 第一个图是一个有向图态的图表示，二个图是构造思路，第三个图是有向图态的神经网络表示，其中 $\omega=-\pi i/4$，$S_i=\sigma_i^z$，$i=1,\cdots,8$

此时,参数为

$$a=\vec{0}\in\mathbb{C}^8, b=\left(\frac{\pi i}{4},\frac{\pi i}{4},\frac{\pi i}{4},\frac{\pi i}{4},\frac{\pi i}{4},\frac{\pi i}{2},\frac{\pi i}{2},\frac{\pi i}{2},\frac{\pi i}{2}\right)^T\in\mathbb{C}^9,$$

$$W=\begin{pmatrix}-\pi i/4 & -\pi i/4 & 0 & 0 & 0 & 0 & 0 & 0\\ 0 & 0 & -\pi i/4 & -\pi i/4 & 0 & 0 & 0 & 0\\ 0 & 0 & 0 & -\pi i/4 & 0 & -\pi i/4 & 0 & 0\\ 0 & 0 & 0 & -\pi i/4 & 0 & 0 & -\pi i/4 & 0\\ 0 & 0 & 0 & 0 & -\pi i/4 & 0 & -\pi i/4 & 0\\ -\pi i/4 & 0 & 0 & 0 & 0 & 0 & 0 & 0\\ 0 & 0 & 0 & -\pi i/4 & 0 & 0 & 0 & 0\\ 0 & 0 & 0 & 0 & -\pi i/4 & 0 & 0 & 0\\ 0 & 0 & 0 & 0 & 0 & -\pi i/4 & 0 & 0\end{pmatrix}.$$

8.4　N 比特态的神经网络表示

在本节中,我们将讨论纯态的 NNQS 表示,即规范化的 NNQS 到纯态的近似程度.

令

$$|\Psi_{S,\Omega,z}\rangle=z\sum_{\Lambda_{k_1k_2\cdots k_N}\in V(S)}\Psi_{S,\Omega}(\lambda_{k_1},\cdots,\lambda_{k_N})|\psi_{k_1}\rangle\otimes\cdots\otimes|\psi_{k_N}\rangle$$

是一个规范化的自旋 z NNQS,其中

$$\Psi_{S,\Omega}(\lambda_{k_1},\cdots,\lambda_{k_N})=\prod_{j=1}^{N}e^{a_j\lambda_{k_j}}\cdot\prod_{i=1}^{M}2\cosh\left(b_i+\sum_{j=1}^{N}W_{ij}\lambda_{k_j}\right),$$

$$\sum_{\Lambda_{k_1k_2\cdots k_N}\in V(S)}|z\Psi_{S,\Omega}(\lambda_{k_1},\lambda_{k_2},\cdots,\lambda_{k_N})|^2=1.$$

给定纯态

$$|\psi\rangle=\sum_{\Lambda_{k_1k_2\cdots k_N}\in V(S)}T(\lambda_{k_1},\cdots,\lambda_{k_N})|\psi_{k_1}\rangle\otimes\cdots\otimes|\psi_{k_N}\rangle.\tag{8.4.1}$$

其中,$T(\lambda_{k_1},\lambda_{k_2},\cdots,\lambda_{k_N})$ 是定义在 $V(S)$ 上的复值函数且

$$\sum_{k_2\cdots k_N\in V(S)}|T(\lambda_{k_1},\lambda_{k_2},\cdots,\lambda_{k_N})|^2=1.$$

易知

$$\||\psi\rangle-|\Psi_{S,\Omega,z}\rangle\|^2=\sum_{\Lambda_{k_1\cdots k_N}\in V(S)}|z\Psi_{S,\Omega}(\lambda_{k_1},\cdots,\lambda_{k_N})-T(\lambda_{k_1},\cdots,\lambda_{k_N})|^2,$$

令

$$\Delta_{\text{NNQS}}(|\psi\rangle):=\min\{\||\psi\rangle-|\Psi_{S,\Omega,z}\rangle\|:z\in\mathbb{C},a\in\mathbb{C}^N,b\in\mathbb{C}^M,W\in\mathbb{C}^{M\times N}\}.$$

称 $\Delta_{\text{NNQS}}(|\psi\rangle)$ 为 $|\psi\rangle$ 由规范化 NNQS 逼近的最佳逼近度.

显然,纯态 $|\psi\rangle$ 能由规范化 NNQS 表示当且仅当 $\Delta_{\text{NNQS}}(|\psi\rangle)=0$.

特别地,让我们考虑纯态 $|\psi\rangle$ 由 3 对角自旋 z NNQS $|\Psi_{S,\Omega,z}\rangle$ 逼近的逼近程度.其中,

$$\Psi_{S,\Omega}(\lambda_{k_1},\lambda_{k_2},\cdots,\lambda_{k_N})=\prod_{i=1}^{M}2\cos(b+\omega_1\lambda_{k_{i-1}}+\omega_0\lambda_{k_i}+\omega_{-1}\lambda_{k_{i+1}})=\prod_{i=1}^{M}2\,\Lambda_i,$$

输入可观测量为 $S=\sigma_1^z\otimes\sigma_2^z\otimes\cdots\otimes\sigma_N^z$ 和参数 Ω 是由方程式(8.1.9)给出的 $b,\omega_{-1},\omega_0,\omega_1$ 决定的. 此时,定义:

$$\Delta_{3-z-\mathrm{NNQS}}(|\psi\rangle):=\min_{z\in\mathbb{C},(b,\omega_{-1},\omega_0,\omega_1)\in\mathbb{R}^4}\||\psi\rangle-|\Psi_{S,\Omega,z}\rangle\| \tag{8.4.2}$$

称 $\Delta_{3-z-\mathrm{NNQS}}(|\psi\rangle)$ 为 $|\psi\rangle$ 由规范化的 3 对角自旋 z NNQS 逼近的最佳逼近度.

显然,纯态 $|\psi\rangle$ 可以由规范化的 3 对角自旋 z NNQS 表示当且仅当 $\Delta_{3-z-\mathrm{NNQS}}(|\psi\rangle)=0$.

例 8.4.1 当 $|\psi\rangle=|00\rangle$ 和 $M=N=2$ 时,计算 $\Delta_{3-z-\mathrm{NNQS}}(|\psi\rangle)$.

首先,容易看出式(8.4.1)的系数 $T(\lambda_{k_1},\lambda_{k_2})$ 为

$$T(1,1)=1,T(1,-1)=0,T(-1,1)=0,T(-1,-1)=0.$$

计算可得

$$\begin{aligned}\||\psi\rangle-|\Psi_{S,\Omega,z}\rangle\|^2&=|4z\cos(b+\omega_0+\omega_{-1})\cdot\cos(b+\omega_1+\omega_0)-1|^2\\&\quad+|4z\cos(b-\omega_0+\omega_{-1})\cdot\cos(b-\omega_1+\omega_0)|^2\\&\quad+|4z\cos(b+\omega_0-\omega_{-1})\cdot\cos(b+\omega_1-\omega_0)|^2\\&\quad+|4z\cos(b-\omega_0-\omega_{-1})\cdot\cos(b-\omega_1-\omega_0)|^2.\end{aligned}$$

当参数 $z,b,\omega_{-1},\omega_0,\omega_1$ 为

$$z=\frac{1}{4},b=-\frac{\pi}{4},\omega_{-1}=0,\omega_0=\frac{\pi}{4}+2k\pi,\omega_1=0(k\in\mathbb{Z}),$$

或

$$z=\frac{1}{4},b=-\frac{\pi}{4},\omega_{-1}=\frac{\pi}{4}+k\pi,\omega_0=0,\omega_1=\frac{\pi}{4}+k\pi(k\in\mathbb{Z}),$$

或

$$z=\frac{1}{3},b=-\frac{\pi}{6},\omega_{-1}=\frac{\pi}{3}+k\pi,\omega_0=0,\omega_1=\frac{\pi}{3}+k\pi(k\in\mathbb{Z})$$

时,$\||\psi\rangle-|\Psi_{S,\Omega,z}\rangle\|^2=0$. 从而,$\Delta_{3-z-\mathrm{NNQS}}(|\psi\rangle)=0$. 因此,$|00\rangle$ 可以由上述参数对应的规范化的 3 对角自旋 z NNQS 表示.

例 8.4.2 类似于例 8.4.1 的讨论,我们得到:当 $M=N=3$ 时,$|\psi\rangle=|000\rangle$ 可以由规范化的 3 对角自旋 z NNQS 表示,其参数 $z,b,\omega_{-1},\omega_0,\omega_1$ 可取为

$$z=\frac{1}{8},b=-\frac{\pi}{4},\omega_{-1}=0,\omega_0=\frac{\pi}{4}+2k\pi,\omega_1=0,$$

或

$$z=\frac{1}{3\sqrt{3}},b=\frac{\pi}{3},\omega_{-1}=0,\omega_0=-\frac{\pi}{6}+2k\pi,\omega_1=0.$$

注 8.4.1 由注 8.1.1 可知,如果当 $M=N$ 时,纯态可以由 NNQS 表示,那么当 $M>N$ 时,纯态也可以由 NNQS 表示. 因此,由例 8.4.2 可得:当 $N=3,M\geqslant3$ 时,态 $|000\rangle$ 可以由规范化的 3 对角自旋 z NNQS 表示,其参数 $z,b,\omega_{-1},\omega_0,\omega_1$ 可取为

$$z=\frac{1}{3\sqrt{3}},b=\frac{\pi}{3},\omega_{-1}=0,\omega_0=-\frac{\pi}{6}+2k\pi,\omega_1=0.$$

注 8.4.2　由例 8.4.1 和例 8.4.2 知，$|00\rangle$ 和 $|000\rangle$ 能被规范化的 3 对角自旋 z NNQS 表示，如 $|00\rangle=|\Psi_{S^1,\Omega^1,z^1}\rangle$ 和 $|000\rangle=|\Psi_{S^2,\Omega^2,z^2}\rangle$. 于是，由命题 8.1.1 可得 $(\mathbb{C}^2)^{\otimes 5}$ 上的态 $|0_5\rangle:=|00\cdots 0\rangle$ 能被规范化的自旋 z NNQS

$$|\Psi_{S,\Omega,z}\rangle=|\Psi_{S^1,\Omega^1,z^1}\rangle\otimes|\Psi_{S^2,\Omega^2,z^2}\rangle$$

表示，其权矩阵为

$$W=[W_{ij}]=\begin{bmatrix} W^1 & 0 \\ 0 & W^2 \end{bmatrix}=\begin{bmatrix} \omega_0^1 & \omega_{-1}^1 & & & \\ \omega_1^1 & \omega_0^1 & 0 & & \\ & 0 & \omega_0^2 & \omega_{-1}^2 & \\ & & \omega_1^2 & \omega_0^2 & \omega_{-1}^2 \\ & & & \omega_1^2 & \omega_0^2 \end{bmatrix}.$$

类似地，$(\mathbb{C}^2)^{\otimes N}$ 上的每一个态 $|0_N\rangle:=|00\cdots 0\rangle$ 能被规范化的自旋 z NNQS 表示，如图 8.15 所示.

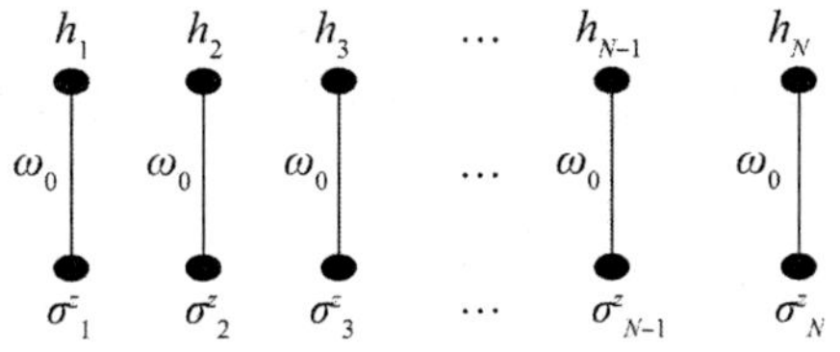

图 8.15　$|0_N\rangle:=|00\cdots 0\rangle$ 的神经网络表示，其参数 $\omega_0=\dfrac{\pi}{4}$

注 8.4.3　一般来说，对于 $(\mathbb{C}^2)^{\otimes N}$ 上的任何可分纯态

$$|\psi\rangle=|\psi_1\rangle\otimes|\psi_2\rangle\cdots\otimes|\psi_N\rangle,$$

存在 2×2 酉矩阵 $U_i(i=1,2,\cdots,N)$，使得 $U_i|0\rangle=|\psi_i\rangle, i=1,2,\cdots,N$. 从而，

$$(U_1\otimes\cdots\otimes U_N)|0_N\rangle=|\psi\rangle.$$

由命题 8.1.2 知，$|\psi\rangle$ 能被规范化的 NNQS 表示，其输入可观测量为

$$S=U_1\sigma_1^z U_1^\dagger\otimes U_2\sigma_2^z U_2^\dagger\otimes\cdots\otimes U_N\sigma_N^z U_N^\dagger.$$

例如，

$$(H\otimes H)|00\rangle=\frac{1}{\sqrt{2}}(|0\rangle+|1\rangle)\otimes\frac{1}{\sqrt{2}}(|0\rangle+|1\rangle)$$
$$=\frac{1}{2}(|00\rangle+|01\rangle+|10\rangle+|11\rangle)=|G_0\rangle,$$

其中，

$$H=\frac{1}{\sqrt{2}}\begin{pmatrix} 1 & 1 \\ 1 & -1 \end{pmatrix}.$$

由命题 8.1.2 知，$|G_0\rangle$ 能被规范化的 3 对角 NNQS 表示，其输入可观测量为

$$S=H\sigma_1^z H^\dagger\otimes H\sigma_2^z H^\dagger=\sigma_1^x\otimes\sigma_2^x.$$

与此同时，例 8.2.1 中提到 $|G_0\rangle$ 也能被规范化的 3 对角自旋 z NNQS 表示. 因此，$|G_0\rangle$ 能被规范化的 3 对角 NNQS 表示，其输入可观测量既可以为 $\sigma_1^z\otimes\sigma_2^z$，也可以为 $\sigma_1^x\otimes\sigma_2^x$.

现在，让我们来讨论纠缠态的最佳逼近度.

例 8.4.3 每一个 Bell 态都可以用一个规范化的自旋 z NNQS 表示.

事实上,对于 Bell 态 $|\beta_{00}\rangle=\frac{1}{\sqrt{2}}(|00\rangle+|11\rangle)$,容易看出式(8.4.1)中的系数如下:

$$T(1,1)=\frac{1}{\sqrt{2}},T(1,-1)=0,T(-1,1)=0,T(-1,-1)=\frac{1}{\sqrt{2}}.$$

于是,

$$\begin{aligned}\||\psi\rangle-|\Psi_{S,\Omega,z}\rangle\|^2=&\left|4z\cos(b+\omega_0+\omega_{-1})\cdot\cos(b+\omega_1+\omega_0)-\frac{1}{\sqrt{2}}\right|^2\\&+|4z\cos(b-\omega_0+\omega_{-1})\cdot\cos(b-\omega_1+\omega_0)|^2\\&+|4z\cos(b+\omega_0-\omega_{-1})\cdot\cos(b+\omega_1-\omega_0)|^2\\&+\left|4z\cos(b-\omega_0-\omega_{-1})\cdot\cos(b-\omega_1-\omega_0)-\frac{1}{\sqrt{2}}\right|^2.\end{aligned}$$

当参数 $z,b,\omega_{-1},\omega_0,\omega_1$ 为

$$z=1,b=0,\omega_{-1}=\frac{\pi}{4}-\arccos\left(\frac{1}{4\sqrt{2}}\right),\omega_0=-\frac{\pi}{4},\omega_1=\frac{\pi}{4},$$

或

$$z=\frac{1}{4},b=0,\omega_{-1}=\frac{\pi}{2},\omega_0=-\frac{\pi}{4},\omega_1=\frac{\pi}{4},$$

或

$$z=1,b=\frac{\pi}{2},\omega_{-1}=\frac{\pi}{4},\omega_0=\frac{\pi}{4},\omega_1=-\frac{3\pi}{4}-\arccos\left(\frac{1}{4\sqrt{2}}\right),$$

或

$$z=\frac{1}{4},\omega_{-1}=\frac{\pi}{4},b=\frac{\pi}{2},\omega_0=\frac{\pi}{4},\omega_1=\frac{\pi}{2},$$

或

$$z=\frac{1}{4},\omega_{-1}=0,b=\frac{\pi}{2},\omega_0=\frac{\pi}{4},\omega_1=\frac{\pi}{4}$$

时,$\Delta_{3-z-\text{NNQS}}(|\beta_{00}\rangle)=0$. 因此,$|\beta_{00}\rangle$ 可以由上述参数对应的规范化的 3 对角自旋 z NNQS 表示.

易知

$$(I\otimes H)|\beta_{00}\rangle=\frac{1}{2}(|00\rangle+|01\rangle+|10\rangle-|11\rangle)=|C_2\rangle.$$

其中,

$$H=\frac{1}{\sqrt{2}}\begin{pmatrix}1&1\\1&-1\end{pmatrix}.$$

因为 Bell 态 $|\beta_{00}\rangle$ 能被规范化的 3 对角自旋 z NNQS 表示,由命题 8.1.2 知,$|C_2\rangle$ 能被规范化的 3 对角 NNQS 表示,其输入可观测量为

$$S=I\sigma_1^zI^\dagger\otimes H\sigma_2^zH^\dagger=\sigma_1^z\otimes\sigma_2^x.$$

但是它不能被规范化的 3 对角自旋 z NNQS 表示(例 8.2.2). 这表明:虽然一个纯态不能由

具有给定输入可观测量 S 的规范化 NNQS 表示，但是它可能由具有另一个输入可观测量 S' 的规范化 NNQS 表示.

此外，易知

$$|\beta_{10}\rangle = (I \otimes \sigma_2^z)|\beta_{00}\rangle = (\sigma_1^z \otimes I)|\beta_{00}\rangle,$$
$$|\beta_{01}\rangle = (I \otimes \sigma_2^x)|\beta_{00}\rangle = (\sigma_1^x \otimes I)|\beta_{00}\rangle,$$
$$|\beta_{11}\rangle = (\sigma_1^z \otimes \sigma_2^x)|\beta_{00}\rangle.$$

其中，

$$|\beta_{01}\rangle = \frac{1}{\sqrt{2}}(|01\rangle + |10\rangle),\ |\beta_{10}\rangle = \frac{1}{\sqrt{2}}(|00\rangle - |11\rangle),\ |\beta_{11}\rangle = \frac{1}{\sqrt{2}}(|01\rangle - |10\rangle).$$

由命题 8.1.2 知，$|\beta_{10}\rangle$ 能被规范化的 3 对角 NNQS $|\Psi_{S,\Omega}\rangle$ 表示，其参数由例 8.4.3 给出和输入可观测量为

$$S = \sigma_1^z \otimes \sigma_2^z\sigma_2^z\sigma_2^z = \sigma_1^z \otimes \sigma_2^z.$$

显然，$|\Psi_{S,\Omega}\rangle$ 也能被规范化的 3 对角自旋 z NNQS.

类似地，$|\beta_{01}\rangle$ 能被规范化的 3 对角 NNQS 表示，其中，

$$\Omega = \left(0, b, \begin{pmatrix} \omega_0 & \omega_{-1} \\ \omega_1 & \omega_0 \end{pmatrix}\right),$$

参数 $b, \omega_0, \omega_1, \omega_{-1}$ 由例 8.4.3 给出和输入可观测量为

$$S = \sigma_1^z \otimes \sigma_2^x\sigma_2^z\sigma_2^x = \sigma_1^z \otimes (-\sigma_2^z) \text{ 或 } S = \sigma_1^x\sigma_1^z\sigma_1^x \otimes \sigma_2^z = (-\sigma_1^z) \otimes \sigma_2^z.$$

由命题 8.1.3 知，$|\beta_{01}\rangle$ 能被规范化的自旋 z NNQS 表示，其中，

$$\Omega' = \left(0, b, \begin{pmatrix} \omega_0 & -\omega_{-1} \\ \omega_1 & -\omega_0 \end{pmatrix}\right),$$

或

$$\Omega'' = \left(0, b, \begin{pmatrix} -\omega_0 & \omega_{-1} \\ -\omega_1 & \omega_0 \end{pmatrix}\right).$$

类似地，$|\beta_{11}\rangle$ 能被规范化的自旋 z NNQS 表示，其参数为 Ω'.

例 8.4.4　设 $|\psi\rangle = \alpha|00\rangle + \beta|11\rangle$ 且 $|\alpha|^2 + |\beta|^2 = 1$，当 $M = N = 2$ 时，计算 $\Delta_{\text{NNQS}}(|\psi\rangle)$. 首先，容易看出式(8.4.1)中系数 $T(\lambda_{k_1}, \lambda_{k_2})$ 如下：

$$T(1,1) = \alpha, T(1,-1) = 0, T(-1,1) = 0, T(-1,-1) = \beta.$$

计算可得

$$\begin{aligned}
&\| |\psi\rangle - |\Psi_{S,\Omega,z}\rangle \|^2 \\
=& |4ze^{a_1}e^{a_2}\cosh(b_1 + W_{11} + W_{12}) \cdot \cosh(b_2 + W_{21} + W_{22}) - \alpha|^2 \\
&+ |4ze^{-a_1}e^{a_2}\cosh(b_1 - W_{11} + W_{12}) \cdot \cosh(b_2 - W_{21} + W_{22})|^2 \\
&+ |4ze^{a_1}e^{-a_2}\cosh(b_1 + W_{11} - W_{12}) \cdot \cosh(b_2 + W_{21} - W_{22})|^2 \\
&+ |4ze^{-a_1}e^{-a_2}\cosh(b_1 - W_{11} - W_{12}) \cdot \cosh(b_2 - W_{21} - W_{22}) - \beta|^2.
\end{aligned}$$

令 $\alpha = re^{\theta_1 i}, \beta = se^{\theta_2 i}, r = \cos\theta, s = \sin\theta$，其中 $\theta_k, \theta \in \mathbb{R}$，且 $s, r \geqslant 0$. 如果

$$\begin{cases} z = \dfrac{1}{4}e^{\frac{\theta_1+\theta_2}{2}i}, a_1 = e^{\frac{\theta_1}{2}i}, a_2 = e^{-\frac{\theta_2}{2}i}, b_1 = \left(\dfrac{3\pi}{4} - \theta\right)i, b_2 = \dfrac{\pi}{2}i, \\ W_{11} = \dfrac{\pi}{4}i, W_{12} = 0, W_{21} = W_{22} = \dfrac{\pi}{4}i, \end{cases} \tag{8.4.3}$$

那么 $\| |\psi\rangle - |\Psi_{S,\Omega,z}\rangle \| = 0$. 这表明态 $|\psi\rangle$ 能被规范化的自旋 z NNQS $|\Psi_{S,\Omega,z}\rangle$ 表示,其参数由式(8.4.3)给出.

最后,如果 $|\varphi\rangle$ 为任意两比特纠缠态,那么它有 Schmidt 分解

$$|\varphi\rangle = r|\varphi_1\rangle|\psi_1\rangle + s|\varphi_2\rangle|\psi_2\rangle.$$

其中,$\{|\varphi_1\rangle, |\varphi_2\rangle\}$ 和 $\{|\psi_1\rangle, |\psi_2\rangle\}$ 均为 $\mathbb{C}^2$ 中的正规正交基,$r, s > 0$. 选取 $\mathbb{C}^2$ 上的酉算子 U 和 V,使得

$$U|0\rangle = |\varphi_1\rangle, U|1\rangle = |\varphi_2\rangle, V|0\rangle = |\psi_1\rangle, V|1\rangle = |\psi_2\rangle.$$

于是,$(U\otimes V)(r|00\rangle + s|11\rangle) = |\varphi\rangle$. 由例 8.4.3 知,$|\psi\rangle = r|00\rangle + s|11\rangle$ 可以由规范化的自旋 z NNQS $|\Psi_{S,\Omega,z}\rangle$ 表示,即 $|\psi\rangle = |\Psi_{S,\Omega,z}\rangle$. 从而,由命题 8.1.2 得

$$|\varphi\rangle = (U\otimes V)|\psi\rangle = (U\otimes V)|\Psi_{S,\Omega,z}\rangle = |\Psi_{(U\otimes V)S(U\otimes V)^\dagger,\Omega,z}\rangle.$$

这表明 $|\varphi\rangle$ 可以由规范化的NNQS $|\Psi_{(U\otimes V)S(U\otimes V)^\dagger,\Omega,z}\rangle$ 表示,输入可观测量为 $(U\otimes V)S(U\otimes V)^\dagger = U\sigma^z U^\dagger \otimes V\sigma^z V^\dagger$,参数 $\Omega = (a, b, W)$ 和规范化常数 z 由式(8.4.3)中 $\alpha = r, \beta = s$ 给出.

因此,得到结论:任意两比特纯态都可以用一个规范化的 NNQS 来表示.

例 8.4.5 设 $|\psi\rangle = \alpha|000\rangle + \beta|111\rangle$ 且 $|\alpha|^2 + |\beta|^2 = 1$,当 $M = N = 3$ 时,计算 $\Delta_{\mathrm{NNQS}}(|\psi\rangle)$. 首先,容易看出式(8.4.1)中系数 $T(\lambda_{k_1}, \lambda_{k_2}, \lambda_{k_3})$ 如下:

$$T(1,1,1) = \alpha, T(1,-1,1) = 0, T(-1,1,1) = 0, T(-1,-1,1) = 0,$$
$$T(1,1,-1) = 0, T(1,-1,-1) = 0, T(-1,1,-1) = 0, T(-1,-1,-1) = \beta.$$

计算可得

$$\begin{aligned}
&\| |\psi\rangle - |\Psi_{S,\Omega,z}\rangle \|^2 \\
= &\ |8ze^{a_1}e^{a_2}e^{a_3}\cosh(b_1 + W_{11} + W_{12} + W_{13})\cdot\cosh(b_2 + W_{21} \\
&+ W_{22} + W_{23})\cdot\cosh(b_3 + W_{31} + W_{32} + W_{33}) - \alpha|^2 \\
&+ |8ze^{-a_1}e^{a_2}e^{a_3}\cosh(b_1 - W_{11} + W_{12} + W_{13})\cdot\cosh(b_2 - W_{21} \\
&+ W_{22} + W_{23})\cdot\cosh(b_3 - W_{31} + W_{32} + W_{33})|^2 \\
&+ |8ze^{a_1}e^{-a_2}e^{a_3}\cosh(b_1 + W_{11} - W_{12} + W_{13})\cdot\cosh(b_2 + W_{21} \\
&- W_{22} + W_{23})\cdot\cosh(b_3 + W_{31} - W_{32} + W_{33})|)^2 \\
&+ |8ze^{-a_1}e^{-a_2}e^{a_3}\cosh(b_1 - W_{11} - W_{12} + W_{13})\cdot\cosh(b_2 - W_{21} \\
&- W_{22} + W_{23})\cdot\cosh(b_3 - W_{31} - W_{32} + W_{33})|^2 \\
&+ |8ze^{a_1}e^{a_2}e^{-a_3}\cosh(b_1 + W_{11} + W_{12} - W_{13})\cdot\cosh(b_2 + W_{21} \\
&+ W_{22} - W_{23})\cdot\cosh(b_3 + W_{31} + W_{32} - W_{33})|^2 \\
&+ |8ze^{-a_1}e^{a_2}e^{-a_3}\cosh(b_1 - W_{11} + W_{12} - W_{13})\cdot\cosh(b_2 - W_{21} \\
&+ W_{22} - W_{23})\cdot\cosh(b_3 - W_{31} + W_{32} - W_{33})|^2 \\
&+ |8ze^{a_1}e^{-a_2}e^{-a_3}\cosh(b_1 + W_{11} - W_{12} - W_{13})\cdot\cosh(b_2 + W_{21} \\
&- W_{22} - W_{23})\cdot\cosh(b_3 + W_{31} - W_{32} - W_{33})|)^2 \\
&+ |8ze^{-a_1}e^{-a_2}e^{-a_3}\cosh(b_1 - W_{11} - W_{12} - W_{13})\cdot\cosh(b_2 - W_{21} \\
&- W_{22} - W_{23})\cdot\cosh(b_3 - W_{31} - W_{32} - W_{33}) - \beta|^2.
\end{aligned}$$

令

$$\alpha = r\mathrm{e}^{\theta_1 \mathrm{i}}, \beta = s\mathrm{e}^{\theta_2 \mathrm{i}}, r = \cos\theta, s = \sin\theta.$$

其中，$\theta, \theta_k \in \mathbb{R}, s, r \geqslant 0$. 如果

$$\begin{cases} z = \frac{1}{8}\mathrm{e}^{\frac{\theta_1+\theta_2}{2}\mathrm{i}}, a_1 = \mathrm{e}^{\frac{\theta_1}{2}\mathrm{i}}, a_2 = \mathrm{e}^{-\frac{\theta_2}{2}\mathrm{i}}, a_3 = 0, \\ b_1 = \left(\theta - \frac{\pi}{4}\right)\mathrm{i}, b_2 = \frac{\pi}{2}\mathrm{i}, b_3 = \frac{\pi}{2}\mathrm{i}, \\ W_{11} = \frac{\pi}{4}\mathrm{i}, W_{12} = 0, W_{13} = 0, W_{21} = W_{22} = \frac{\pi}{4}\mathrm{i}, W_{23} = 0, \\ W_{31} = 0, W_{32} = W_{33} = \frac{\pi}{4}\mathrm{i}, \end{cases} \tag{8.4.4}$$

那么 $\| |\psi\rangle - |\Psi_{S,\Omega,z}\rangle \| = 0$. 这表明态 $|\psi\rangle$ 能被规范化的自旋 z NNQS $|\Psi_{S,\Omega,z}\rangle$ 表示，其参数由式(8.4.4)给出. 特别地，$|GHZ_3\rangle = \frac{1}{\sqrt{2}}(|000\rangle + |111\rangle$ 能被规范化的自旋 z NNQS $|\Psi_{S,\Omega,z}\rangle$ 表示，其参数由式(8.4.4)给出.

一般地，对于任意 N 比特纯态 $|\psi\rangle = \alpha|0_N\rangle + \beta|1_N\rangle$ 且 $|\alpha|^2 + |\beta|^2 = 1$，令

$$\alpha = r\mathrm{e}^{\theta_1 \mathrm{i}}, \beta = s\mathrm{e}^{\theta_2 \mathrm{i}}, r = \cos\theta, s = \sin\theta,$$

能够得到 $|\psi\rangle$ 能被规范化的“2 对角”自旋 z NNQS $|\Psi_{S,\Omega,z}\rangle$ 表示，其参数为

$$\begin{cases} z = \frac{1}{8}\mathrm{e}^{\frac{\theta_1+\theta_2}{2}\mathrm{i}}, a_1 = \mathrm{e}^{\frac{\theta_1}{2}\mathrm{i}}, a_2 = \mathrm{e}^{-\frac{\theta_2}{2}\mathrm{i}}, a_k = 0(k = 3, 4, \cdots, N), \\ b_1 = \begin{cases} \left(\theta - \frac{\pi}{4}\right)\mathrm{i}, & N \text{ 为奇数}, \\ \left(\frac{3\pi}{4} - \theta\right)\mathrm{i}, & N \text{ 为偶数}, \end{cases} \quad b_k = \frac{\pi}{2}\mathrm{i}(k = 2, 3, 4, \cdots, N), \\ W_{ij} = \frac{\pi}{4}\mathrm{i}(i - j \in \{0, 1\}), W_{ij} = 0(i - j \notin \{0, 1\}). \end{cases} \tag{8.4.5}$$

特别地，$|GHZ_N\rangle = \frac{1}{\sqrt{2}}(|0_N\rangle + |1_N\rangle$ 能被规范化的“2 对角”自旋 z NNQS $|\Psi_{S,\Omega,z}\rangle$ 表示，其参数由式(8.4.5)给出，如图 8.16 所示.

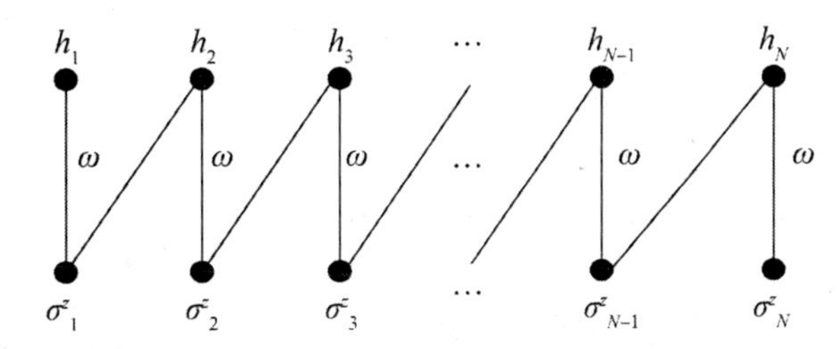

图 8.16　$|GHZ_N\rangle$ 的神经网络表示，其参数 $\omega = W_{ij} = \frac{\pi}{4}\mathrm{i}(i - j \in \{0, 1\})$

更一般地，任何态 $|\psi\rangle = \alpha|\varphi_1\rangle|\varphi_2\rangle\cdots|\varphi_N\rangle + \beta|\psi_1\rangle|\psi_2\rangle\cdots|\psi_N\rangle(|\alpha|^2 + |\beta|^2 = 1)$ 都能被规范化的“2 对角”NNQS 表示，其参数由式(8.4.5)给出.

易知团簇态 $|C_3\rangle$ 为

$$
\begin{aligned}
|C_3\rangle &= \frac{1}{2\sqrt{2}}(|000\rangle + |001\rangle + |010\rangle - |011\rangle \\
&\quad + |100\rangle + |101\rangle - |110\rangle + |111\rangle) \\
&= \frac{1}{\sqrt{2}}(|+0+\rangle + |-1-\rangle).
\end{aligned}
$$

其中，

$$
|+\rangle = \frac{1}{\sqrt{2}}(|0\rangle + |1\rangle),\ |-\rangle = \frac{1}{\sqrt{2}}(|0\rangle - |1\rangle).
$$

因为 $|GHZ_3\rangle = \frac{1}{\sqrt{2}}(|000\rangle + |111\rangle$ 能被规范化的“2 对角”自旋 z NNQS $|\Psi_{S,\Omega,z}\rangle$ 表示，且

$$
(H \otimes I \otimes H)|GHZ_3\rangle = |C_3\rangle.
$$

由命题 8.1.2 知，$|C_3\rangle$ 能被规范化的“2 对角”NNQS 表示，其输入可观测量为

$$
S = H\sigma_1^z H^\dagger \otimes \sigma_2^z \otimes H\sigma_3^z H^\dagger = \sigma_1^x \otimes \sigma_2^z \otimes \sigma_3^x.
$$

如图 8.17 所示.

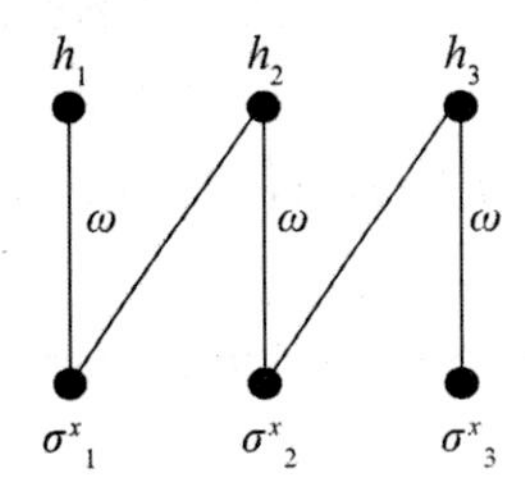

图 8.17　$|C_3\rangle$ 的神经网络表示，其参数 $\omega = W_{ij} = \frac{\pi}{4}\mathrm{i}(i-j \in \{0,1\})$

进一步地，由命题 8.1.1 知，$|\beta_{00}\rangle \otimes |C_3\rangle$ 也能被规范化的“2 对角”NNQS $|\Psi_{S,\Omega,z}\rangle = |\Psi_{S',\Omega',z'}\rangle \otimes |\Psi_{S'',\Omega'',z'}\rangle$ 表示，它是 $|\beta_{00}\rangle$ 与 $|C_3\rangle$ 的神经网络量子态的张量积，其输入可观测量为

$$
S = \sigma_1^z \otimes \sigma_2^z \otimes \sigma_3^x \otimes \sigma_4^z \otimes \sigma_5^x.
$$

如图 8.18 所示.

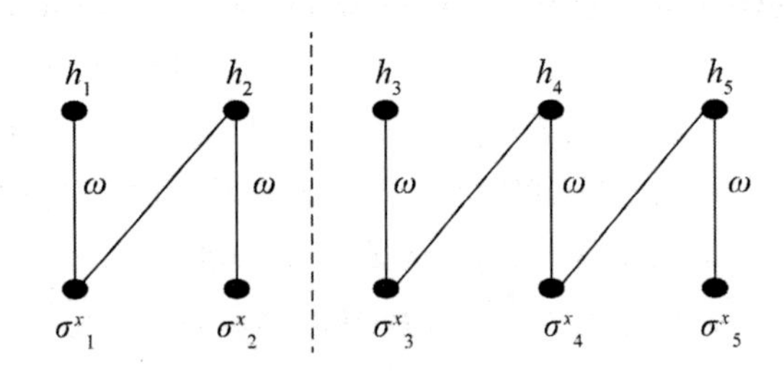

图 8.18　$|\beta_{00}\rangle \otimes |C_3\rangle$ 的神经网络表示，其参数 $\omega = W_{ij} = \frac{\pi}{4}\mathrm{i}(i-j \in \{0,1\})$

8.5　神经网络量子态的可分性

命题 8.5.1　如果

$$|\Psi_{S,\Omega}\rangle = \sum_{(\xi_{l_1},\xi_{l_2},\cdots,\xi_{l_N})^T \in V(S)} \Psi_{S,\Omega}(\xi_{l_1},\xi_{l_2},\cdots,\xi_{l_N})\,|\varphi_{l_1}\rangle \otimes \cdots \otimes |\varphi_{l_N}\rangle$$

是 NNQS,其参数为

$$S = S_1 \otimes \cdots \otimes S_N, \Omega = (a,b,W), W = [W_{ij}] = \begin{pmatrix} W' & 0 \\ 0 & W'' \end{pmatrix}.$$

其中,a 是一个 N 维列向量,b 是一个 M 维列向量,W' 是一个 $M' \times N'$ 矩阵,W'' 是一个 $M'' \times N''$ 矩阵且 $N = N' + N''$,$M = M' + M''$,那么

$$|\Psi_{S,\Omega}\rangle = |\Psi'_{S',\Omega'}\rangle \otimes |\Psi''_{S'',\Omega''}\rangle.$$

其中,

$$S' = S_1 \otimes S_2 \otimes \cdots \otimes S_{N'}, S'' = S_{N'+1} \otimes S_{N'+2} \otimes \cdots \otimes S_{N'+N''}, \tag{8.5.1}$$

$$\Omega' = (a',b',W'), \Omega'' = (a'',b'',W''), \tag{8.5.2}$$

$$a' = (a_1,a_2,\cdots,a_{N'})^T, a'' = (a_{N'+1},a_{N'+2},\cdots,a_{N'+N''})^T,$$

$$b' = (b_1,b_2,\cdots,b_{M'})^T, b'' = (b_{M'+1},b_{M'+2},\cdots,b_{M'+M''})^T.$$

因此,$|\Psi_{S,\Omega}\rangle$ 是两可分的.

证明　假设 S',S'',Ω',Ω'' 分别由式(8.5.1)和式(8.5.2)给出,令

$$\lambda_{k_i} = \xi_{l_i}, |\psi_{k_i}\rangle = |\varphi_{l_i}\rangle, i \in \{1,2,\cdots,N'\},$$

$$\mu_{m_i} = \xi_{l_{N'+i}}, |\varphi_{m_i}\rangle = |\varphi_{l_{N'+i}}\rangle, i \in \{N'+1,N'+2,\cdots,N\},$$

$$|\Psi'_{S',\Omega'}\rangle = \sum_{(\lambda_{k_1},\lambda_{k_2},\cdots,\lambda_{k_{N'}})^T \in V(S')} \Psi'_{S',\Omega'}(\lambda_{k_1},\lambda_{k_2},\cdots,\lambda_{k_{N'}})\,|\psi_{k_1}\rangle \otimes |\psi_{k_2}\rangle \otimes \cdots \otimes |\psi_{k_{N'}}\rangle,$$

$$|\Psi''_{S'',\Omega''}\rangle = \sum_{(\mu_{m_1},\mu_{m_2},\cdots,\mu_{m_{N''}})^T \in V(S'')} \Psi''_{S'',\Omega''}(\mu_{m_1},\cdots,\mu_{m_{N''}})\,|\varphi_{m_1}\rangle \otimes |\varphi_{m_2}\rangle \otimes \cdots \otimes |\varphi_{m_{N''}}\rangle.$$

计算可得

$$\begin{aligned}
&\Psi_{S,\Omega}(\xi_{l_1},\xi_{l_2},\cdots,\xi_{l_N}) \\
&= \left(\prod_{j=1}^{N} e^{a_j \xi_{l_j}}\right) \cdot \left(\prod_{i=1}^{M} 2\cosh\left(b_i + \sum_{j=1}^{N} W_{ij}\xi_{l_j}\right)\right) \\
&= \left(\prod_{j=1}^{N'} e^{a'_j \lambda_{k_j}}\right) \cdot \left(\prod_{j=1}^{N''} e^{a''_j \mu_{m_j}}\right) \cdot \left(\prod_{i=1}^{M'} 2\cosh\left(b'_i + \sum_{j=1}^{N'} W'_{ij}\lambda_{k_j}\right)\right) \\
&\quad \cdot \left(\prod_{i=1}^{M''} 2\cosh\left(b''_i + \sum_{j=1}^{N''} W''_{ij}\mu_{m_j}\right)\right) \\
&= \Psi'_{S',\Omega'}(\lambda_{k_1},\lambda_{k_2},\cdots,\lambda_{k_{N'}}) \cdot \Psi''_{S'',\Omega''}(\mu_{m_1},\mu_{m_2},\cdots,\mu_{m_{N''}}).
\end{aligned}$$

从而

$$\begin{aligned}
|\Phi_{S,\Omega}\rangle &= \sum_{(\xi_{l_1},\xi_{l_2},\cdots,\xi_{l_N})^T \in V(S)} \Psi_{S,\Omega}(\xi_{l_1},\xi_{l_2},\cdots,\xi_{l_N})\,|\varphi_{l_1}\rangle \otimes \cdots \otimes |\varphi_{l_N}\rangle \\
&= \sum_{(\lambda_{k_1},\cdots,\lambda_{k_{N'}})^T \in V(S')} \sum_{(\mu_{m_1},\cdots,\mu_{m_{N''}})^T \in V(S'')} \Psi'_{S',\Omega'}(\lambda_{k_1},\cdots,\lambda_{k_{N'}}) \\
&\quad \cdot \Psi''_{S'',\Omega''}(\mu_{m_1},\mu_{m_2},\cdots,\mu_{m_{N''}}) \cdot |\psi_{k_1}\rangle \otimes |\psi_{k_2}\rangle \otimes \cdots \otimes |\psi_{k_{N'}}\rangle \\
&\quad \otimes |\varphi_{m_1}\rangle \otimes |\varphi_{m_2}\rangle \otimes \cdots \otimes |\varphi_{m_{N''}}\rangle \\
&= |\Psi'_{S',\Omega'}\rangle \otimes |\Psi''_{S'',\Omega''}\rangle.
\end{aligned}$$

这说明 $|\Phi_{S,\Omega}\rangle$ 是两可分的.

将命题 8.5.1 进行推广，可以得到下列更一般的情形.

命题 8.5.2 如果

$$|\Psi_{S,\Omega}\rangle = \sum_{(\xi_{l_1},\xi_{l_2},\cdots,\xi_{l_N})^T\in V(S)} \Psi_{S,\Omega}(\xi_{l_1},\xi_{l_2},\cdots,\xi_{l_N})\,|\varphi_{l_1}\rangle\otimes\cdots\otimes|\varphi_{l_N}\rangle$$

是 NNQS，其参数为

$$S = S_1\otimes\cdots\otimes S_N,\Omega = (a,b,W),$$

$$W = [W_{ij}] = \begin{pmatrix} W^1 & & & & \\ & W^2 & & & \\ & & W^3 & & \\ & & & \ddots & \\ & & & & W^p \end{pmatrix}.$$

其中，a 是一个 N 维列向量，b 是一个 M 维列向量，W^j 是一个 $M_j\times N_j$ 矩阵，$j=1,2,\cdots,p$，且 $N=\sum_{j=1}^{p}N_j, M=\sum_{j=1}^{p}M_j$，那么

$$|\Psi_{S,\Omega}\rangle = |\Psi^1_{S^1,\Omega^2}\rangle\otimes|\Psi^2_{S^2,\Omega^2}\rangle\otimes\cdots\otimes|\Psi^p_{S^p,\Omega^p}\rangle.$$

其中，

$$S^1 = S_1\otimes S_2\otimes\cdots\otimes S_{N_1},$$

$$S^j = S_{\sum_{k=1}^{j-1}N_k+1}\otimes S_{\sum_{k=1}^{j-1}N_k+2}\otimes\cdots\otimes S_{\sum_{k=1}^{j}N_k}, j = 2,3,\cdots,p$$

且$\Omega^j = (a^j,b^j,W^j)(j=2,3,\cdots,p)$ 为

$$a^1 = (a_1,a_2,\cdots,a_{N_1})^T,$$

$$a^j = (a_{\sum_{k=1}^{j-1}N_k+1},a_{\sum_{k=1}^{j-1}N_k+2},\cdots,a_{\sum_{k=1}^{j}N_k})^T, j = 2,\cdots,p,$$

$$b^1 = (b_1,b_2,\cdots,b_{M_1})^T,$$

$$b^j = (b_{\sum\limits_{k=1}^{j-1}N_k+1},b_{\sum\limits_{k=1}^{j-1}N_k+2},\cdots,b_{\sum\limits_{k=1}^{j}N_k})^T, j = 2,\cdots,p.$$

因此，$|\Psi_{S,\Omega}\rangle$ 是 p 可分的.

由命题 8.5.1 和命题 8.5.2 知，如果 NNQS $|\Psi_{S,\Omega}\rangle$ 是纠缠的，那么网络的权矩阵 W 不可能是块对角的.

注 8.5.1 由定理 8.2.2 和定理 8.3.1 知，任何图态与任何有向图态都可以表示成 NNQS，由于非平凡的图态与非平凡的有向图态都是纠缠态. 于是，如果一个 NNQS 是非平凡的图态或非平凡的有向图态时，它一定是纠缠态.

参考文献

[1]A. K. Ekert. Quantum cryptography based on Bell's theorem[J]. Phys. Rev. Lett. , 1991,67: 661—663.

[2]C. H. Bennett,G. Brassard,C. Crepeau. Teleporting an unknown quantum state via dual classical and Einstein—Podolsky—Rosen channels[J]. Phys. Rev. Lett. ,1993,70: 1895—1899.

[3]K. Mattle,H. Weinfurter,P. G. Kwiat. Dense coding in experimental quantum communication[J]. Phys. Rev. Lett. ,1996,76: 4656—4659.

[4]A. Steane. Quantum computing[J]. Rep. Prog. Phys. ,1998,61:117—173.

[5]M. Hillery,V. Bužek,A. Berthiaume. Quantum secret sharing[J]. Phys. Rev. A, 1999,59: 1829—1834.

[6]Y. B. Sheng,L. Zhou. Distributed secure quantum machine learning[J]. Sci. Bull. , 2017,62: 1025—1029.

[7]G. L. Long,X. S. Liu. Theoretically efficient high—capacity quantum—key—distribution scheme[J]. Phys. Rev. A,2002,65: 032302.

[8]陈景灵. 量子力学那些事:量子纠缠、量子导引、贝尔非定域性[DB/OL]. https://tech. sina. com. cn/d/i/2018—06—08/doc—ihcscwxa1601413. shtml.

[9]J. V. Neumann. Mathematische Grundlagen der Quanten mechanik[M]. Berlin: Springer,1932.

[10]A. Einstein,B. Podolsky,N. Rosen. Can quantum—mechanical description of physical reality be considered complete? [J]. Phys. Rev. ,1935,47: 777—780.

[11]E. Schrödinger. The present status of quantum mechanics[J]. Die Naturwissenschaften,1935,23: 807—833.

[12]J. S. Bell. On the Einstein—Podolsky—Rosen paradox[J]. Physics,1964,1: 195.

[13]J. F. Clauser,M. A. Horne,A. Shimony,R. A. Holt. Proposed Experiment to Test Local Hidden—Variable Theories[J]. Phys. Rev. Lett. ,1969,23: 880.

[14]A. Aspect,P. Grangier,G. Roger. Experimental test of Bell's in equalities using time varying analyzers[J]. Phys. Rev. Lett. ,1981,47: 460.

[15]Z. Y. Ou,L. Mandel. Observation of spatial beating with separated photodetectors [J]. Phys. Rev. Lett,1988,61: 54—57.

[16]P. G. Kwiat,K. Mattle,H. Weinfurter,et al. New high—intensity source of polarization—entangled photon Pairs[J]. Phys. Rev. Lett. ,1995,75: 4337—4341.

[17]W. Tittel,J. Brendel,H. Zbinden,et al. Violation of Bell inequalities by photons

more than 10 km apart[J]. Phys. Rev. Lett. ,1998,81: 3563.

[18]G. Weihs,T. Jennewein,C. Simon,et al. Violation of Bell's inequality under strict Einstein locality conditions[J]. Phys. Rev. Lett. ,1998,81: 5039.

[19]W. Tittel,J. Brendel,N. Gisin,et al. Long—distance Bell—type tests using energy—time entangled photons[J]. Phys. Rev. A,1999,59: 4150—4163.

[20]M. A. Rowe,D. Kielpinski,V. Meyer,et al. Experimental violation of a Bell's inequality with efficient detection[J]. Nature,2001,409: 791.

[21]Y. Hasegawa,R. Loidl,G. Badurek,et al. Violation of Bell—type inequality in single—neutron interferometry: quantum contextuality[J]. Nucl. Instrum. Meth. A, 2004, 529: 182—186.

[22]F. A. Bovino,G. Castagnoli,A. Cabello,et al. Experimental noise—resistant Bell—inequality violations for polarization entangled photons[J]. Phys. Rev. A,2006,73: 062110.

[23]R. Ursin,F. Tiefenbacher,T. Schmitt—Manderbach,et al. Entanglement—based quantum communication over 144km[J]. Nat. Phys. ,2007,3: 481—486.

[24]M. Giustina,A. Mech,S. Ramelow,et al. Bell violation using entangled photons without the fair—sampling assumption[J]. Nature,2013,497: 12012.

[25]B. G. Christensen,K. T. McCusker,J. B. Altepeter,et al. Detection—loophole—free test of quantum nonlocality,and applications[J]. Phys. Rev. Lett. ,2013,111: 130406.

[26]M. Giustina,M. A. Versteegh,S. Wengerowsky,et al. Significant—loophole—free test of Bell's theorem with entangled photons[J]. Phys. Rev. Lett. ,2015,115: 250401.

[27]B. Hensen,H. Bernien,A. E. Dréau,et al. Experimental loophole—free Bell inequality violation using electron spins separated by 1. 3 km[J]. Nature,2015,526: 682.

[28]L. K. Shalm,E. Meyer—Scott,B. G. Christensen,et al. Strong loophole—free test of local realism[J]. Phys. Rev. Lett. ,2015,115: 250402.

[29]R. F. Werner. Remarks on a quantum state extension problem[J]. Lett. Math. Phys. ,1989,17: 359.

[30]N. Gisin. Bell's inequality holds for all non—product states[J]. Phys. Lett. A, 1991,154: 201.

[31]N. Gisin,A. Peres. Maximal violation of Bell's inequality for arbitrarily large spin [J]. Phys. Lett. A,1992,162: 15.

[32]H. M. Wiseman,S. J. Jones,A. C. Doherty. Steering,entanglement,nonlocality, and the Einstein—Podolsky—Rosen paradox[J]. Phys. Rev. Lett. ,2007,98: 140402.

[33]V. Händchen,T. Eberle,S. Steinlechner,et al. Observation of one—way Einstein—Podolsky—Rosen steering[J]. Nat. Photonics,2012,6: 596—599.

[34]J. Bowles,T. Vertesi,M. T. Quintino,et al. One—way Einstein— Podolsky—Rosen steering[J]. Phys. Rev. Lett. ,2012,112: 200402.

[35]C. H. Bennett,D. P. DiVincenzo,J. A. Smolin,et al. Mixed—state entanglement

and quantum error correction[J]. Phys. Rev. A,1996,54: 3824.

[36]C. H. Bennett,D. P. DiVincenzo,J. A. Smolin. Capacities of quantum erasure channels[J]. Phys. Rev. Lett. ,1997,78: 3217.

[37]V. Vedral,M. B. Plenio. Entanglement measures and purification procedures[J]. Phys. Rev. A,1998,57: 1619.

[38]M. Murao,M. B. Plenio,S. Popescu,et al. Multi particle entanglement purification protocols[J]. Phys. Rev. A,1998,57: R4075.

[39]D. P. DiVincenzo,C. A. Fuchs,H. Mabuchi,et al. Entanglement of assistance[J]. Quan. Com. and Quan. Commu. ,1999,42: 247.

[40]Z. G. Li,S. M. Fei,S. Albeverio,et al. Bound of entanglement of assistance and monogamy constraints[J]. Phys. Rev. A,2009,80: 034301.

[41]A. Peres. Separability criterion for density matrices[J]. Phys. Rev. Lett. ,1996, 77: 1413—1415.

[42]M. Horodecki,P. Horodecki. Reduction criterion of separability and limits for a class of distillation protocols[J]. Phys. Rev. A,1999,59: 4206—4216.

[43]N. J. Cerf,C. Adami,R. M. Gingrich. Reduction criterion for sepa rability[J]. Phys. Rev. A,1999,60: 898—909.

[44]P. Horodecki. Separability criterion and inseparable mixed states with positive partial transposition[J]. Phys. Lett. A,1997,232: 333— 339.

[45]M. A. Nielsen,J. Kempe. Separable states are more disordered glob ally than locally[J]. Phys. Rev. Lett. ,2001,86: 5184—5187.

[46]K. Chen,L. A. Wu. The generalized partial transposition criterion for separability of multipartite quantum states[J]. Phys. Lett. A,2002,306: 14—20.

[47]K. Chen,L. A. Wu. A matrix realignment method for recognizing entanglement [J]. Quan. Inf. Comput. ,2003,3: 193—202.

[48]S. Albeverio,K. Chen,S. M. Fei. Generalized reduction criterion for separability of quantum states[J]. Phys. Rev. A,2003,68: 062313.

[49]R. Horodecki,P. Horodecki,M. Horodecki,et al. Quantum entanglement[J]. Rev. Mod. Phys. ,2009,81: 865.

[50]T. Gao,Y. Hong,Y. Lu,et al. Efficient k—separability criteria for mixed multipartite quantum states[J]. Eur. Phys. Lett. ,2013,104: 20007.

[51]C. H. Bennett,D. P. DiVincenzo,T. Mor,et al. Unextendible product bases and bound entanglement[J]. Phys. Rev. Lett. ,1999,82: 5385.

[52]G. Tóth,C. Knapp,O. Gühne,et al. Optimal spin squeezing inequalities detect bound entanglement in spin models[J]. Phys. Rev. Lett. ,2007,99: 250405.

[53]A. Acin,D. Brub,M. Lewenstein,et al. Classification of mixed three—qubit states [J]. Phys. Rev. Lett. ,2001,87: 040401.

[54]O. Gühne, M. Seevinck. Separability criteria for genuine multipar ticle entanglement[J]. New J. Phys. ,2010,12: 053002.

[55]M. Huber, F. Mintert, A. Gabriel, et al. Detection of high dimensional genuine multi－partite entanglement of mixed states[J]. Phys. Rev. Lett. ,2010,104: 210501.

[56]A. Gabriel, B. C. Hiesmayr, M. Huber. Criterion for k－separability in mixed multipartite systems[J]. Quantum Inf. Comput. ,2010,10: 829.

[57]T. Gao, Y. Hong. Separability criteria for several classes of n－partite quantum states[J]. Eur. Phy. J. D,2011,61: 765.

[58]P. G. Kwiat. Hyper－entangled states[J]. J. Mod. Opt. ,1997,44: 2173－ 2184.

[59]T. Yang, Q. Zhang, J. Zhang, et al. All－versus－nothing violation of local realism by two－photon, four－dimensional entanglement[J]. Phys. Rev. Lett. ,2005,95: 240406.

[60]J. T. Barreiro, N. K. Langford, N. A. Peters, et al. Generation of hyperentangled photon pairs[J]. Phys. Rev. Lett. ,2005,95: 260501.

[61]W. Dür, J. I. Cirac. Classification of multiqubit mixed states: Separability and distillability properties[J]. Phys. Rev. A,2000,61: 042314.

[62]G. Vidal, R. Tarrach. Robustness of entanglement[J]. Phys. Rev. A,1999,59: 141－145.

[63]J. F. Du, M. J. Shi, X. Y. Zhou, et al. Geometrical interpretation for robustness of entanglement[J]. Phys. Lett. A,2000,267: 244－250.

[64]M. Steiner. Generalized robustness of entanglement[J]. Phys. Rev. A, 2003, 67: 054305.

[65]查嫽，曹怀信，王晓霞. 量子信道对纠缠鲁棒性的影响[J]. 吉林大学学报（理学版），2016,54: 871－877.

[66]H. X. Meng, H. X. Cao, W. H. Wang, et al. Continuity of the robustness of contextuality of empirical models[J]. Sci. China Phys. Mech. Astron. ,2016,59: 100311.

[67]Z. H. Guo, H. X. Cao, Z. L. Chen. Distinguishing classical correlations from quantum correlations[J]. J. Phys. A: Math. Theor. ,2012,45: 145301.

[68]Z. H. Guo, H. X. Cao, S. X. Qu. Partial correlations in a multipartite quantum system[J]. Inf. Sci. ,2014,289: 262－272.

[69]Z. H. Guo, H. X. Cao, S. X. Qu. Structures of three types of local quantum channels based on quantum correlations[J]. Found. Phys. ,2015,45: 355－369.

[70]Z. H. Guo, H. X. Cao. Local quantum channels preserving classical correlations [J]. J. Phys. A: Math. Theor. ,2013,46: 065303.

[71]Z. H. Guo, H. X. Cao, S. X. Qu. Robustness of quantum correlations against linear noise[J]. Found. J. Phys. A: Math. Theor. ,2016,49: 195301.

[72]C. M. Zheng, Z. H. Guo, H. X. Cao. Generalized steering robustness of quantum states[J]. Int. J. Theor. Phys. ,2018,57: 1787－1801.

[73] A. Acin, N. Brunner, N. Gisin, et al. Device－independent security of quantum cryptography against collective attacks[J]. Phys. Rev. Lett. ,2007,98: 230501.

[74]H. Buhrman,R. Cleve,S. Massar,et al. Nonlocality and com munication complexity[J]. Rev. Mod. Phys. ,2010,82: 665.

[75]C. E. Bardyn,T. C. H. Liew,S. Massar,et al. Device－independent state estimation based on Bell's inequalities[J]. Phys. Rev. A,2009,80: 062327.

[76]S. Pironio,A. Acin,S. Massar,et al. Random numbers certified by Bell's theorem [J]. Nature,2010,464: 1021－1024.

[77]M. Genovese. Research on hidden variable theories: A review of recent progresses [J]. Phys. Rep. ,2005,413: 319.

[78]A. Aspect. Bell's inequality test: more ideal than ever[J]. Nature,1999,398: 189.

[79]J. Barrett,N. Linden,S. Massar,et al. Nonlocal correlations as an information－theoretic resource[J]. Phys. Rev. A,2005,71: 022101.

[80]Č. Brukner,M. Żukowski,J. W. Pan,et al. Bell's inequalities and quantum communication complexity[J]. Phys. Rev. Lett. ,2004,92: 127901.

[81]J. Barrett,L. Hardy,A. Kent. No－signaling and quantum key dis tribution[J]. Phys. Rev. Lett. ,2003,95: 010503.

[82] L. Masanes. Universally composable privacy amplification from causality constraints[J]. Phys. Rev. Lett. ,2009,102: 140501.

[83]S. Popescu,D. Rohrlich. Generic quantum nonlocality[J]. Phys. Lett. A,1992,166: 293.

[84]N. Gisin,H. Bechmann－Pasquinucci. Bell inequality,Bell states and maximally entangled states for n qubits[J]. Phys. Lett. A,1998,246: 1－6.

[85]N. D. Mermin. Extreme quantum entanglement in a superposition of macroscopically distinct states[J]. Phys. Rev. Lett. ,1990,65: 1838.

[86]E. Schrödinger. Discussion of probability relations between separated systems[J]. Math. Proc. Camb. Phil. Soc. ,1935,31: 555－563.

[87]Z. Y. Qu,S. F. Pereira,H. J. Kimble,et al. Realization of the Einstein－Podolsky－Rosen paradox for continuous variables[J]. Phys. Rev. Lett. ,1992,68: 3663.

[88]M. T. Quintino,T. Vértesi,D. Cavalcanti,et al. Inequivalence of entanglement, steering, and Bell nonlocality for general measure ments [J]. Phys. Rev. A, 2015, 92: 032107.

[89]S. J. Jones,H. M. Wiseman,A. C. Doherty. Entanglement,Einstein－Podolsky－Rosen correlations,Bell nonlocality,and steering[J]. Phys. Rev. A,2007,76: 052116.

[90]C. M. Li,Y. N. Chen,N. Lambert,et al. Certifying single－system steering for quantum－information processing[J]. Phys. Rev. A,2015,92: 062310.

[91]M. F. Pusey. Verifying the quantumness of a channel with an untrusted device[J].

JOSA B,2015,32：A56—A63.

[92]C. Branciard,E. G. Cavalcanti,S. P. Walborn,et al. One—sided device—independent quantum key distribution：security,feasibility,and the connection with steering[J]. Phys. Rev. A,2012,85：010301(R).

[93]M. Piani,J. Watrous. Necessary and sufficient quantum information characterization of Einstein—Podolsky—Rosen steering[J]. Phys. Rev. Lett. ,2015,114；060404.

[94]K. Bartkiewicz, A. Černoch, K. Lemr, et al. Temporal steering and security of quantum key distribution with mutually unbiased bases against individual attacks[J]. Phys. Rev. A,2016,93：062345.

[95]H. Y. Ku,S. L. Chen,H. B. Chen,et al. Temporal steering in four dimensions with applications to coupled qubits and magnetoreception[J]. Phys. Rev. A,2016,94：062126.

[96]C. Y. Chiu,N. Lambert,T. L. Liao,et al. No—cloning of quantum steering[J]. Npj Quant. Inf. ,2016,2：16020.

[97]S. L. Chen,N. Lambert,C. M. Li,et al. Spatio—temporal steering for testing nonclassical correlations in quantum networks[J]. Sci. Rep. ,2017,7：3728.

[98]D. J. Saunders,S. J. Jones,H. M. Wiseman,et al. Experimental EPR—steering using Bell local states[J]. Nat. Phys. ,2010,6：845—849.

[99]A. J. Bennet,D. A. Evans,D. J. Saunders,et al. Arbitrarily loss tolerant Einstein—Podolsky—Rosen steering allowing a demonstration over 1 km of optical fiber with no detection loophole[J]. Phys. Rev. X,2012,2：031003.

[100]B. Wittmann, S. Ramelow, F. Steinlechner, et al. Loophole—free Einstein—Podolsky—Rosen experiment via quantum steering[J]. New J. Phys. ,2012,14：053030.

[101]S. Steinlechner,J. Bauchrowitz, T. Eberle, et al. Strong Einstein—Podolsky—Rosen steering with unconditional entangled states[J]. Phys. Rev. A,2013,87：022104.

[102]P. Skrzypczyk,M. Navascues,D. Cavalcanti. Quantifying Einstein— Podolsky—Rosen steering[J]. Phys. Rev. Lett. ,2014,112：180404.

[103]K. Sun,X. J. Ye,J. S. Xu,et al. Experimental quantification of asym metric Einstein—Podolsky—Rosen steering[J]. Phys. Rev. Lett. ,2016,116：160404.

[104]Q. Quan,H. J. Zhu,S. Y. Liu,et al. Steering Bell—diagonal states[J]. Sci. Rep. , 2016,6：22025.

[105]S. Jevtic,M. J. W. Hall,M. R. Anderson,et al. Einstein—Podolsky—Rosen steering and the steering ellipsoid[J]. J. Opt. Soc. Amer. B,2015,32：A40—A49.

[106]S. L. Chen,N. Lambert,C. M. Li,et al. Quantifying non—markovianity with temporal steering[J]. Phys. Rev. Lett. ,2016,116：020503.

[107]K. Bartkiewicz, A. Cěrnoch, K. Lemr, et al. Experimental temporal quantum steering[J]. Sci. Rep. ,2016,6：38076.

[108]D. Cavalcanti,P. Skrzypczyk. Quantum steering：a review with focus on semidef-

inite programming[J]. Rep. Prog. Phys. ,2017,80：024001.

[109]D. Das, S. Datta, C. Jebaratnam, et al. Einstein－Podolsky－Rosen steering cost in the context of extremal boxes[J]. Phys. Rev. A,2018,97：022110.

[110]H. Y. Ku, S. L. Chen, N. Lambert, et al. Hierarchy in temporal quantum correlations[J]. Phys. Rev. A,2018,98：022104.

[111]E. G. Cavalcanti, S. J. Jones. Experimental criteria for steering and the Einstein－Podolsky－Rosen paradox[J]. Phys. Rev. A,2009,80：032112.

[112]M. F. Pusey. Negativity and steering：a stronger Peres conjecture[J]. Phys. Rev. A,2013,88：032313.

[113]C. L. Ren, H. Y. Su, H. F. Shi, et al. Maximally steerable mixed state based on the linear steering inequality and the Clauser－Horne－Shimony－Holt－like steering inequality[J]. Phys. Rev. A,2018,97：032119.

[114]M. D. Reid. Demonstration of the Einstein－Podolsky－Rosen paradox using nondegenerate parametric amplification[J]. Phys. Rev. A,1989,40：913－923.

[115]M. D. Reid, P. D. Drummond, W. P. Bowen, et al. Colloquium：The Einstein－Podolsky－Rosen paradox：from concepts to applications[J]. Rev. Rev. Mod. Phys. ,2009,81：1727.

[116]S. P. Walborn, A. Salles, R. M. Gomes, et al. Revealing hidden Einstein－Podolsky－Rosen nonlocality[J]. Phys. Rev. Lett. ,2011,106：130402.

[117]J. Schneeloch, C. J. Broadbent, S. P. Walborn, et al. Einstein－Podolsky－Rosen steering inequalities from entropic uncertainty relations[J]. Phys. Rev. A, 2013, 87：062103.

[118]T. Pramanik, M. Kaplan, A. S. Majumdar. Fine－grained Einstein－Podolsky－Rosen steering inequalities[J]. Phys. Rev. A,2014,90：050305.

[119]Y. N. Chen, C. M. Li, N. Lambert, et al. Temporal steering inequality[J]. Phys. Rev. A,2014,89：032112.

[120]M. Zukowski, A. Dutta, Z. Yin. Geometric Bell－like inequalities for steering[J]. Phys. Rev. A,2015,91：032107.

[121]H. Zhu, M. Hayashi, L. Chen. Universal steering inequalities[J]. Phys. Rev. Lett. ,2016,116：070403.

[122]J. L. Chen, C. L. Ren, C. B. Chen, et al. Bell's nonlocality can be detected by the violation of Einstein－Podolsky－Rosen steering inequality[J]. Sci. Rep. ,2016,6：39063.

[123]S. S. Bhattacharya, A. Mukherjee, A. Roy, et al. Absolute non－violation of a three－setting steering inequality by two－qubit states[J]. Quantum Inf. Process. ,2018, 17：3.

[124]H. X. Cao, Z. H. Guo. Characterzing Bell nonlocality and EPR steering[J]. Sci. China－Phys. Mech. Astron. ,2019,62：030311.

[125]Z. W. Li,Z. H. Guo,H. X. Cao. Some characterizations of EPR steering[J]. Int. J. Theor. Phys. ,2018,57: 3285—3295.

[126]肖书,郭志华,曹怀信. 三体量子系统的量子导引方案[J]. 中国科学:物理学力学天文学,2019,49(1): 010301.

[127]杨霏,丛爽. 量子系统的纠缠探测与纠缠测量[J]. 量子电子学报,2011,28(4): 391—401.

[128]M. Lewenstein,B. Kraus,J. I. Cirac,P. Horodecki. Optimization of entanglement witnesses[J]. Phys. Rev. A,2000,62: 052310.

[129]M. Lewenstein,B. Kraus ,P. Horodecki,et al. Characterization of separable states and entanglement witnesses[J]. Phys. Rev. A,2001,63: 044304.

[130]G. Tóth ,O. Gühne. Detecting genuine multipartite entanglement with two local measurements[J]. Phys. Rev. Lett. ,2005,94: 060501.

[131]O. Gühne,P. Hyllus. Detection of entanglement with few local measurements [J]. Phys. Rev. A,2002,66: 062305.

[132]G. Tóth. Entanglement detection in optical lattices of bosonic atoms with collective measurements[J]. Phys. Rev. A,2004,69: 052327.

[133]Č. Brukner,V. Vedral,A. Zeilinger. Crucial role of quantum entanglement in bulk properties of solids[J]. Phys. Rev. A,2006,73: 012110.

[134]L. A. Wu,S. Bandyopadhyay,M. S. Sarandy,et al. Entangle ment observables and witnesses for interacting quantum spin systems[J]. Phys. Rev. A,2005,72: 032309.

[135]G. Tóth,O. Gühne. Entanglement Detection in the Stabilizer Formalism[J]. Phys. Rev. A,2005,72: 022340.

[136]A. C. Doherty,P. A. Parrilo,F. M. Spedalieri. Detecting multipartite entanglement[J]. Phys. Rev. A,2005,71: 032333.

[137]R. O. Vianna,A. C. Doherty. Distillability of Werner states using entanglement witnesses and robust semidefinite programs[J]. Phys. Rev. A,2006,74: 052306.

[138]M. A. Jafarizadeh,M. Rezaee,S. K. A. S. Yagoobi. Bell—state diagonal entanglement witnesses[J]. Phys. Rev. A,2005,72: 062106.

[139]M. A. Jafarizadeh,M. Mahdian,A. Heshmati,et al. Detecting some three—qubit MUB diagonal entangled states via nonlinear optimal entanglement witnesses[J]. Eur. phys. J. D,2008,50: 107—121.

[140]M. A. Jafarizadeh,G. Najarbashi,H. Habibian. Manipulating multi qudit entanglement witnesses by using linear programming[J]. Phys. Rev. A,2006,75: 052326.

[141]P. Törmä. Transitions in quantum networks[J]. Phys. Rev. Lett. ,1998,81: 2185—2189.

[142]A. Acin,J. I. Cirac,M. Lewenstein. Entanglement percolation in quantum networks[J]. Nat. Phys. ,2007,3: 256—259.

[143] N. Gisin, G. Ribordy, W. Tittel, etal. Quantum cryptography[J]. Rev. Mod. Phys. ,2002,74: 145.

[144]M. Jakobi,C. Simon,N. Gisin,et al. Practical private database queries based on a quantum—key—distribution protocol[J]. Phys. Rev. A,2011,83: 022301.

[145]S. Barz,E. Kashefi,A. Broadbent,et al. Demonstration of blind quantum computing[J]. Science,2012,335: 303.

[146]P. Kómár,E. M. Kessler,M. Bishof,et al. A quantum network of clocks[J]. Nat. Phys. ,2014,10: 582.

[147]D. Gottesman,T. Jennewein,S. Croke. Longer—Baseline telescopes using quantum repeaters[J]. Phys. Rev. Lett. ,2012,109: 070503.

[148]D. Rideout. Fundamental quantum optics experiments conceivable with satellites — reaching relativistic distances and velocities [J]. Class. Quantum Grav., 2012, 29: 224011.

[149]N. Brunner,D. Cavalcanti,S. Pironio,et al. Bell nonlocality[J]. Rev. Mod. Phys. , 2014,86: 419.

[150]G. Svetlichny. Distinguishing three—body from two—body nonseparability by a Bell—type inequality[J]. Phys. Rev. D,1987,35: 3066.

[151]J. Oppenheim,S. Wehner. The uncertainty principle determines the nonlocality of quantum mechanics[J]. Science,2010,330: 1072.

[152]J. D. Bancal,N. Gisin,Y. C. Liang,et al. Device—independent witnesses of genuine multipartite entanglement[J]. Phys. Rev. Lett. ,2011,106: 250404.

[153]Y. C. Liang,D. Rosset,J. D. Bancal,et al. Family of Bell—like inequalities as device — independent witnesses for entanglement depth [J]. Phys. Rev. Lett., 2015, 114: 190401.

[154]J. Bowles,J. Francfort,M. Fillettaz,et al. Genuinely multipartite entangled quantum states with fully local hidden variable models and hidden multipartite nonlocality[J]. Phys. Rev. Lett. ,2016,116: 130401.

[155]A. Aloy,J. Tura,F. Baccari,et al. Device—independent witnesses of entanglement depth from two—body correlators[J]. Phys. Rev. Lett. ,2019,123: 100507.

[156]A. J. Short,S. Popescu,N. Gisin. Entanglement swapping for generalized nonlocal correlations[J]. Phys. Rev. A,2006,73: 012101.

[157]C. Branciard,N. Gisin,S. Pironio. Characterizing the nonlocal correlations created via entanglement swapping[J]. Phys. Rev. Lett. ,2010,104: 170401.

[158]C. Branciard,D. Rosset,N. Gisin,et al. Bilocal versus nonbilocal correlations in entanglement—swapping experiments[J]. Phys. Rev. A,2012,85: 032119.

[159]C. Branciard,N. Brunner,H. Buhrman,et al. Classical simulation of entanglement swapping with bounded communication[J]. Phys. Rev. Lett. ,2012,109: 100401.

[160]N. Gisin,Q. X. Mei,A. Tavakoli,et al. All entangled pure quantum states violate the bilocality inequality[J]. Phys. Rev. A,2017,96: 020304(R).

[161]T. Fritz. Beyond Bell's theorem: correlation scenarios[J]. New J. Phys. ,2012, 14: 103001.

[162]A. Tavakoli,P. Skrzypczyk,D. Cavalcanti,et al. Nonlocal correlations in the star-network configuration[J]. Phys. Rev. A,2014,90: 062109.

[163]A. Tavakoli, M. O. Renou, N. Gisin, et al. Correlations in star networks: from Bell inequalities to network inequalities[J]. New J. Phys. ,2017,19: 073003.

[164]F. Andreoli,G. Carvacho,L. Santodonato,et al. Maximal qubit violation of n-locality inequalities in a star-shaped quantum network[J]. New J. Phys. ,2017,19: 113020.

[165]K. Mukherjee,B. Paul,D. Sarkar. Correlations in n-local scenario[J]. Quantum Inf. Process. ,2015,14: 2025.

[166]D. Rosset,C. Branciard,T. J. Barnea,et al. Nonlinear Bell inequalities tailored for quantum networks[J]. Phys. Rev. Lett. ,2016,116: 010403.

[167]R. Chaves. Polynomial Bell inequalities[J]. Phys. Rev. Lett. ,2016,116: 010402.

[168]A. Tavakoli. Bell-type inequalities for arbitrary noncyclic networks[J]. Phys. Rev. A,2016,93: 030101.

[169]A. Tavakoli. Quantum correlations in connected multipartite Bell experiments [J]. J. Phys. A: Math. Theor. ,2016,49: 145304.

[170]D. J. Saunders, A. J. Bennet, C. Branciard, et al. Experimental demonstration of nonbilocal quantum correlations[J]. Sci. Adv. ,2017,3: e1602743.

[171]G. Carvacho, F. Andreoli, L. Santodonato, et al. Experimental violation of local causality in a quantum network[J]. Nat. Commun. ,2017,8: 14775.

[172]M. X. Luo. Computationally efficient nonlinear Bell inequalities for quantum networks[J]. Phys. Rev. Lett. ,2018,120: 140402.

[173]M. X. Luo. Nonlocality of all quantum networks[J]. Phys. Rev. A, 2018, 98: 042317.

[174]M. X. Luo. A nonlocal game for witnessing quantum networks[J]. npj Quantum Inf. ,2019,5: 91.

[175]M. X. Luo. Nonsignaling causal hierarchy of general multisource networks[J]. Phys. Rev. A,2020,101: 062317.

[176]M. X. Luo. New genuinely multipartite entanglement[J]. Adv. Quantum Technol. ,2020,4: 2000123.

[177]M. O. Renou,E. Bumer,S. Boreiri,et al. Genuine quantum nonlocality in the triangle network[J]. Phys. Rev. Lett. ,2019,123: 140401.

[178]M. I. Jordan, T. M. Mitchell. Machine learning: Trends, perspectives, and prospects[J]. Science,2015,349: 255.

[179]Y. LeCun, Y. Bengio, G. Hinton. Deep learning[J]. Nature, 2015, 521: 436.

[180]R. Biswas, L. Blackburn. Application of machine learning algorithms to the study of noise artifacts in gravitational—wave data[J]. Phys. Rev. D, 2013, 88: 062003.

[181]B. P. Abbott. Observation of gravitational waves from a binary black hole merger [J]. Phys. Rev. Lett. , 2016, 116: 061102.

[182]M. Pasquato. Detecting intermediate mass black holes in globular clusters with machine learning[J]. Mem. S. A. It. , 2016, 87: 571.

[183]S. V. Kalinin, B. G. Sumpter, R. K. Archibald. Big—deepsmart data in imaging for guiding materials design[J]. Nat. Mater. , 2015, 14: 973.

[184]L. F. Arsenault, O. A. von Lilienfeld, A. J. Millis. Machine learning for many—body physics: efficient solution of dynamical mean—field theory[J]. arXiv:1506.08858.

[185]J. Carrasquilla, R. G. Melko. Machine learning phases of matter[J]. Nat. Phys. , 2017, 13: 431.

[186]L. Wang. Discovering phase transitions with unsupervised learning[J]. Phys. Rev. B, 2016, 94: 195105.

[187]G. Torlai, R. G. Melko. Learning thermodynamics with boltzmann machines[J]. Phys. Rev. B, 2016, 94: 165134.

[188]P. Broecker, J. Carrasquilla, R. G. Melko, et al. Machine learning quantum phases of matter beyond the fermion sign problem[J]. Sci. Rep. , 2017, 7: 8823.

[189]K. Chng, J. Carrasquilla, R. G. Melko, et al. Machine learning phases of strongly correlated fermions[J]. Phys. Rev. X, 2017, 7: 031038.

[190]G. Cybenko. Approximation by superposition of a sigmoidal function[J]. Math. Control signal, 1989, 2: 303.

[191]K. Funahashi. On the approximate realization of continuous mappings by neural networks[J]. Neural Networks, 1989, 2: 183.

[192]K. Hornik, M. Stinchcombe, H. White. Multilayer feedforward networks are universal approximators[J]. Neural Networks, 1989, 2: 359.

[193]N. Le Roux, Y. Bengio. Representational power of restricted boltzmann machines and deep belief networks[J]. Neural Comput. , 2008, 20: 1631.

[194]K. Hornik. Approximation capabilities of multilayer feedforward networks[J]. Neural Networks, 1991, 4: 251.

[195]A. N. Kolmogorov. On the representation of continuous functions of many variables by superposition of continuous functions of one variable and addition[J]. Amer. Math. Soc. Transl, 1963, 28: 55.

[196]G. Carleo, M. Troyer. Solving the quantum many—body problem with artificial neural networks[J]. Science, 2017, 355: 602.

[197]G. E. Hinton, R. R. Salakhutdinov. Reducing the dimensionality of data with neu-

ral networks[J]. Science,2006,313: 504.

[198]M. H. Amin, E. Andriyash, J. Rolfe, et al. Quantum boltzmann machine[J]. Phys. Rev. X,2016,8: 021050.

[199]D. L. Deng,X. P. Li,S. Das Sarma. Machine learning topological states[J]. Phys. Rev. B,2017,96: 195145.

[200]Y. Levine,D. Yakira,N. Cohen,et al. Deep learning and quantum entanglement: fundamental connections with implications to network design[C]. ICLR,2018.

[201]X. Gao,L. M. Duan. Efficient representation of quantum many—body states with deep neural networks[J]. Nature Commun. ,2017,8: 662.

[202]I. Glasser,N. Pancotti,M. August,et al. Neural—network quantum states,string—bond states,and chiral topological states[J]. Phys. Rev. X,2018,8: 011006.

[203]X. G. Wen. Quantum field theory of many—body systems: from the origin of sound to an origin of light and electrons[M]. Oxford: Oxford University Press,2004.

[204]X. Chen,Z. C. Gu,Z. X. Liu,et al. Symmetry protected topological orders in interacting bosonic systems[J]. Science,2012,338: 1604.

[205]C. K. Chiu,J. C. Y. Teo,A. P. Schnyder,et al. Classification of topological quantum matter with symmetries[J]. Rev. Mod. Phys. ,2016,88: 035005.

[206]X. L. Qi,S. C. Zhang. Topological insulators and superconductors[J]. Rev. Mod. Phys. ,2011,83: 1057.

[207]M. Z. Hasan, C. L. Kane. Colloquium: Topological insulators[J]. Rev. Mod. Phys. ,2010,82: 3045.

[208]M. A. Nielsen, I. L. Chuang. Quantum computation and quantum information [M]. Cambridge: Cambridge University Press,2000: 80—105.

[209]Y. Yang,H. X. Cao. Separability criterions of multipartite states[J]. Eur. Phys. J. D,2018,82: 143.

[210]M. Seevinck,J. Uffink. Partial separability and entanglement criteria for multiqubit quantum states[J]. Phys. Rev. A,2008,78: 4061—4061.

[211]W. Dür,J. I. Cirac. Multiparticle entanglement and its experimental detection[J]. J. Phys. A: Math. Theor. ,2001,34: 6837—6850.

[212]Y. Yang,H. X. Cao,H. X. Meng. Robustness of Λ—entanglement of multipartite states[J]. Quan. Inf. Proc. ,2019,18: 360.

[213]Y. Yang,H. X. Cao. Λ—Nonlocality of multipartite states and the related nonlocality inequalities[J]. Int. J. Theor. Phys. ,2018,57(5): 1498—1515.

[214]D. Saha,A. Cabello. Quantum nonlocality via local contextuality with qubit—qubit entanglement[J]. Phys. Rev. A. ,2016,93: 042123.

[215]Y. Z. Wang,J. C. Hou. Some necessary and sufficient conditions for k—separability of multipartite pure states[J]. Quan. Inf. Proc. ,2015,14: 3711.

[216]Y. Yang, H. X. Cao. Einstein－Podolsky－Rosen steering inequalities and applications[J]. Entropy,2018,20(9):683.

[217]T. Yu, J. H. Eberly. Evolution from entanglement to decoherence of bipartite mixed "X" states[J]. Quantum Inf. Comput. ,2007,7:459.

[218]杨莹,曹怀信.构造纠缠目击的一般方法[J].物理学报,2018,67(7):070303.

[219]O. Gühne, G. Tóth, P. Hyllus, et al. Bell inequalities for graph states[J]. Phys. Rev. lett. ,2005,95:120405.

[220]Y. Yang, X. Xiao, H. X. Cao. Nonlocality of a type of multi－star－shaped quantum networks[J]. J. Phys. A: Math. Theor. ,2022,55:025303.

[221]H. X. Cao, C. Y. Zhang, Z. H. Guo. Some measurement－based characterizations of separability of bipartite states[J]. Int. J Theor. Phys. ,2021,60:2558－2572.

[222]Y. Yang, H. X. Cao, Z. J. Zhang. Neural network representations of quantum many－body states[J]. Sci. China－Phys. Mech. Astron. ,2020,63:210312.

[223]Y. Yang. Representations of graph states with Neural networks[J]. Acta Math. Sin. ,2023,39(4):685 - 694.

[224]Y. Yang, H. X. Cao. Digraph states and their neural network representations[J]. Chin. Phys. B,2022,31:060303.

[225]Y. Yang, H. X. Cao. Representations of hypergraph states with neural networks [J]. Commun. Theor. Phys. ,2021,73:105103.

[226]M. Hein, J. Eisert, H. J. Briegel. Multi－party entanglement in graph states[J]. Phys. Rev. A,2003,69(6):062311.

[227]O. Gühne, B. Jungnitsch, T. Moroder, et al. Multiparticle entanglement in graph－diagonal states: necessary and sufficient conditions for four qubits[J]. Phys. Rev. A, 2011,84(5):6302－6312.

[228]D. B. Johnson. Finding all the elementary circuits of a directed graph[J]. Siam J. Comput. ,1975,4:77－84.